华章程序员书库

40 Algorithms Every Programmer Should Know

程序员必会的40种算法

[加] 伊姆兰·艾哈迈德（Imran Ahmad）著
赵海霞 译

图书在版编目（CIP）数据

程序员必会的40种算法 /（加）伊姆兰·艾哈迈德（Imran Ahmad）著；赵海霞译. -- 北京：机械工业出版社，2021.9（2021.12重印）
（华章程序员书库）
书名原文：40 Algorithms Every Programmer Should Know
ISBN 978-7-111-69033-7

I. ① 程… II. ① 伊… ② 赵… III. ① 计算机算法 IV. ① TN301.6

中国版本图书馆CIP数据核字（2021）第177506号

本书版权登记号：图字 01-2020-4922

程序员必会的40种算法

出版发行：机械工业出版社（北京市西城区百万庄大街22号 邮政编码：100037）

责任编辑：王春华 孙榕舒　　责任校对：马荣敏

印　刷：三河市东方印刷有限公司　　版　次：2021年12月第1版第2次印刷

开　本：186mm×240mm 1/16　　印　张：17.5

书　号：ISBN 978-7-111-69033-7　　定　价：99.00元

客服电话：（010）88361066 88379833 68326294　　投稿热线：（010）88379604

华章网站：www.hzbook.com　　读者信箱：hzjsj@hzbook.com

The Translator's Words 译 者 序

算法是计算科学的核心，在求解实际问题的过程中发挥着重要作用。程序员、算法设计师、架构师、数据分析师等信息技术相关从业人员都应学习算法设计基础知识，积累基础算法，掌握典型的机器学习算法、自然语言处理算法、推荐算法、大规模数据处理算法、密码算法等，理解这些算法在求解实际问题时的优势和局限性并在实践中合理处理相关约束因素。然而，学习和掌握这些知识是一个循序渐进的漫长过程。对于初学者，重要的是在学习程序设计技术的同时，快速了解算法在计算机科学和实践应用中的整体概貌，奠定系统观基础并增强使用算法来求解实际计算问题的信心。

本书是工业界给出的达成上述目标的一个解决方案，致力于利用算法求解实际问题，帮助初学者理解算法背后的逻辑和数学知识，以便最大限度地利用算法。本书概要地讨论算法基础、设计技术、分析方法、排序算法、查找算法、图算法、线性规划算法、机器学习算法、推荐算法、数据算法、密码算法和大规模算法等内容，在讲述方式上忽略对算法细节的讨论，仅给出每个算法的思想和原理，将重点放在如何用 Python 进行算法实现和算法性能的比较与分析上。读者通过学习本书，可以迅速了解算法的概念，掌握如何用开源包实现各种算法，并理解它们的性能、应用领域和局限性，进而对算法在计算机科学和各种应用领域中的作用有整体了解。

本书由我独立翻译完成。我在深刻理解全书内容的基础上力求准确，对于发现的原书中的多处笔误和印刷错误进行了更正。在翻译本书的过程中，我得到了哈尔滨工业大学计算学部的骆吉洲副教授的帮助和支持，他提出了很多中肯的意见和建议，使我受益匪浅。在此特别向他表示感谢！

限于水平，疏漏和错误在所难免，敬请读者批评指正。如有任何建议，请发送邮件至 zhaohaixia@lj.icbc.com.cn。

前　言 *Preface*

算法一直在计算科学和计算实践中发挥着重要作用。本书致力于利用算法求解实际问题。为了最大限度地利用算法，必须深入理解算法背后的逻辑和数学知识。我们先概要地介绍算法，并探索各种算法设计技术。接下来，学习线性规划算法、PageRank 算法、图算法以及机器学习算法。本书还包含一些案例（如天气预测、推文聚类和电影推荐引擎），用来说明如何才能最佳地应用这些算法。通过学习本书，你将对使用算法求解实际计算问题充满信心。

读者对象

本书为程序员而写！无论你是希望深刻理解算法背后的数学知识的经验丰富的程序员，还是希望了解如何利用经过实践检验的算法来改进代码设计和编写方式的经验不足的程序员，阅读本书都大有裨益。在阅读本书前必须具有 Python 编程经验，数据科学知识对阅读本书有帮助，但不是必需的。

本书内容

第 1 章概述算法基础。1.1 节介绍理解不同算法如何工作所需的基本概念，概述人们最初如何用算法以数学的形式表达特定类型的问题，还提到不同算法的局限性。1.2 节讲述描述算法逻辑的各种方法。由于本书用 Python 编写算法，1.3 节说明如何设置环境以运行书中给出的例子。1.4 节介绍算法设计技术。1.5 节讨论如何用不同方法量化算法性能，并与其他算法进行比较。1.6 节讨论验证算法的特定实现的各种方法。

第 2 章着重讲述算法中用于存储临时数据的内存数据结构。算法可能是数据密集型的，也可能是计算密集型的，或者既是数据密集型的又是计算密集型的。对于所有不同类型的算法，选择恰当的数据结构对其最佳实现而言至关重要。许多算法具有递归和迭代逻辑，因而需要面向这种本征逻辑的专用数据结构。由于本书用 Python 编写算法，这一章主要关注实现书中算法所需的 Python 数据结构。

第 3 章给出用于排序和查找的核心算法。这些算法在后面将作为其他更复杂算法的基础。本章先讲述不同类型的排序算法，包括各种算法的性能比较。然后，讲述各种查找算法，量化这些算法的性能和复杂度，并进行比较。最后，讲述这些算法的实际应用。

第 4 章讲述设计各种算法所需的核心概念，阐述各种算法并讨论它们的优缺点。理解这些概念对设计最优的复杂算法而言至关重要。这一章先讨论不同类型的算法设计，然后求解著名的旅行商问题。之后讨论线性规划及其局限性。最后，用实例展示如何用线性规划进行产量规划。

第 5 章着重讲述常见于计算机科学中的图算法。图是许多计算问题的最佳模型。本章讲述表示和搜索图的各种方法。搜索图意味着用系统化的方法沿图中的边访问图中的顶点。图搜索算法可以发现图的很多结构。很多算法都通过在输入图上执行搜索算法来获得结构信息。其他几个图算法都是基本图搜索算法的细化。图的搜索技术是图算法领域的核心。该章首先讨论图的两种常见的计算表示：邻接表和邻接矩阵。接下来，讲述广度优先搜索这种简单的图搜索算法，并说明如何创建广度优先搜索树。然后讲述深度优先搜索，并给出深度优先搜索算法访问顶点顺序的标准结论。

第 6 章讨论无监督机器学习算法。之所以被归类为无监督方法，是由于这些模型或算法在无监督条件下从给定数据中学习固有的结构、模式和关系。我们先讨论聚类方法，这种机器学习方法基于固有的属性或特征，试图从数据集的数据样本中找出相似性模式和关系模式，然后把数据样本划分为集群，使得各个集群内的数据样本具有相似性。接下来，讨论降维算法，该算法用于处理特征较多的问题。之后，讨论关联规则挖掘算法，它们属于数据挖掘方法，用于检查和分析大规模交易数据集，以发现有意义的模式和规则，而这些模式表示了跨交易的各种商品之间有意义的关系和关联。最后，讨论处理异常检测的算法。

第 7 章描述与一组机器学习问题相关的传统监督机器学习算法。这些问题中的标记数据集具有输入属性和相应的输出标签或类别。这些输入和其相应的输出用于学习一个一般性系统，该系统用于预测不在数据集中的其他数据点的结果。我们先从机器学习的角度概述分类的相关概念。接下来，讨论重要的算法之一——决策树，给出决策树算法的局限性和优势。接着介绍支持向量机和 XGBoost 这两种重要的算法。最后，讨论线性回归这种最简单的机器学习算法。

第 8 章首先介绍典型神经网络这种最重要的机器学习技术的主要概念和组成部分。然后介绍各种神经网络，并阐述用于实现这些神经网络的激活函数。之后，详细讨论反向传播算法，这是目前应用最广泛的训练神经网络的收敛算法。接下来，介绍迁移学习技术，它可以大大简化模型训练并部分地使其自动化。最后，给出一个学习实例，讨论如何在现实世界中利用深度学习进行欺诈检测。

第 9 章介绍自然语言处理算法，从理论到实践循序渐进地展开。首先介绍基础知识，然后讨论背后的数学知识。接下来，介绍一种流行的神经网络，它广泛应用于设计和实现文本数据上的重要用例。此外，还介绍自然语言处理算法的局限性。最后，给出一个案例，讨论如何在自然语言处理领域训练机器学习模型，以进行电影评论情感分析。

第 10 章重点讨论推荐引擎，它先用与用户偏好相关的信息建立模型，然后基于模型和信息向用户提供推荐。推荐引擎总是建立在顾客和商品之间被记录的交互过程基础之上。我们先介绍推荐引擎背后的基本思想，然后讨论各种推荐引擎，最后讨论如何利用推荐引擎向用户推荐各种商品。

第 11 章着重讨论以数据为中心的算法的相关问题。本章先简要概述与数据相关的一些问题，然后讨论用于数据分类的标准。接下来，介绍如何应用算法处理流数据，然后讨论压缩数据的各种方法。最后，通过实例学习如何从推文数据中提取模式。

第 12 章讨论与密码学相关的算法。我们先介绍背景知识，之后讨论对称加密算法。然后，阐述消息摘要算法 MD5 和 SHA，并解释实现对称加密算法的局限性和不足。接下来，讨论非对称加密算法和如何使用它创建数字证书。最后用一个实例总结所有这些技术。

第 13 章阐述大规模算法如何处理单个节点内存无法容纳的数据和需要多 CPU 才能进行的处理。本章首先讨论何种算法最适于并行运行。然后讨论算法并行化的相关问题。接下来介绍 CUDA 架构，并讨论如何使用单个或多个 GPU 来加速算法。此外，还讨论如何修改算法才能有效利用 GPU 的性能。最后，讨论集群计算和 Apache Spark 如何创建弹性分布式数据集（RDD），进而创建标准算法的高速并行实现。

第 14 章先讨论可解释性，这一重要主题为自动决策背后的逻辑做出解释，因而变得越来越重要。之后，讨论算法使用过程中的伦理和算法实现时产生偏差的可能性。接下来，详细讨论处理 NP 难问题的技术。最后，总结算法的实现方式和与此相关的各种现实挑战。

软硬件要求

所需软件（版本号）	免费 / 付费	硬件指标	操作系统
Python 3.7.2 及以上版本	免费	至少 4GB RAM，推荐 8GB 以上内存	Windows/Linux/Mac

下载示例代码及彩色图像

本书的示例代码及所有截图和样图，可以从 http://www.packtpub.com 通过个人账号下载，也可以访问华章图书官网 http://www.hzbook.com，通过注册并登录个人账号下载。

书中的代码也可以通过访问 GitHub 代码库（https://github.com/PacktPublishing/40-Algorithms-Every-Programmer-Should-Know）获取。

本书约定

本书中使用了许多排版约定。

`代码体`：表示文本中的代码、数据库表名、文件夹名、文件名、文件扩展名、路径名、虚拟 URL、用户输入和 Twitter 句柄。例如："让我们看看如何使用 `push` 向栈内添加新的元素，或使用 `pop` 从栈中删除元素。"

代码块设置如下：

```
define swap(x, y)
    buffer = x
    x = y
    y = buffer
```

当我们希望提醒你注意代码块的某个特定部分时，相关的行或项将以粗体显示：

```
define swap(x, y)
    buffer = x
    x = y
    y = buffer
```

命令行输入或输出如下所示：

```
pip install a_package
```

黑体：表示新术语和重要词汇。例如，在菜单或对话框中出现的文字都以这种方式处理。例如："降低算法复杂度的一种方法是在算法的准确度上进行折中，从而得到一种称为**近似算法**的算法。"

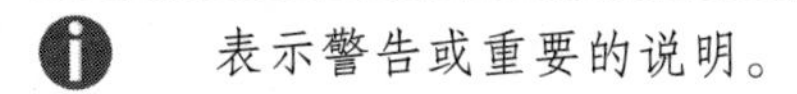

表示警告或重要的说明。

表示提示和技巧。

关于作者 About the Author

伊姆兰 · 艾哈迈德（Imran Ahmad）是一名经过认证的谷歌讲师，多年来一直在谷歌和学习树（Learning Tree）任教，主要教授 Python、机器学习、算法、大数据和深度学习。他在攻读博士学位期间基于线性规划方法提出了名为 ATSRA 的新算法，用于云计算环境中资源的优化分配。近 4 年来，他一直在加拿大联邦政府的高级分析实验室参与一个备受关注的机器学习项目，该项目旨在开发机器学习算法，使移民过程自动化。他目前正致力于开发最优地使用 GPU 来训练复杂的机器学习模型的算法。

About the reviewer 关于审校者

本杰明·巴卡（Benjamin Baka）是一名全栈软件开发人员，热衷于前沿技术和优雅的编程技术，在 C++、Java、Ruby、Python 和 Qt 等方面拥有 10 年以上的经验，目前开展的一些项目可以在其 GitHub 主页上找到。他目前正在为 mPedigree 做技术开发工作。

目　录 *Contents*

第二部分　机器学习算法

第三部分 高级主题

第一部分 Part 1

基础与核心算法

这部分介绍算法的核心内容，探讨什么是算法、如何设计算法，同时学习在算法中使用的数据结构。此外，这部分还深入讲解排序算法、查找算法和求解图问题的算法。本部分包括如下各章：

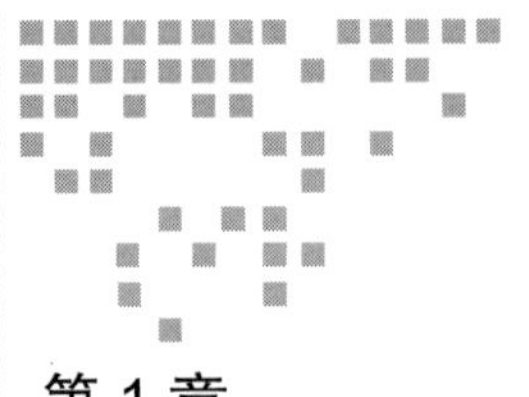

Chapter 1 第1章

算法概述

本书涵盖了理解、分类、选择和实现各种重要算法所需的信息。除了阐述这些算法的逻辑，本书还讲解适用于各种算法的数据结构、开发环境和生产环境。我们着重讲述现代机器学习算法，因为它们的重要性与日俱增。本书在讲解算法逻辑的同时，还提供实例来展示如何使用算法求解日常生活中的实际问题。

本章整体阐述算法基础。先介绍理解不同算法如何工作所需的基本概念。总述人们最初如何用算法以数学的形式表达特定类型的问题，还提到不同算法的局限性。接着讲述描述算法逻辑的各种方法。由于本书用 Python 编写算法，之后说明如何设置环境以运行书中给出的例子。然后讨论如何用不同方法量化算法性能，并与其他算法进行比较。最后，本章讨论验证算法的特定实现的各种方法。

1.1 什么是算法

简而言之，算法是求解问题的计算规则集，每条规则都执行某种计算。它旨在根据精确定义的指令，为任何有效的输入产生对应的输出结果。在英语词典（如 *American Heritage Dictionary*）中查找算法这个词，你将得到这个概念的定义如下：

> “算法是由无歧义指令构成的有限集合，它在给定的一组初始条件下按预定顺序执行，直到满足给定的可识别的结束条件，以实现某种目的。”

算法设计致力于设计一种最高效的数学步骤来有效地求解实际问题。以所得的数学步骤为基础，可以开发一个可复用且通用性更强的数学方案来求解更广泛的类似问题。

算法的各个阶段

图 1-1 展示了开发、部署和使用算法的各个阶段。

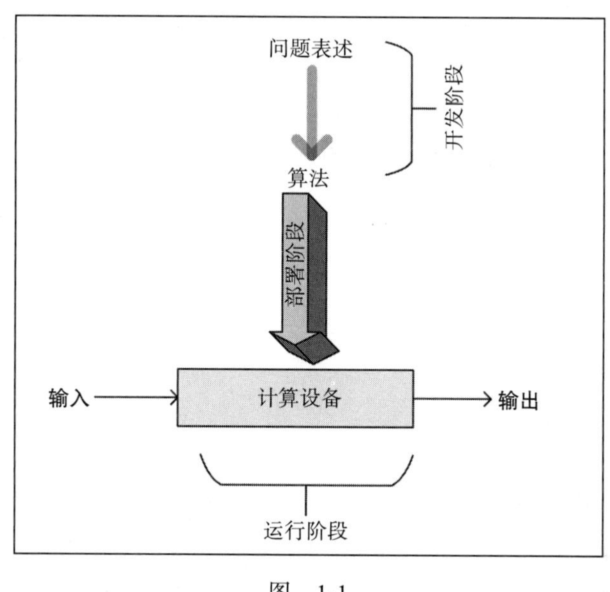

图 1-1

可以看到，整个过程始于从问题表述中了解算法的设计需求，明确需要完成的事项细节。一旦问题被明确表述，就可以进入开发阶段。

开发阶段由两个阶段构成：

- **设计阶段**：设计阶段要构思算法的架构、逻辑和实现细节并形成文档。设计算法时，既要考虑算法的准确性，又要考虑算法的性能。为给定问题设计算法时，很多时候最终会得到多个候选算法。算法设计阶段是一个迭代的过程，需要对各种候选算法进行比较。有些算法简单而快速，但可能会牺牲一些准确性。其他算法可能非常准确，但由于其复杂度高，可能需要大量的运行时间。在这些复杂的算法中，也有一些算法比其他算法更高效。在做出选择之前，应该仔细研究候选算法的所有内在平衡因素。特别是，为复杂问题设计高效算法非常重要。恰当设计的算法是一个有效的解决方案，它不仅具有令人满意的性能，还具有令人信服的准确性。
- **编码阶段**：编码阶段将设计好的算法转化为计算机程序。重要的是，实际程序必须实现设计阶段提出的所有逻辑和结构。

算法的设计阶段和编码阶段本质上是一个迭代过程。设计出同时满足功能性需求和非功能性需求的算法，往往需要花费大量的时间和精力。算法的功能性需求明确刻画了给定输入数据对应的正确输出结果，而非功能需求主要是指在给定数据规模上的性能需求。本章稍后将讨论算法的验证和性能分析。算法验证就是验证算法是否满足其功能性需求，而性能分析则是验证算法是否满足其主要的非功能性需求，亦即性能需求。

一旦将选用的算法用编程语言进行了代码设计和代码实现，就可以部署算法的代码了。部署算法需要设计代码运行的实际生产环境，其设计需要根据算法的数据和处理需求来展开。例如，并行算法需要恰当地选择集群中计算机节点的数量，以确保算法被高效执行；数据密集型算法则需要设计数据传递管道、数据缓存策略和数据存储策略。生产环境的设计将在第 13 章和第 14 章中更加详细地讨论。一旦生产环境被设计和实现，算法就可以部署了。之后，算法就接收并处理输入数据，并按照要求生成输出结果。

1.2 描述算法逻辑

在设计算法时，找出描述算法细节的各种不同方法非常重要。这些方法既要能描述算法的逻辑，又要能描述算法的结构。一般来说，如同房屋建造一样，算法的结构描述应先于算法实现完成，这一点很重要。对于更复杂的分布式算法来说，预先规划好算法运行时在集群上的逻辑分布对高效的迭代式算法设计过程非常重要。接下来，通过伪代码和执行计划来实现和讨论算法逻辑和算法结构。

1.2.1 理解伪代码

描述算法逻辑最简单的方式是写**伪代码**，也就是用半结构化的方式给出算法的高层次描述。在用伪代码编写算法逻辑前，先用通俗易懂的自然语言描述算法的主要流程。然后，将这种描述转化为伪代码，也就是用与算法逻辑和算法流程紧密关联的结构化方式来改写这种自然语言描述。写得好的算法伪代码应该能够合理地描述算法高层次步骤的细节，尽管有时包含这种细节的伪代码与算法的主要流程和结构无关。图 1-2 展示了这些步骤的先后关系。

注意，伪代码写好之后（参见下一个小节），就可以用编程语言为我们选择的算法编写代码了。

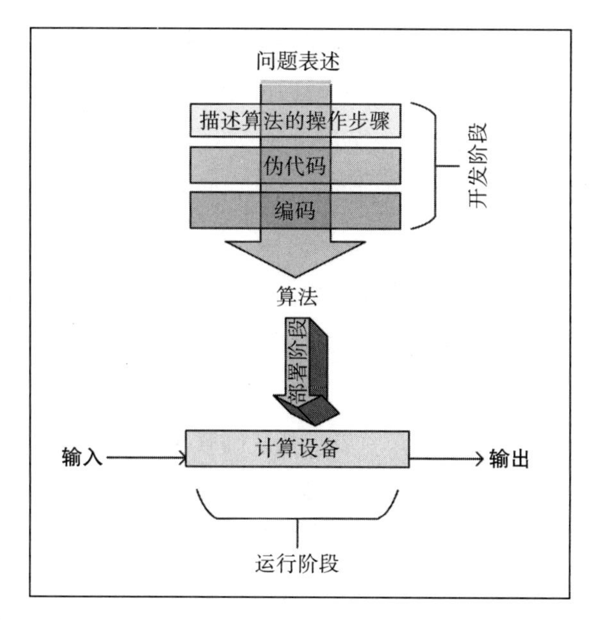

图 1-2

伪代码实例

下面展示了一个名为 SRPMP 的资源分配算法的伪代码。在集群计算中，很多情况下需要在一组可用资源上运行并行任务，这些资源统称为**资源池**。该算法将任务分配到资源上，并创建一个映射集合 Ω。请注意，给出的伪代码描述了算法的逻辑和流程，这些逻辑和流程在下一个段落中阐述：

```
1: BEGIN Mapping_Phase
2: Ω = { }
3: k = 1
4: FOREACH Ti∈T
5:     ωi = RA(Δk,Ti)
6:     add {ωi,Ti} to Ω
7:     state_changeTi [STATE 0: Idle/Unmapped] → [STATE 1: Idle/Mapped]
8:     k=k+1
9:     IF (k>q)
10:        k=1
11:    ENDIF
12: END FOREACH
13: END Mapping_Phase
```

现在逐行解析这个算法：

1. 算法运行时开始建立映射，此时，映射集合 Ω 是空的。

2. 选择第一个分区作为 T_1 任务的资源池（参见伪代码第 3 行）。Television Rating

Point（TRPS）不断地针对每个任务 T_i 调用 Rheumatoid Arthritis（RA）算法，为其选择一个分区作为资源池。

3. RA 算法返回为任务 T_i 选择的资源集，表示为 ω_i（参见伪代码第 5 行）。

4. T_i 和 ω_i 被添加到映射集合 Ω 中（参见伪代码第 6 行）。

5. T_i 的状态由 `STATE 0: Idle/Mapping` 变为 `STATE 1: Idle/Mapped`（参见伪代码第 7 行）。

6. 注意，第一轮选择时，`k=1`，第一个分区被选中。对于随后的每轮选择，`k` 值都会增加，直到 `k>q`。

7. 如果 `k` 大于 `q`，则 `k` 被重置为 `1`（参见伪代码第 9 行和第 10 行）。

8. 重复上述过程，直到所有任务和资源集合之间建立起映射，并将其存储在映射集 Ω 中。

9. 每个任务一旦被映射阶段映射到一组资源上，该任务就在对应资源上被执行。

1.2.2 使用代码片段

随着 Python 等简单但功能强大的编程语言的流行，一种替代伪代码的方法逐渐流行起来，那就是直接以某种简化的形式使用编程语言来表示算法的逻辑。与伪代码一样，这种被选定的代码避免了使用详细完整的代码，而是抓住了所提出的算法的重要逻辑和结构。这种被选定的代码有时称为**代码片段**。在本书中将尽可能使用代码片段代替伪代码，因为它们可以省略一个额外步骤。例如，让我们看一个 Python 函数的简单代码片段，该代码片段可用于交换两个变量：

```
define swap(x, y)
    buffer = x
    x = y
    y = buffer
```

注意，代码片段并不总能代替伪代码。在伪代码中，我们有时会把多行代码抽象为一行伪代码来表达算法的逻辑，避免算法逻辑被不必要的代码细节所干扰。

1.2.3 制定执行计划

伪代码和代码片段并不总是能够详细叙述与更复杂的分布式算法相关的所有逻辑。例如，分布式算法在运行时通常需要划分为具有先后顺序的不同代码阶段。找到正确策略将较大的问题划分为顺序正确的代码阶段使得阶段数最优，对于算法的高效执行至关重要。

我们需要找到一种方法来表示这种策略，从而完整地表示算法的逻辑和结构。执行计划是详细说明算法如何被细分为一组任务的方法之一。一个任务可以是 mapper 或 reducer，这些任务可以被组合在一个块，也就是**阶段**中。图 1-3 展示了在算法执行前由 Apache Spark 生成的执行计划。它详细说明了为执行我们的算法而创建的作业将被具体划分为哪些运行时任务。注意，图中五个任务被分为两个不同的阶段：Stage 11 和 Stage 12。

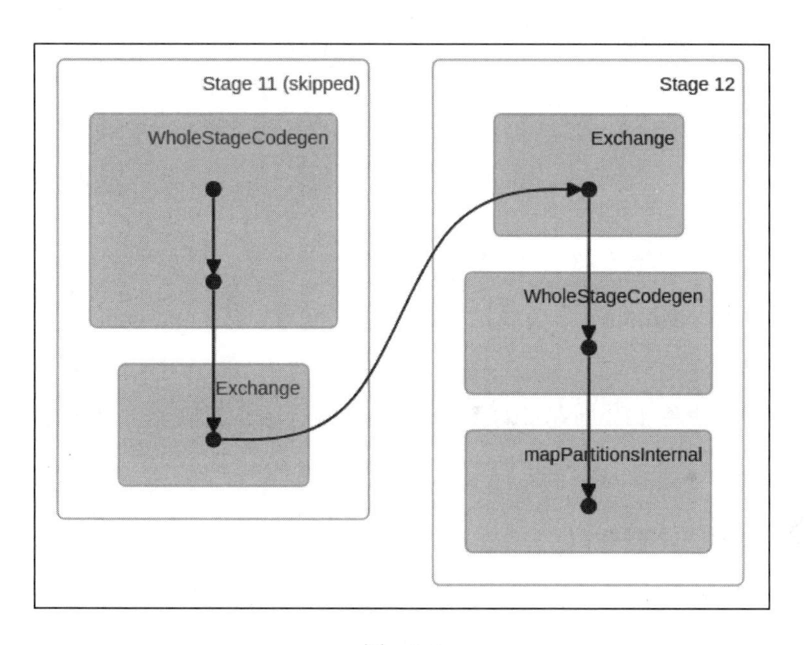

图 1-3

1.3 Python 包简介

算法设计好后需要用编程语言来按照设计进行实现。本书中选择编程语言 Python。之所以选择它，是因为 Python 是一种灵活且开源的编程语言。对于越来越重要的云计算基础设施，如**亚马逊网络服务**（AWS）、**微软** Azure 和**谷歌云平台**（GCP），Python 也是其首选语言。

Python 官方主页是 https://www.python.org/，其中包含了安装说明和对你可能有所帮助的初学者指南。

如果你以前没有使用过 Python，最好浏览一下初学者指南，以进行自学。对 Python 的基本了解将有助于你更好地理解本书所介绍的概念。

在本书中，我希望你能够使用 Python 3 的最新版本。在编写本书时，最新的版本是 3.7.3，我们将用它运行本书中的练习。

1.3.1 Python 包

Python 是一种通用语言。在设计时，它仅带有最低限度的功能。根据使用 Python 的具体目的，你还可以安装附加包。安装附加包最简单的方法是通过 pip 安装程序。`pip` 命令可以用来安装附加包：

```
pip install a_package
```

已经安装的包需要定期更新，以获得最新的功能，这可以通过使用 `upgrade` 标识来实现：

```
pip install a_package --upgrade
```

另一个用于科学计算的 Python 发行版是 Anaconda，它可以从 http://continuum.io/downloads 下载。

除了使用 `pip` 命令安装新包，对于 Anaconda 发行版，我们还可以选择使用如下命令安装新包：

```
conda install a_package
```

如果要更新现有的软件包，Anaconda 发行版提供了另一个选项，可以使用以下命令：

```
conda update a_package
```

有各种各样的 Python 包可供选择，在接下来的小节中将介绍一些与算法相关的比较重要的包。

SciPy 生态系统

Scientific Python (SciPy)——发音为 sigh pie——是一组为科学界创建的 Python 包。它包含许多函数，包括各种随机数生成器、线性代数程序和优化器。SciPy 是一个全面的软件包，并且随着时间的推移，人们开发了许多扩展，以根据自己的需求定制和扩展该软件包。

以下是属于这个生态系统的主要的包：

- NumPy：对于算法来说，创建多维数据结构（如数组和矩阵）的能力非常重要。NumPy 提供了一组数组和矩阵数据类型，这些数据类型对于统计和数据分析非常重要。关于 NumPy 的详细信息可以在 http://www.numpy.org/ 找到。

- scikit-learn：这个机器学习扩展是 SciPy 最受欢迎的扩展之一。scikit-learn 提供了一系列重要的机器学习算法，包括分类、回归、聚类和模型验证。可以在 http://scikit-learn 了解更多关于 scikit-learn 的细节。
- pandas：pandas 是一个开源软件库。它包含了表格型的复杂数据结构，该数据结构在各种算法中广泛用于输入、输出和处理表格数据。pandas 库中包含了许多有用的函数，它还提供了高度优化后的性能。想要找到更多关于 pandas 的细节，可以查看 http://pandas.pydata.org/。
- Matplotlib：Matplotlib 提供了强大的可视化工具。数据可以通过折线图、散点图、柱状图、直方图、饼图等形式呈现。要获得更多信息，请访问 https://matplotlib.org/。
- Seaborn：Seaborn 类似于在 R 语言中流行的 ggplot2 库。它基于 Matplotlib，并且提供了优秀的界面用于绘制出色的统计图形。更多详情请访问 https://seaborn.pydata.org/。
- iPython：iPython 是一个增强的交互式控制台，旨在方便编写、测试和调试 Python 代码。
- Running Python programs：交互式的编程模式对代码的学习和实验很有用。Python 程序可以保存在一个以 `.py` 为扩展名的文本文件中，并且可以从控制台运行该文件。

1.3.2 通过 Jupyter Notebook 执行 Python

运行 Python 程序的另一种方式是通过 Jupyter Notebook。Jupyter Notebook 提供了一个基于浏览器的用户界面来开发代码。本书使用 Jupyter Notebook 来展示代码示例。能够使用文字和图形对代码进行注释和描述的能力，使其成为展示和解释算法的完美工具，以及学习的绝佳工具。

要启动 notebook，需要启动 `Juypter-notebook` 程序，然后打开浏览器，导航到 `http:// localhost:8888`（如图 1-4 所示）。

请注意，一个 Jupyter Notebook 页面由被称为**单元格**的不同的块组成。

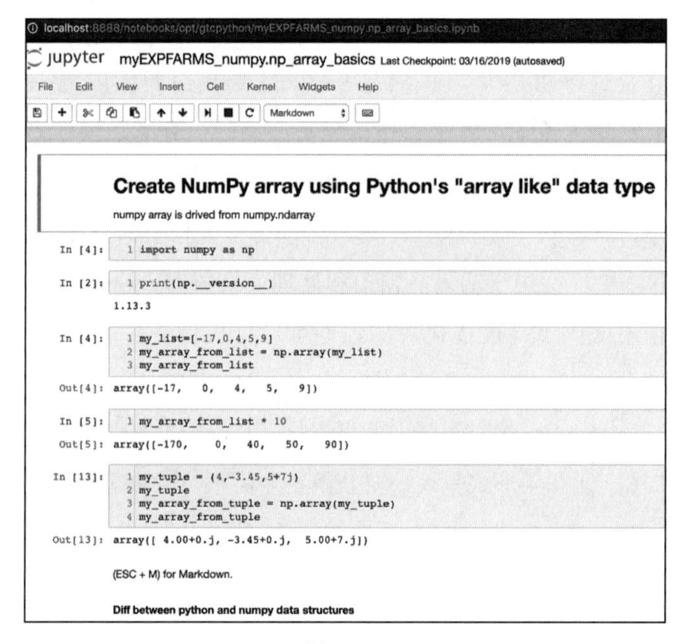

图 1-4

1.4 算法设计技术

算法是求解实际问题的数学方案。我们在设计和微调算法时，需要牢记以下三个设计的关注点：

- **第一点**：算法是否能产生我们预期的结果？
- **第二点**：这是获取预期结果的最佳方法吗？
- **第三点**：算法在更大的数据集上表现怎么样？

在为问题设计解决方案前，最好先理解问题本身的复杂度。例如，如果将问题描述为其需求和复杂度，则有助于为其设计恰当的求解方案。一般来说，算法可以根据问题的特点分为以下几种类型：

- **数据密集型算法**：数据密集型算法旨在处理大量数据，其处理需求相对简单。压缩大型文件的算法就是数据密集型算法一个典型例子。对于这类算法，待处理数据的规模远大于处理引擎（单节点或集群）的内存规模，因此可能需要开发一个迭代处理设计来根据要求高效地处理数据。
- **计算密集型算法**：计算密集型算法具有大量计算需求而不涉及大量数据。一个简单的例子就是寻找大素数的算法。寻找恰当策略将算法划分为不同的阶段，使得其中至少有一些阶段是可以并行化的，这是最大限度地提升算法性能的关键。

- **既是数据密集型算法，也是计算密集型算法**：有些算法需要处理大量数据，同时也有大量计算需求。实时视频信号上的情感分析算法就是这种算法的一个很好的例子，其中数据和计算需求都很大。这类算法是最耗费资源的算法，需要对算法进行精心设计，并对可用资源进行智能分配。

更深入地研究问题的数据和计算将有助于刻画问题的复杂度和计算需求。下面讨论这方面的内容。

1.4.1 数据维度

将算法从问题的数据维度上归类，我们需要查看数据的**体积**（volume）、**速度**（velocity）和**多样性**（variety），这三个方面被称为数据的3V，其定义如下：

- **体积**：指算法将要处理的数据的预期规模；
- **速度**：指使用该算法时新数据生成的预期速度，它可以为零；
- **多样性**：量化了所设计算法预计要处理多少种不同类型的数据。

图1-5更加详细地展示了数据的3V，其中心是最简单的数据，体积小且多样性和速度都很低。逐渐远离中心时，数据复杂度逐渐增加，这可以从三个维度中的一个或多个维度上增加。例如，在速度维度上，最简单的是**批处理**过程，其次是**周期性处理**过程，然后

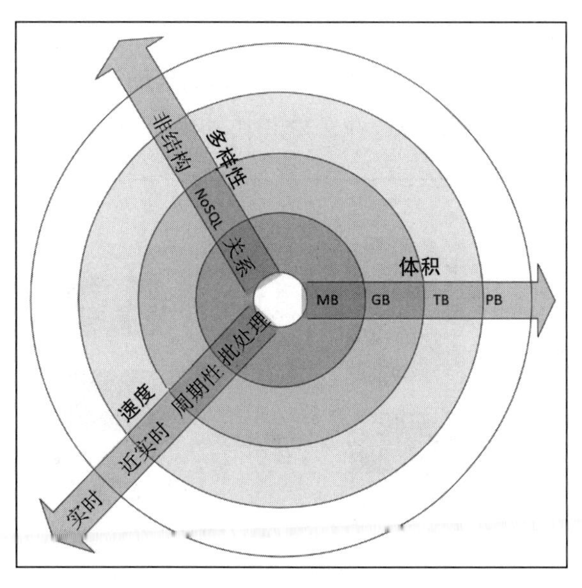

图 1-5

是**近实时处理**过程，最后是**实时处理**过程。实时处理从数据速度维度上看是最复杂的情况。例如，由一组监控摄像头收集的实时视频信号的集合具有体积大、速度快和多样性高的特点，因此可能需要恰当的设计才能有效地存储和处理数据；而由Excel创建的单个简单 `.csv` 文件则具有体积小、速度慢和多样性低的特点。

例如，如果输入数据仅有一个简单的 `csv` 文件，则数据体积小，速度和多样性都低。另一方面，如果输入数据是监控摄像头的实时信号，则数据体积大，速度和多样性也高，在为其设计算法的时候应该牢记这一点。

1.4.2 计算维度

问题的计算维度与待求解问题的处理需求和计算需求有关。算法的处理需求确定了其应采取何种设计才最有效。例如，深度学习算法一般都需要大量的处理能力。这意味着，深度学习算法都应尽可能采用多节点并行架构。

实例

假定要对视频展开情感分析，也就是将视频的不同部分恰当地用人类的悲伤、幸福、恐惧、喜悦、挫折和狂喜等情绪进行标记。这是一项计算密集型的工作，需要大量的计算能力。如图1-6所示，为了对算法的计算维度进行设计，我们将处理工作分为五个任务，由此构成两个阶段。所有的数据转换和准备工作都在三个mapper中完成。为了实现这个目的，我们将视频分为三个不同的部分，统称为**切片**（split）。在执行mapper后，将处理后的视频输入到两个称为reducer的聚合器中。为了完成所需的情感分析，这两个reducer根据情感对视频进行分组。最后，将结果合并在输出中。

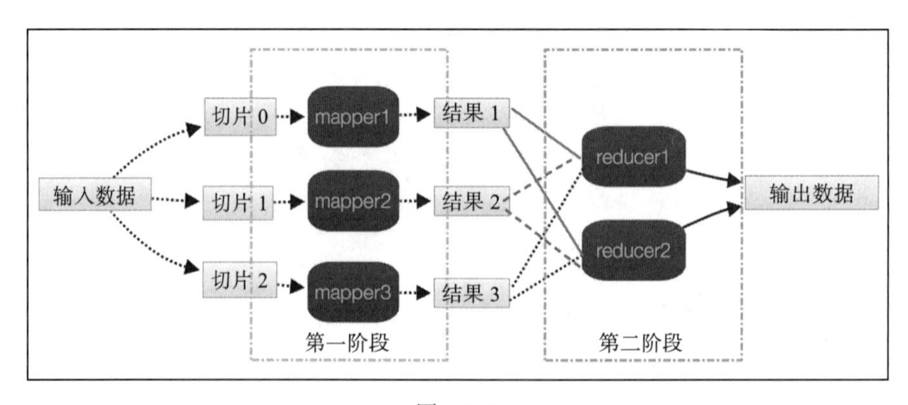

图 1-6

注意，mapper 数量将直接转化为算法运行时的并行度。mapper 和 reducer 的最佳数量取决于数据的特性、所用算法的类型和可用资源的数量。

1.5 性能分析

算法的性能分析是算法设计的重要部分。估计算法性能的方法之一是分析算法的复杂度。

复杂度理论研究算法的复杂程度。任何有用的算法应该具备以下三个关键特征：

- 算法应该是正确的。算法如果无法给你正确的答案，则对你毫无用处。
- 好算法应该是易懂的。如果世界上最好的算法对你来说太复杂，你无法在计算机上实现，则它对你也毫无用处。
- 好算法应该是高效的。即使算法能产生正确结果，但是如果它需要花费一千年或者10 亿 TB 的内存，那么它的用处也不大。

有两种方法用于量化分析算法的复杂度：

- 空间复杂度分析：估计算法运行对内存的需求。
- 时间复杂度分析：估计算法的运行时间。

1.5.1 空间复杂度分析

空间复杂度分析就是估计算法在处理输入数据时所需的内存量。在处理输入数据的同时，算法需要在内存中存储一些临时的数据结构。算法的设计方式将会影响这些数据结构的数量、类型和规模。在分布式计算时代，需要处理的数据量越来越大，空间复杂度分析变得日益重要。这些数据结构的规模、类型和数量将决定对于底层硬件的内存需求。分布式计算中使用的现代内存数据结构——如**弹性分布式数据集**（Resilient Distributed Dataset，RDD）——需要高效的资源分配机制，使其能够感知算法在不同执行阶段的内存需求。

空间复杂度分析是高效算法设计中必须完成的工作。如果在设计特定算法时没有展开空间复杂度分析，临时数据结构可用的内存不足，则可能会触发不必要的磁盘溢出，从而大大影响算法的性能和效率。

本章仅深入讨论时间复杂度。空间复杂度将在第 13 章中进行更详细的讨论，届时将对运行时内存需求比较复杂的大规模分布式算法进行处理。

1.5.2 时间复杂度分析

时间复杂度分析就是依据算法结构来估计算法完成其指定工作所需的时间。与空间复杂度不同，时间复杂度并不取决于运行算法的任何硬件设施，而是完全取决于算法本身的结构。时间复杂度分析的总体目标是试图回答下列重要问题：算法是否具有良好的可扩展性？算法在处理更大规模数据集时性能如何变化？

为回答这些问题，我们需要确定数据规模的增加对算法性能的影响，并确保设计的算法不仅准确，而且具有良好的可扩展性。在当今“大数据”的世界里，算法处理更大规模数据集时的性能变得越来越重要。

在很多情况下，设计算法的方法可能不止一种。此时，时间复杂度分析的目的如下：

> “给定某个问题和多种算法，从时间效率来看，使用哪种算法效率最高？”

计算算法的时间复杂度有以下两种基本方法：

- **实现算法后的分析方法**：这种方法先分别实现各种候选算法，再对其性能进行比较。
- **实现算法前的理论方法**：这种方法在运行算法前用数学方法近似计算每个算法的性能。

理论方法的优点是它仅依赖于算法本身的结构，而不依赖于将用于运行该算法的实际硬件、运行算法时所选择的相关软件和用于实现该算法的编程语言。

1.5.3 性能评估

典型算法的性能都取决于作为输入提供给它的数据的类型。例如，如果在待求解问题中数据已经排序，则该算法执行的速度可能会快得惊人。如果用排序后的输入作为基准来对特定算法进行测试，则将得到不真实的、过好的性能测试结果，而这个结果在大多数情况下并不能够反映算法的实际性能。为了处理算法对输入数据的这种依赖性，我们在进行性能分析时需要考虑各种不同情况。

最好复杂度

在最好复杂度中，输入数据经过组织，能够得到算法的最佳性能。最好复杂度分析得出算法性能的上界。

最坏复杂度

评估算法性能的第二种方法是尝试找到算法在给定条件下完成工作所需的最大可能时

间。最坏复杂度分析非常有用，因为我们可以保证无论在何种条件下算法的性能总是优于所得的分析结果。在评估算法在处理更大规模数据集的复杂问题时，最坏复杂度分析特别有用。最坏复杂度给出了算法性能的下界。

平均复杂度

平均复杂度分析先将各种可能的输入划分为不同的组，然后从每组中选择具有代表性的一个输入来分析算法性能，最后计算出算法在各组输入上的平均性能。

平均复杂度并不总是准确结果，因为它需要考虑算法输入的所有不同组合和可能性，但这并不总是容易做到的。

1.5.4 选择算法

你怎么知道哪种方案更好？你怎么知道哪种算法运行得更快？时间复杂度和大O记号（本章后面会讨论）为回答这种问题提供了有效手段。

为了理解它的作用，我们举一个简单的例子：对一个数字列表进行排序。有几种可用的算法可以完成这项工作，问题是如何选择合适的算法。

首先，易于观察到的事实是，如果列表中数字为数不多，则我们选择哪种算法来排序数字列表根本无关紧要。例如，如果列表中只有10个数字（$n = 10$），则我们选择哪种算法均不要紧，因为即使是设计得非常糟糕的算法，所花费的时间可能也不会超过几微秒。但是，如果列表规模高达100万，则选择合适的算法就会产生区别。一个写得很差的算法甚至可能需要几个小时才能完成列表排序任务，而一个设计较好的算法则可能仅用几秒就完成了任务。因此，在大规模输入数据集上，投入时间和精力展开性能分析，选择合理设计的算法来高效地完成要求的任务是非常有意义的。

1.5.5 大O记号

大O记号用于量化表示各种算法在输入规模增长时的性能，它是最坏复杂度分析中最常用的方法之一。下面讨论不同种类的大O记号。

常数时间复杂度（$O(1)$）

如果算法运行时间是独立于输入数据规模的相同值，则称其运行时间是常数时间，表示为$O(1)$。例如，考虑访问数组的第n个元素，无论数组的规模多大，花费常数时间即可获得结果。再如，下面的函数以复杂度$O(1)$返回数组的第一个元素：

```
def getFirst(myList):
    return myList[0]
```

其输出结果显示为图 1-7。

```
In [2]:  1 getFirst([1,2,3])
Out[2]: 1

In [3]:  1 getFirst([1,2,3,4,5,6,7,8,9,10])
Out[3]: 1
```

图 1-7

- 使用 push 向栈内添加新的元素，或使用 pop 从栈中删除元素。无论栈的规模多大，添加和删除元素都花费常数时间。
- 访问哈希表中的元素（参见第 2 章的相关讨论）。
- 桶排序（参见第 2 章的相关讨论）。

线性时间复杂度 ($O(n)$)

如果算法的执行时间与输入规模成正比，则称该算法具有线性时间复杂度，表示为 $O(n)$。例如，考虑下面对一维数据结构中所有元素求和的算法：

```
def getSum(myList):
    sum = 0
    for item in myList:
        sum = sum + item
    return sum
```

注意算法的主循环。算法中主循环的迭代次数随着 n 值的增加而线性增加，导致了 $O(n)$ 的复杂度，图 1-8 展示了算法的运行实例。

```
In [5]:  1 getSum([1,2,3])
Out[5]: 6

In [6]:  1 getSum([1,2,3,4])
Out[6]: 10
```

图 1-8

其他一些数组操作的例子如下：

- 查找元素
- 找出数组中所有元素的最小值

平方时间复杂度 ($O(n^2)$)

如果算法的执行时间与输入规模的平方成正比，则称该算法的运行时间为平方时间。例如，考虑下面对二维数组求和的简单函数：

```
def getSum(myList):
    sum = 0
    for row in myList:
        for item in row:
            sum += item
    return sum
```

注意，在内层循环嵌套外层主循环中，这种嵌套结构使得前面代码的时间复杂度为 $O(n^2)$（如图 1-9 所示）。

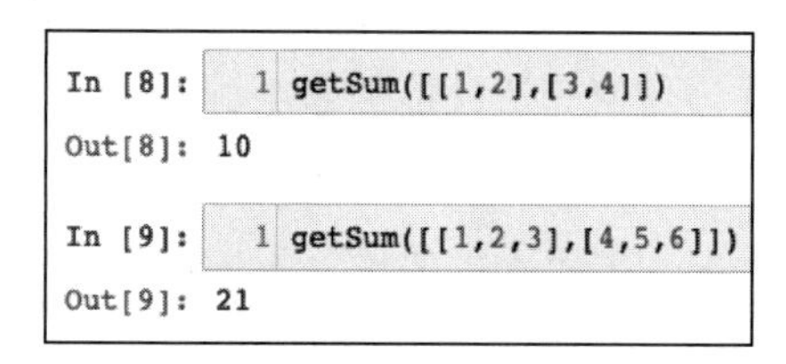
In [8]: getSum([[1,2],[3,4]])
Out[8]: 10
In [9]: getSum([[1,2,3],[4,5,6]])
Out[9]: 21

图　1-9

另一个例子是**冒泡排序算法**（参见第 2 章的相关讨论）。

对数时间复杂度 ($O(\log n)$)

如果算法的执行时间与输入规模的对数成正比，则称该算法的运行时间为对数时间。在时间复杂度为 $O(\log n)$ 的算法中，随着算法的每一轮迭代，输入规模都会以常数倍数递减。例如，二分查找是对数时间复杂度，该算法用于从一维数据结构（如 Python 列表）中查找特定元素，它要求数据结构内的元素按降序进行排序。下面的代码将二分查找算法实现为一个名为 `searchBinary` 的函数：

```
def searchBinary(myList,item):
    first = 0
    last = len(myList)-1
    foundFlag = False
    while( first<=last and not foundFlag):
        mid = (first + last)//2
        if myList[mid] == item :
            foundFlag = True
        else:
            if item < myList[mid]:
                last = mid - 1
            else:
                first = mid + 1
    return foundFlag
```

主循环利用了列表有序这一事实。算法中每轮迭代都将列表二等分，直到得到结果（如图 1-10 所示）。

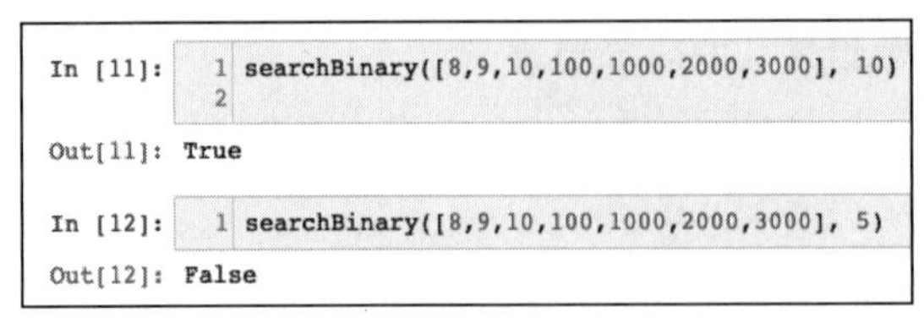

图 1-10

定义完函数后，图 1-10 的第 11 行和第 12 行中通过查找特定元素对其进行了测试。二分查找算法将在第 3 章中进一步讨论。

注意，在所介绍的四种类型的大 O 记号中，$O(n^2)$ 表示最差性能，$O(\log n)$ 表示最佳性能。事实上，$O(\log n)$ 可以视为任何算法性能的黄金标准（尽管并非总是能够达到）。另一方面，$O(n^2)$ 并不像 $O(n^3)$ 那样糟糕，但由于时间复杂度限制了它们实际可以处理的数据规模，因此属于这类时间复杂度的算法仍然不能用于大数据。

降低算法复杂度的一种方法是在算法的准确度上进行折中，从而得到一种称为**近似算法**的算法。

算法性能评估的整个过程本质上是迭代进行的，如图 1-11 所示。

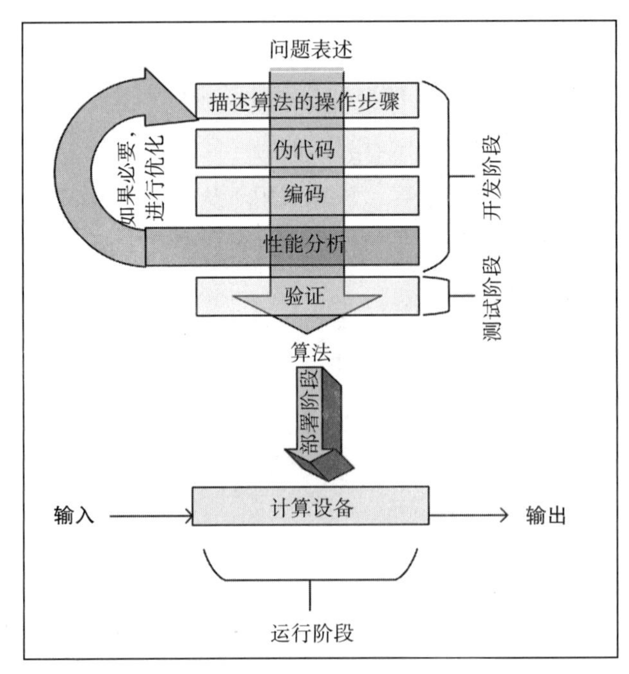

图 1-11

1.6 验证算法

验证算法指的是确保它是为待求解问题找到了一个数学求解方案。验证过程应该在尽可能多的输入值和输入类型上检验求解结果。

1.6.1 精确算法、近似算法和随机算法

验证算法要依据算法的类型展开，因为对不同类型的算法，其验证技术也不同。我们先区分确定型算法和随机算法。

确定型算法在特定输入上始终产生完全相同的输出结果。但是，在某些类型的算法中，随机数序列也被当作输入，这些随机数使得算法每次运行时产生的输出都不同。在第 6 章中将要详细介绍的 k-means 聚类算法就是这类算法的一个例子，如图 1-12 所示。

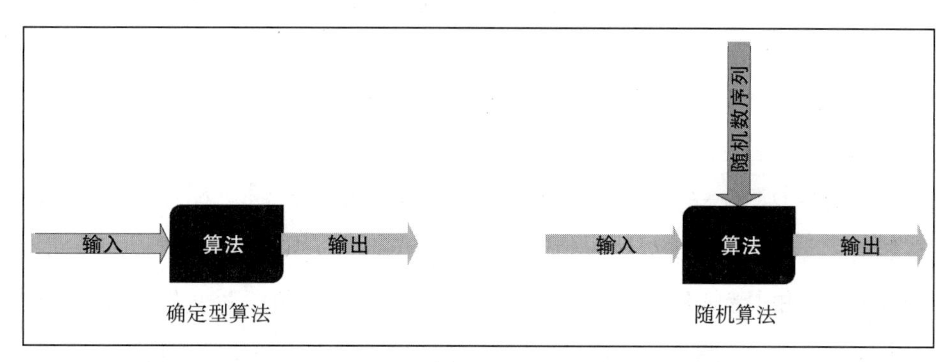

图 1-12

算法也可以分为如下两种类型，分类的依据是简化算法逻辑，使其运行速度更快时所采用的假设或近似：

- **精确算法**：精确算法预计在不引入任何假设或近似的情况下产生精确解。
- **近似算法**：当问题的复杂度过大，在给定的资源下难以处理时，我们会通过一些假设来简化问题。基于这些简化或假设的算法称为近似算法，它并不能给我们提供完全精确的解。

让我们通过一个例子来理解精确算法和近似算法之间的区别。1930 年，人们提出了著名的旅行商问题：为特定的旅行商找出最短路线，让他能够沿该路线访问城市列表中的每个城市之后返回出发点（这就是问题被命名为旅行商问题的原因）。寻找解决方案时，第一个想法就是生成所有城市的排列组合，然后选择路线最短的排列组合。这种解决方案的复杂度是 $O(n!)$，其中 n 是城市的数量。显然，城市数量超过 30 之后，时间复杂度就变得无

法处理了。

如果城市数量超过 30，那么降低复杂度的方法之一就是引入一些近似和假设。

对于近似算法来说，在需求分析时设置好期望的准确度很重要。验证近似算法就是要验证结果的误差是否在可接受的范围内。

1.6.2 可解释性

算法在临界条件下使用时，能够在需要时解释每一个结果背后的原因变得很重要。这是很有必要的，因为这能够确保基于算法结果得出的决策不会带来偏差。

有些特征会直接或间接用于得到某种特定决策，能够准确地识别出这些特征的能力，称为算法的**可解释性**。算法在临界条件下使用时，需要评估算法是否存在偏差和偏见。如果算法可能影响到与人们生活相关的决策，则算法的伦理分析将会成为验证过程中的标准环节。

对于处理深度学习的算法，很难实现算法的可解释性。例如，如果某个算法用于拒绝某些人的抵押贷款申请，则透明度和解释原因的能力都很重要。

算法可解释性是一个活跃的研究领域。最近发展起来的有效技术之一是**局部可理解的模型无关解释**（Local Interpretable Model-Agnostic Explanation，LIME)，参见 2016 年第 22 届国际计算机学会知识发现和数据挖掘国际会议（ACM SIGKDD）论文集。LIME 基于如下概念，对每个输入实例均做出各种细微改变，然后尽力映射出该实例的局部决策边界，它可以量化每种细微改变对该实例的影响。

1.7 小结

本章学习算法基础。首先，我们了解了开发算法的不同阶段，讨论了算法设计过程中用于描述算法逻辑的不同方法；然后，学习了如何设计算法和两种不同的算法性能分析方法。最后，我们学习了验证算法涉及的各个不同方面。

经过本章的学习，我们应该能够理解算法的伪代码，理解开发和部署算法的不同阶段。此外，我们还学会了如何使用大 O 记号来估计算法的性能。

下一章讨论算法中用到的数据结构。我们先讨论 Python 中可用的数据结构，然后考虑如何用这些数据结构来创建栈、队列和树等更复杂的数据结构，它们将用于复杂算法的开发。

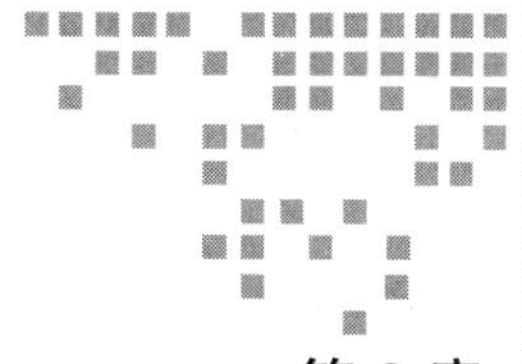

第 2 章 Chapter 2

算法中的数据结构

算法需要必要的内存数据结构，用于在执行时保存临时数据。选择恰当的数据结构对算法高效执行至关重要。某些类别的算法在逻辑上是递归的或迭代的，需要使用专门为这种算法设计的数据结构。例如，如果使用嵌套的数据结构，那么递归算法可能更容易实现并且表现出更好的性能。本章在算法背景下讨论数据结构。本书用 Python 来描述算法，所以本章重点讨论 Python 中的数据结构，但所介绍的概念也适用于 Java 和 C++ 等其他编程语言。

通过本章的学习，你应该能够理解 Python 如何处理复杂的数据结构，并能够为特定种类的数据选用合适的数据结构。

2.1 Python 中的数据结构

在任何编程语言中，数据结构都用于存储和操作复杂的数据。在 Python 中，数据结构也是数据存储容器，用于以有效方式对数据进行管理、组织和查找。它们用于存储成组出现的数据元素，这些数据元素需要一起存储和处理，每一组这样的数据称为一个集合。在 Python 中，有五种不同的数据结构可以用来存储集合：

- **列表（list）**：有序的可变元素序列。
- **元组（tuple）**：有序的不可变元素序列。
- **集合（set）**：无序元素序列（其中元素不重复）。
- **字典（dictionary）**：无序的键值对序列。

- **数据帧（DataFrame）**：存储二维数据的二维结构。

下面我们在更详细地介绍它们。

2.1.1 列表

在 Python 中，列表是用来存储可变元素序列的主要数据结构。列表中存储的数据元素序列不必是同一数据类型。

要创建一个列表，数据元素需要用 [ ] 括起来，并且需要用逗号隔开。例如，下面的代码创建了一个含有四个数据元素的列表，其数据类型不完全相同：

```
>>> aList = ["John", 33,"Toronto", True]
>>> print(aList)
['John', 33, 'Toronto', True]Ex
```

在 Python 中，列表是一种创建一维可写数据结构的便捷方法，在算法的不同内部阶段都特别有用。

使用列表

数据结构关联的实用功能非常有用，因为这些功能可以用来管理列表中的数据。

我们看看如何使用列表：

- **列表索引**：由于元素在列表中的位置是确定的，因此可以使用索引来获取某个特定位置的元素。下面的代码演示了这个概念：

```
>>> bin_colors=['Red','Green','Blue','Yellow']
>>> bin_colors[1]
'Green'
```

该代码创建的四元素列表如图 2-1 所示。

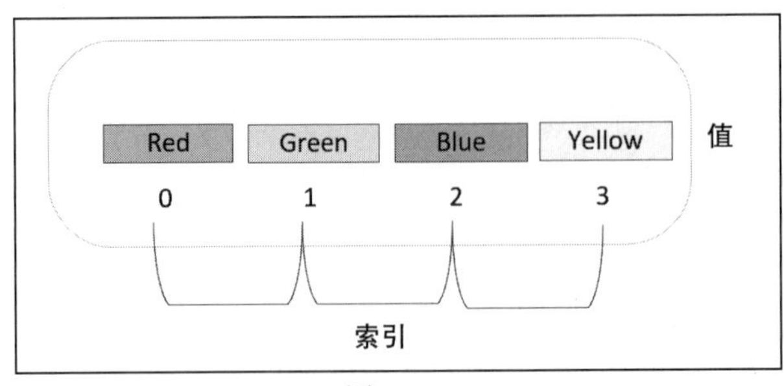

图 2-1

注意，索引从 0 开始，因此第二个元素 Green 由索引 1 即 `bin_color[1]` 检索。

- **列表切片**：通过指定索引范围可以检索列表中的元素子集，这个过程叫作**切片**。下面的代码可以用来创建列表的一个切片：

```
>>> bin_colors=['Red','Green','Blue','Yellow']
>>> bin_colors[0:2]
['Red', 'Green']
```

注意，列表是 Python 中非常流行的一维数据结构之一。

> 在对列表进行切片时，其切片范围如下所示：包含第一个数字而不包含第二个数字。例如，`bin_colors[0:2]` 将包括 `bin_color[0]` 和 `bin_color[1]`，而不包括 `bin_color[2]`。在使用列表时应注意这一点，因为 Python 语言的一些用户抱怨这不是很直观。

我们看看下面的代码片段：

```
>>> bin_colors=['Red','Green','Blue','Yellow']
>>> bin_colors[2:]
['Blue', 'Yellow']
>>> bin_colors[:2]
['Red', 'Green']
```

如果未指定起始索引，则意味着起始索引为列表的开始，如果未指定终止索引，则表示终止索引为列表的末尾，前面的代码实际上已经演示了这个概念。

- **负索引**：在 Python 中，也有负索引，负索引从列表的末尾开始计数。下面的代码对此进行了演示：

```
>>> bin_colors=['Red','Green','Blue','Yellow']
>>> bin_colors[:-1]
['Red', 'Green', 'Blue']
>>> bin_colors[:-2]
['Red', 'Green']
>>> bin_colors[-2:-1]
['Blue']
```

注意，如果我们想将参考点设置为最后一个元素而不是第一个元素，负索引特别有用。

- **嵌套**：列表的每个元素可以是简单数据类型，也可以是复杂数据类型，这就允许在列表中进行嵌套。对于迭代和递归算法来说，这是非常重要的功能。

让我们来看看下面的代码，这是在一个列表中嵌套列表的例子：

```
>>> a = [1,2,[100,200,300],6]
>>> max(a[2])
300
>>> a[2][1]
200
```

- **迭代**：Python 允许使用 for 循环对列表中的每个元素进行迭代，这在下面的例子中进行了演示：

```
>>> bin_colors=['Red','Green','Blue','Yellow']
>>> for aColor in bin_colors:
        print(aColor + " Square")
Red Square
Green Square
Blue Square
Yellow Square
```

注意，前面的代码会遍历列表并打印每个元素。

lambda 函数

在列表中可以使用大量的 lambda 函数。lambda 函数在算法中特别重要，其提供了动态创建函数的能力。有时在文献中，lambda 函数也被称为*匿名函数*。本小节将展示其用途：

- **过滤数据**：为了过滤数据，需要先定义一个谓词，说明需要完成什么工作，它是输入一个参数并返回一个布尔值的函数。下面的代码演示了它的使用方法：

```
>>> list(filter(lambda x: x > 100, [-5, 200, 300, -10, 10, 1000]))
[200, 300, 1000]
```

在这段代码中，我们使用了 lambda 函数来过滤一个列表，该函数指定了过滤标准。filter 函数旨在依据定义的标准从序列中过滤掉不符合标准的元素。在 Python 中，filter 函数通常与 lambda 函数一起使用。除了列表之外，它还可以用来从元组或集合中过滤元素。对于前面展示的代码，定义的过滤标准是 x>100，这段代码将遍历列表中的所有元素，并过滤掉不符合这个标准的元素。

- **数据转换**：map() 函数可用于通过 lambda 函数进行数据转换。示例如下：

```
>>> list(map(lambda x: x ** 2, [11, 22, 33, 44,55]))
[121, 484, 1089, 1936, 3025]
```

将 map 函数和 lambda 函数一起使用可以提供相当强大的功能。当与 map 函数一起使用时，lambda 函数可以用来声明一个转换器，对给定序列的每个元素进行转换。在前面展示的代码中，转换器是取平方。因此，我们使用 map 函数对列表中的每个元素求平方。

- **数据聚合**：对于数据聚合，可以使用 reduce() 函数，该函数会循环运行定义的函数，对列表中每对元素值进行处理：

```
from functools import reduce
def doSum(x1,x2):
    return x1+x2
x = reduce(doSum, [100, 122, 33, 4, 5, 6])
```

注意，reduce 函数需要定义一个数据聚合函数，前面代码中的数据聚合函数是 doSum，它定义了如何对给定列表中的各项元素进行聚合。聚合从最前面的两个元素开始，然后用聚合结果替换这两个元素。这样，列表元素会减少，该过程不断重复，直到最后得到一个聚合数字。doSum 函数中的 x1 和 x2 分别代表了每轮迭代中的两个数字，doSum 则代表了它们聚合的标准。

前面代码块所得结果是一个单值（即 270）。

range 函数

range 函数可以用来轻松地生成一个大的数字列表。它用作自动填充列表的数字序列。

range 函数使用起来很简单，使用时只需指定列表中想要的元素个数。在默认情况下，列表中的元素从 0 开始，并逐渐递增 1：

```
>>> x = range(6)
>>> x
[0,1,2,3,4,5]
```

我们还可以指定结束的数字（不包含）和步长（两个相邻元素之间的差值）：

```
>>> oddNum = range(3,29,2)
>>> oddNum
[3, 5, 7, 9, 11, 13, 15, 17, 19, 21, 23, 25, 27]
```

上面的 range 函数给出从 3 到 29 的奇数（不包括结束数字，也就是 29）。

列表的时间复杂度

列表的时间复杂度可以使用大 O 记号来表示，整理如下：

功 能	时间复杂度
插入一个元素	$O(1)$
删除一个元素	$O(n)$（因为在最坏的情况下，可能需要遍历整个列表）
列表切片	$O(n)$
元素检索	$O(n)$
复制	$O(n)$

注意，添加单个元素所需的时间与列表的规模无关，而表格中其他操作的复杂度则取决于列表的规模。列表的规模越大，性能受到的影响就越明显。

2.1.2 元组

第二个可以用于存储集合的数据结构是元组。与列表相反，元组是不可变的（只读）数据结构。元组由一些被 ( ) 包围的元素组成。

同列表一样，元组中的元素可以是不同类型的，元组也允许其元素使用复杂数据类型。因此，元组中也可以包含其他元组，这就提供了一种创建嵌套数据结构的方法。创建嵌套数据结构的能力在迭代和递归算法中特别有用。

下面的代码演示了如何创建元组：

```
>>> bin_colors=('Red','Green','Blue','Yellow')
>>> bin_colors[1]
'Green'
>>> bin_colors[2:]
('Blue', 'Yellow')
>>> bin_colors[:-1]
('Red', 'Green', 'Blue')
# Nested Tuple Data structure
>>> a = (1,2,(100,200,300),6)
>>> max(a[2])
300
>>> a[2][1]
200
```

在可能的情况下，出于性能考虑，应该优先使用不可变的数据结构（例如元组）而不是可变的数据结构（例如列表）。特别是在处理大数据时，不可变的数据结构比可变的数据结构快得多。这是因为，我们需要为列表具备改变数据元素的能力而付出代价。因此，应该仔细分析是否真的需要这种能力。如果将代码实现为只读的元组，则其速度会快很多。

注意，在前面的代码中，a[2] 指的是第三个元素，即一个元组 (100,200,300)。a[2][1] 指的是这个元组中的第二个元素，也就是 200。

元组的时间复杂度

元组的 Append 函数的时间复杂度总结如下（使用大 O 记号）：

函　数	时间复杂度
Append	$O(1)$

注意，Append 函数是在一个已经存在的元组末尾添加一个元素，其复杂度为 $O(1)$。

注意，元组是不可变的数据类型，其中没有 Append 函数。这里所说的 Append 其实是创建了一个新的元组，具体见如下代码：

```
>>> tupleObj = (12, 34, 45, 22, 33 )
>>> tupleObj = tupleObj + (19 ,)
>>> tupleObj
(12, 34, 45, 22, 33, 19)
```

可以看到，我们成功地将新元素添加到元组的末尾，但其实是创建了一个新的元组。

2.1.3　字典

以键值对的形式保存数据是非常重要的，尤其是在分布式算法中。在 Python 中，这些键值对的集合被存储为一个称为字典的数据结构。要创建一个字典，应该选择一个在整个数据处理过程中最适合识别数据的属性作为键。值可以是任何类型的元素，例如，数字或字符串。Python 总是使用复杂的数据类型（如列表）作为值。如果用字典作为值的数据类型，则可以创建嵌套字典。

为了创建一个为各种变量分配颜色的简单字典，需要将键值对用 { } 括起来。例如，下面的代码创建了一个由三个键值对组成的简单字典：

```
>>> bin_colors ={
      "manual_color": "Yellow",
      "approved_color": "Green",
      "refused_color": "Red"
    }
>>> print(bin_colors)
{'manual_color': 'Yellow', 'approved_color': 'Green', 'refused_color': 'Red'}
```

前面一段代码所创建的三个键值对也在图 2-2 中进行了说明。

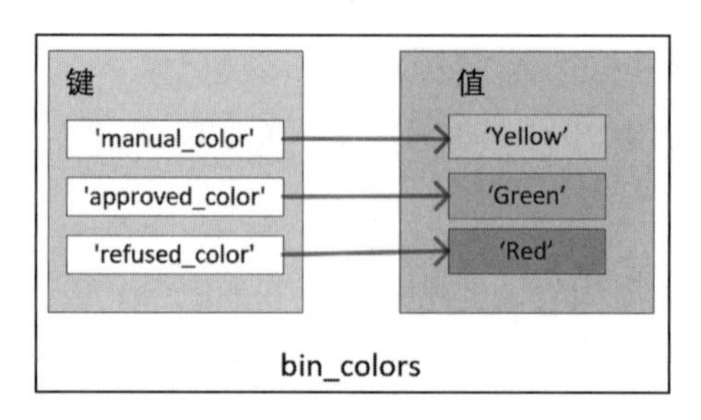

图 2-2

现在，我们看看如何检索和更新与键相关联的值：

1. 要检索一个与键相关联的值，可以使用 get 函数，也可以使用键作为索引：

```
>>> bin_colors.get('approved_color')
'Green'
>>> bin_colors['approved_color']
'Green'
```

2. 要更新与键相关联的值，可以使用以下代码：

```
>>> bin_colors['approved_color']="Purple"
>>> print(bin_colors)
{'manual_color': 'Yellow', 'approved_color': 'Purple',
'refused_color': 'Red'}
```

请注意，前面的代码演示了如何更新一个与字典中的某个特定键相关的值。

字典的时间复杂度

下表给出了使用大 O 记号表示的字典的时间复杂度：

功 能	时间复杂度
获取一个值或一个键	$O(1)$
设置一个值或一个键	$O(1)$
复制一个字典	$O(n)$

从字典的复杂度分析中可以发现一个需要注意的重要现象，那就是获取或设置键值所需的时间与字典的大小完全无关。这意味着，将一个键值对添加到一个大小为 3 的字典中所花费的时间与将一个键值对添加到一个大小为 100 万的字典中所花费的时间是一样的。

2.1.4 集合

集合被定义为元素集，可以是不同类型的元素，这些元素都被 { } 括起来。例如，请看下面的代码块：

```
>>> green = {'grass', 'leaves'}
>>> print(green)
{'grass', 'leaves'}
```

集合定义的特性是，它只存储每个元素的不同值。如果我们试图添加另一个具有重复值的元素，它会忽略重复值，如下面的代码所示：

```
>>> green = {'grass', 'leaves','leaves'}
>>> print(green)
{'grass', 'leaves'}
```

为了演示在集合上可以进行什么样的操作，我们来定义两个集合：

- 一个名为 yellow 的集合，里面包含了黄色的东西。
- 另一个名为 red 的集合，里面包含了红色的东西。

请注意，这两个集合之间有公共部分。这两个集合及其关系可以借助图 2-3 进行展示。

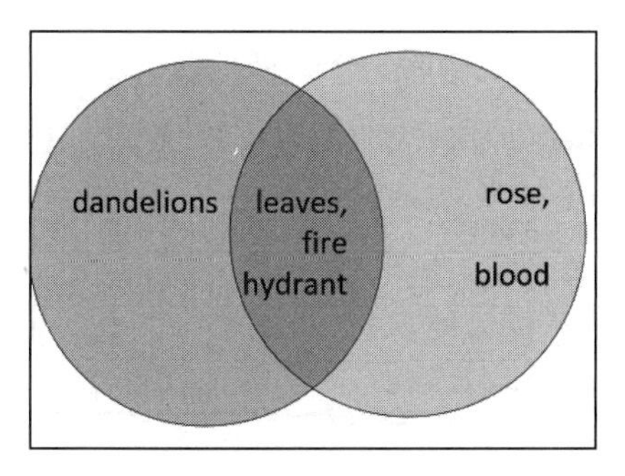

图 2-3

如果想在 Python 中实现这两个集合，代码将是这样的：

```
>>> yellow = {'dandelions', 'fire hydrant', 'leaves'}
>>> red = {'fire hydrant', 'blood', 'rose', 'leaves'}
```

现在，考虑以下代码，它演示了如何使用 Python 进行集合操作：

```
>>> yellow|red
{'dandelions', 'fire hydrant', 'blood', 'rose', 'leaves'}
>>> yellow&red
{'fire hydrant'}
```

如前面的代码片段所示，Python 中的集合可以有并和交等运算。我们知道，并运算将两个集合的所有元素合并到一起，而交运算则给出两个集合之间的公共元素集合。需要注意以下两点：

- yellow|red 用于获得前面定义的两个集合（yellow 和 red）的并。
- yellow&red 用于获得前面定义的两个集合（yellow 和 red）的交。

集合的时间复杂度

以下是集合的时间复杂度分析：

功 能	时间复杂度
增加一个元素	$O(1)$
删除一个元素	$O(1)$
复制	$O(n)$

从集合的复杂度分析中可以发现一个需要注意的重要现象，那就是添加一个元素所需的时间与该集合的大小完全无关。

2.1.5 数据帧

数据帧是 Python 的 pandas 包中的一种数据结构，用来存储可用的表格数据。它是算法中重要的数据结构之一，用于处理传统的结构化数据。我们看看以下表格：

id	name	age	decision
1	Fares	32	True
2	Elena	23	False
3	Steven	40	True

现在，我们使用数据帧来表示它。

可以使用以下代码创建一个简单的数据帧：

```
>>> import pandas as pd
>>> df = pd.DataFrame([
...             ['1', 'Fares', 32, True],
...             ['2', 'Elena', 23, False],
...             ['3', 'Steven', 40, True]])
>>> df.columns = ['id', 'name', 'age', 'decision']
>>> df
  id    name  age  decision
0  1   Fares   32      True
1  2   Elena   23     False
2  3  Steven   40      True
```

请注意，在上面的代码中，df.column 是一个用来指定各列名称的列表。

数据帧也用于在其他流行的语言和框架中实现表格数据结构，例如 R 语言和 Apache Spark 框架。

数据帧术语

我们来看看在数据帧中使用的一些术语：

- **轴**（axis）：在 pandas 的文档中，一个数据帧的单列或单行称为轴。
- **轴族**（axes）：如果轴的数量大于 1，则它们作为一组，称为轴族。
- **标签**（label）：数据帧允许用标签来命名列和行。

创建数据帧的子集

从根本上说，创建数据帧子集的方法主要有两种（比如说子集的名字是 myDF）：

- 选择列
- 选择行

选择列

在机器学习算法中，选择合适的特征集是一项重要任务。算法在特定阶段时可能不需要全部特征。在 Python 中，特征选择是通过选择列来实现的，下面对选择列进行说明。

可以按列的名称来检索各列，如下所示：

```
>>> df[['name','age']]
     name  age
0   Fares   32
1   Elena   23
2  Steven   40
```

在数据帧中，列的位置是确定的，可以通过指定列的位置取出各列，具体如下：

```
>>> df.iloc[:,3]
0 True
1 False
2 True
```

请注意，在这段代码中，我们正在检索 DataFrame 的前三行（一共有三行数据）。

选择行

数据帧中的每一行都对应着问题空间中的一个数据点。如果我们想要创建问题空间中数据元素的子集，则需要执行选择行操作。这个子集可以通过使用以下两种方法之一来创建：

- 指定各行的位置
- 指定一个过滤器

通过位置来检索各行的子集，具体操作如下：

```
>>> df.iloc[1:3,:]
   id name age decision
1 2 Elena 23 False
2 3 Steven 40 True
```

注意，上面的代码将返回前两行以及所有列。

如果要通过指定过滤器来创建子集，需要使用一个或多个列来定义选择标准。例如，可以通过如下的方法选择数据元素的子集：

```
>>> df[df.age>30]
   id     name  age  decision
0   1    Fares   32      True
2   3   Steven   40      True

>>> df[(df.age<35)&(df.decision==True)]
   id    name  age  decision
0   1   Fares   32      True
```

请注意，这段代码创建了由所有满足过滤器中规定条件的行所组成的子集。

2.1.6 矩阵

矩阵是一种具有固定列数和行数的二维数据结构，矩阵中的每个元素都可以通过指定它的列和行来引用。

在 Python 中，可以通过使用 `numpy` 中的 `array` 函数来创建矩阵，如下面的代码所示：

```
>>> myMatrix = np.array([[11, 12, 13], [21, 22, 23], [31, 32, 33]])
>>> print(myMatrix)
[[11 12 13]
[21 22 23]
[31 32 33]]
>>> print(type(myMatrix))
<class 'numpy.ndarray'>
```

上面的代码创建了一个三行三列的矩阵。

矩阵运算

有很多运算可以用于矩阵数据。例如，我们尝试对前面创建的矩阵进行转置，可以使用 `transpose()` 函数，将列转换成行、行转换成列：

```
>>> myMatrix.transpose()
array([[11, 21, 31],
       [12, 22, 32],
       [13, 23, 33]])
```

需要注意的是，在多媒体数据处理中经常使用矩阵运算。

前面已经学习了 Python 中的数据结构，我们下面学习抽象数据类型。

2.2 抽象数据类型

通常来说，抽象是一个概念，用来定义复杂系统中常见的核心功能。利用这个概念来创建通用的数据结构，就产生了**抽象数据类型**（ADT）。通过隐藏实现层上的细节，给用户提供一个通用的、与实现无关的数据结构，抽象数据类型将使得算法的代码更加简洁和清晰。抽象数据类型可以使用任何编程语言进行实现，如 C++、Java 和 Scala。在此，我们使用 Python 实现抽象数据类型，先从向量（vector）开始。

2.2.1 向量

向量是一种存储数据的单维结构，这是 Python 中最流行的数据结构之一。在 Python 中创建向量有以下两种方法：

- 使用 Python 列表：创建向量的最简单方法是使用 Python 的列表，如下所示：

```
>>> myVector = [22,33,44,55]
>>> print(myVector)
[22 33 44 55]
>>> print(type(myVector))
<class 'list'>
```

这段代码创建了一个有四个元素的列表。

- 使用 `numpy` 数组：另一种流行的创建向量的方法是使用 NumPy 的 `array` 函数，如下所示：

```
>>> myVector = np.array([22,33,44,55])
>>> print(myVector)
[22 33 44 55]
>>> print(type(myVector))
<class 'numpy.ndarray'>
```

注意，在这段代码中我们使用 `np.array` 创建了名为 `myVector` 的向量。

在 Python 中表示整数时，可以使用下划线来分隔各部分，这使其更易读，更不容易出错，这种做法在处理大的数字时特别有用。因此，10 亿可以表示为 a=1_000_000_000。

2.2.2 栈

栈是一种用于存储一维列表的线性数据结构。它可以通过**后进先出**（LIFO）或**先进后出**（FILO）的方式存储各项元素。栈所定义的特征是元素的添加和删除方式，新来的元素会被添加在栈的一端，如果要删除一个元素，也只能从该端进行。

以下是与栈有关的操作：

- isEmpty：如果栈为空，则返回 true。
- push：添加一个新的元素。
- pop：返回最近添加的元素，并将其从栈中删除。

图 2-4 展示了如何使用 push 和 pop 操作分别在栈中添加和删除数据。

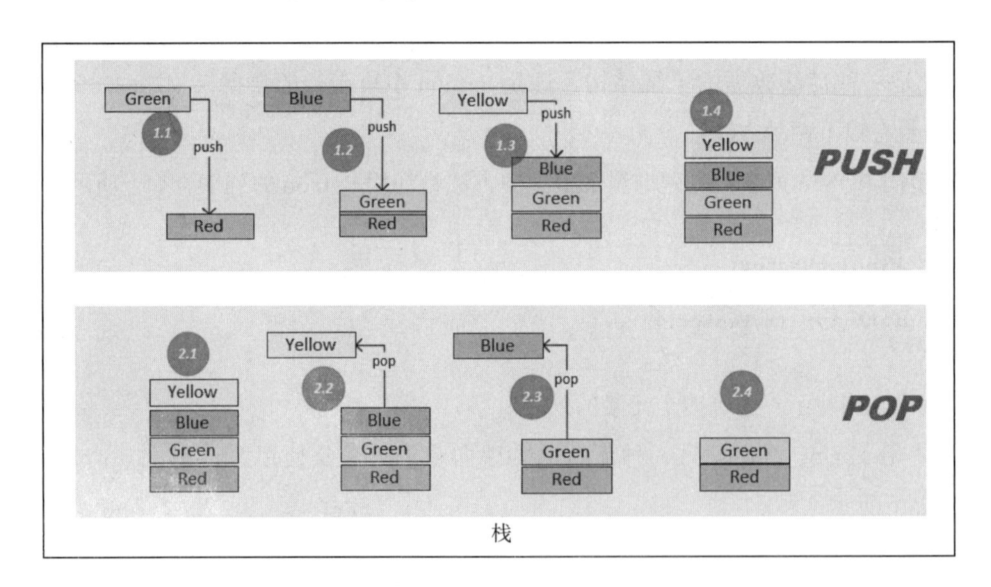

图 2-4

图 2-4 的上半部分展示了如何使用 push 操作向栈中添加元素，在步骤 1.1、步骤 1.2 和步骤 1.3 中，分别使用了三次 push 操作向栈中添加了三个元素。图 2-4 的下半部分展示了从栈中取出所存储的值，在步骤 2.2 和步骤 2.3 中，pop 操作以 LIFO 方式从栈中取出了

两个元素。

下面我们在 Python 中创建一个名为 Stack 的类，并在这里定义所有与栈相关的操作。这个类的代码如下：

```
class Stack:
     def __init__(self):
         self.items = []
     def isEmpty(self):
         return self.items == []
     def push(self, item):
         self.items.append(item)
     def pop(self):
         return self.items.pop()
     def peek(self):
         return self.items[len(self.items)-1]
     def size(self):
         return len(self.items)
```

要将四个元素压入栈中，可以使用如图 2-5 所示的代码。

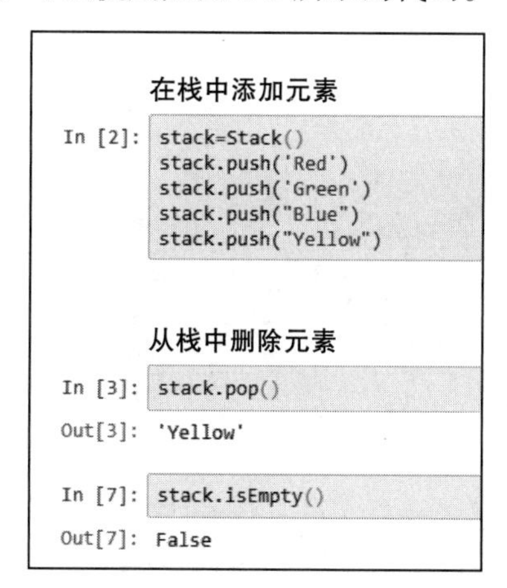

图　2-5

注意，图 2-5 的代码创建了一个有四个数据元素的栈。

栈的时间复杂度

我们看看栈的时间复杂度（使用大 O 记号）：

操　作	时间复杂度
push	$O(1)$
pop	$O(1)$
size	$O(1)$
peek	$O(1)$

需要注意的是，上表中提到的四种操作，其性能都不取决于栈的规模。

实例

在很多用例中，栈都被当作数据结构来使用。例如，当用户想在 Web 浏览器中浏览所有历史记录时，这是一种 LIFO 数据访问模式，可以使用栈来存储历史记录。另一个例子是当用户想在文字处理软件中进行 `Undo` 操作时，也可以使用栈来存储历史记录。

2.2.3 队列

同栈一样，队列也用一维结构来存储 n 个元素，元素是以**先进先出**的形式进行添加和删除的。队列的一端称为队尾（rear），另一端称为队首（front）。当元素从队首被移出时，这种操作称为出队（dequeue）。当在队尾添加元素时，这种操作称为入队（enqueue）。

图 2-6 的上半部分展示了入队操作。步骤 1.1、步骤 1.2、步骤 1.3 为队列添加了三个元素，最后得到的队列如步骤 1.4 所示。此时，Yellow 为队尾，Red 为队首。

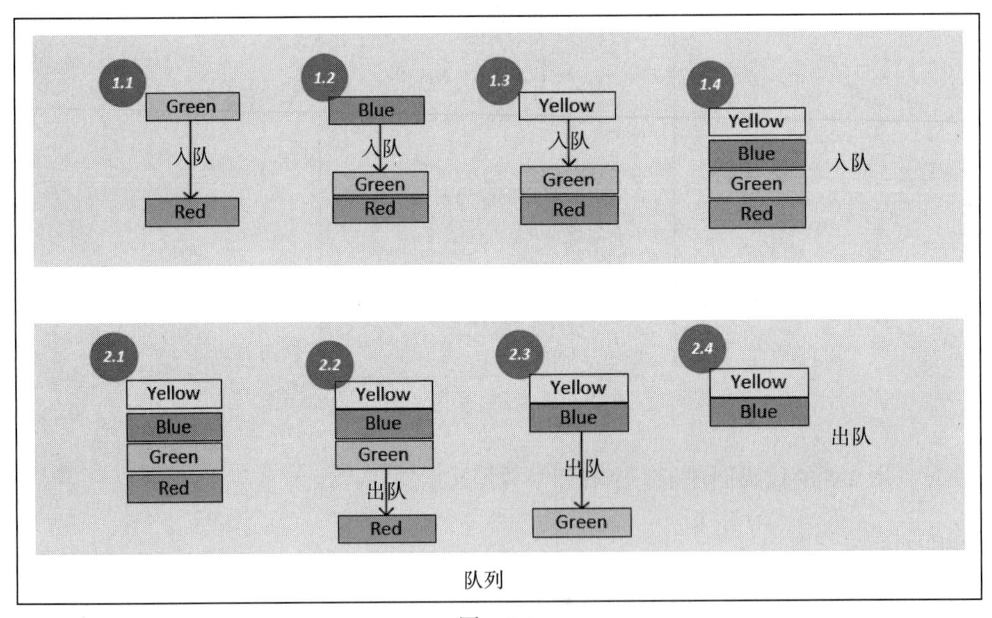

图 2-6

图 2-6 的下半部分展示了出队操作。步骤 2.2、步骤 2.3 和步骤 2.4 从队列的队首逐一移出队列中的元素。

图 2-6 所展示的队列可以使用如下代码来实现：

```
class Queue(object):
   def __init__(self):
      self.items = []
   def isEmpty(self):
      return self.items == []
   def enqueue(self, item):
       self.items.insert(0,item)
   def dequeue(self):
      return self.items.pop()
   def size(self):
      return len(self.items)
```

我们在图 2-7 的帮助下，理解图 2-6 所展示的元素的入队和出队操作。

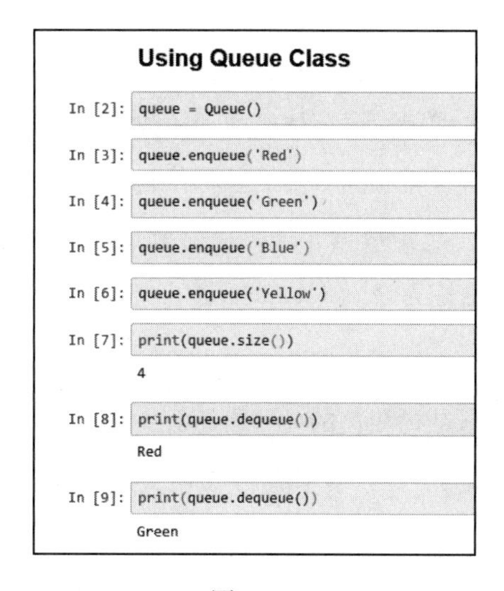
Using Queue Class

```
In [2]: queue = Queue()
In [3]: queue.enqueue('Red')
In [4]: queue.enqueue('Green')
In [5]: queue.enqueue('Blue')
In [6]: queue.enqueue('Yellow')
In [7]: print(queue.size())
4
In [8]: print(queue.dequeue())
Red
In [9]: print(queue.dequeue())
Green
```

图　2-7

在图 2-7 中，前一部分的代码（[2] ～ [6]）先创建一个队列，然后将四个元素分别加入队列。

2.2.4　栈和队列背后的基本思想

我们通过类比来讨论栈和队列背后的基本思想。假设有一个桌子，用来存放从邮政服务收到的邮件，例如来自加拿大的邮件。我们将邮件堆叠起来，直到空闲时逐一打开并查看邮件。有两种可能的方法可以完成这个工作：

- 把信件叠成一堆，每当我们收到新的信，就把它放在邮件堆的最上面。当我们要读信时，就从最上面的那封信开始读，这里的信件堆就是我们所说的栈。需要注意的是，最新到达的信件总会在最上面，并且会优先被处理。从信件列表顶部取信称为

pop 操作，每当新的信件到达时，将其放在列表顶部的操作称为 push 操作。如果我们最终有一个相当大的信件堆，并且不断有大量的信件到达，则可能永远没有机会处理在信件堆的底端的非常重要的信件。

- 把信件叠成一堆，但要先处理最早的信件：每次要阅读信件时，都要先处理最早到达的那封信，这就是我们所说的队列。将一封信件添加到信件堆中称为入队操作，从信件堆中移除信件称为出队操作。

2.2.5 树

在算法的背景中，树是非常有用的数据结构之一，因为它具有层次化的数据存储能力。在设计算法时，我们使用树来表示需要存储或处理的数据元素之间的层次关系。

我们深入了解一下这个有趣且相当重要的数据结构。

每棵树都有有限个节点，起始数据元素对应的节点称为根节点（root），所有节点通过链接关系组织在一起，链接也称为分支（branch）。

术语

我们来看看与树这种数据结构相关的一些术语：

根节点（root node）	没有父节点的节点称为根节点，例如下图中的根节点为 A。通常情况下，在算法中，根节点在树结构中拥有最重要的价值
节点的层数（level of a node）	到根节点的距离称为节点的层数。例如，在图 2.8 中，D、E、F 这三个节点的层数为 2
兄弟节点（siblings nodes）	在一棵树上层数相同且具有同一个父节点的两个节点被称为兄弟节点。例如，在图 2.8 中节点 B 和节点 C 是兄弟节点
子节点和父节点（child and parent node）	如果两个节点直接相连，且节点 C 的层数小于节点 F 的层数，则节点 F 是节点 C 的子节点。反过来，节点 C 是节点 F 的父节点。图 2.8 展示了节点 F 和节点 C 的父子关系
节点的度（degree of a node）	一个节点的度是指它拥有的子节点的数目。例如，在图 2.8 中，节点 B 的度为 2
树的度（degree of a tree）	一棵树的度等于这棵树的组成节点中所能找到的最大度。例如，图 2.8 所展示的树的度为 2
子树（subtree）	一棵树的子树是这棵树的一部分，它以被选中的节点作为子树的根节点，并以该节点在树中的所有子节点作为子树的节点。例如，图 2.8 所展示的节点 E 上的子树由作为根节点的节点 E 以及它的两个子节点 G 和 H 组成
叶节点（leaf node）	一棵树中没有子节点的节点称为叶节点。例如，在图 2.8 中，D、G、H、F 是 4 个叶节点
内部节点（internal node）	任何既不是根节点也不是叶节点的节点是内部节点。内部节点同时具有一个父节点和至少一个子节点

需要注意的是，树是第 6 章中所要学习的一种网络或图。在图和网络分析中，我们使用术语链接（link）或边（edge）代替术语分支（branch）。大多数其他术语不变。

树的类型

树有不同的类型，下面分别进行解释：

- **二叉树**：如果一棵树的度是 2，那么这棵树称为二叉树。例如，图 2-8 所展示的树就是一棵二叉树，因为它的度是 2。

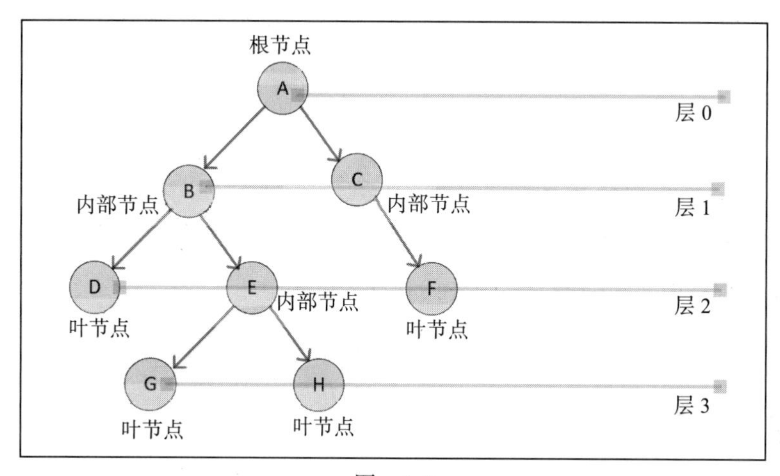

图　2-8

图 2-8 所展示的是一棵有 4 层和 8 个节点的树。

- **满树**：满树是指所有非叶节点的度都相同的树，这个值就是树的度。图 2-9 展示了前面讨论的树的类型。

请注意，最左边的二叉树不是满树，因为节点 C 的度是 1，其他节点的度都是 2。中间的树和右边的树都是满树。

- **完美树**：完美树是一种特殊类型的满树，其中所有的叶节点都位于同一层。例如，图 2-9 中右侧的二叉树就是一棵完美的满树，因为所有的叶节点都在同一层，即第 2 层。
- **有序树**：如果一个节点的子节点按照特定的标准以某种顺序排列，则称为有序树。例如，一棵树可以从左到右按升序排列，其中同一层的节点在从左到右遍历时，其值会递增。

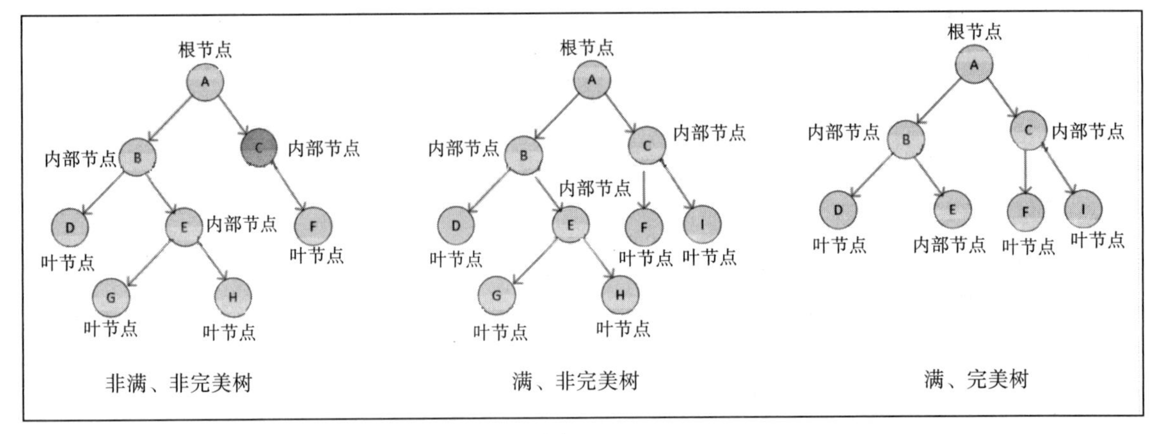

图 2-9

实例

树这种抽象数据类型是开发决策树的主要数据结构之一，这一点将在第 7 章中讨论。由于树的层次结构，它在网络分析的相关算法中也很受欢迎，这一点将在第 6 章中详细讨论。树也用于各种需要实现分治策略的查找和排序算法中。

2.3 小结

本章讨论了可用于实现各类算法的数据结构。经过本章的学习，希望你能够根据算法选择合适的数据结构来存储和处理数据，并且能够理解所做的选择对算法性能的影响。

下一章讨论排序和查找算法，在那里我们将使用本章介绍的一些数据结构来实现算法。

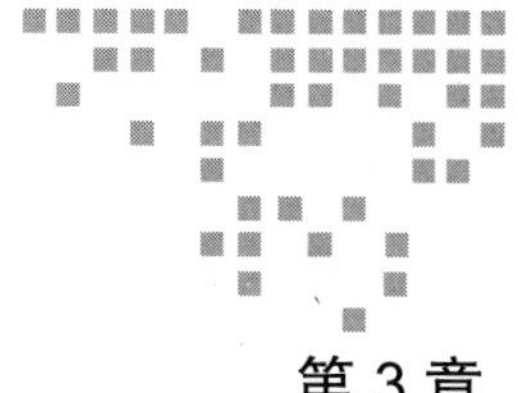

第 3 章 Chapter 3

排序算法和查找算法

本章讨论用于排序和查找的算法。这是一类非常重要的算法，可以单独使用，也可以作为更复杂算法的基础（本书后续章节会有介绍）。本章先介绍不同类型的排序算法，比较用于设计排序算法的各种方法的性能。然后，详细介绍一些查找算法。最后，探讨所介绍的排序和查找算法的一个实际例子。

通过本章学习，你将能够了解用于排序和查找的各种算法及其优势和劣势。由于查找和排序算法是大多数更复杂算法的基础，因此详细了解它们也有助于你理解现代复杂算法。

我们先来看一些排序算法。

3.1 排序算法简介

在大数据时代，对复杂数据结构中的各数据项进行有效的排序和查找的能力非常重要，因为很多现代算法都需要用到它。如本章所述，在为数据恰当选择排序和查找策略时，需要根据数据的规模和类型进行判断。尽管不同策略最终得到的结果完全相同，但使用恰当的排序和查找算法才能高效解决实际问题。

本节介绍以下排序算法：

- 冒泡排序（bubble sort）
- 归并排序（merge sort）
- 插入排序（insertion sort）

- ❑ 希尔排序（shell sort）
- ❑ 选择排序（selection sort）

3.1.1 在 Python 中交换变量

在实现排序和查找算法时，需要交换两个变量的值。在 Python 中，有一种简单的方法可以交换两个变量，如下所示：

```
var1 = 1
var2 = 2
var1,var2 = var2,var1
>>> print (var1,var2)
>>> 2 1
```

我们看看交换的结果（见图 3-1）。

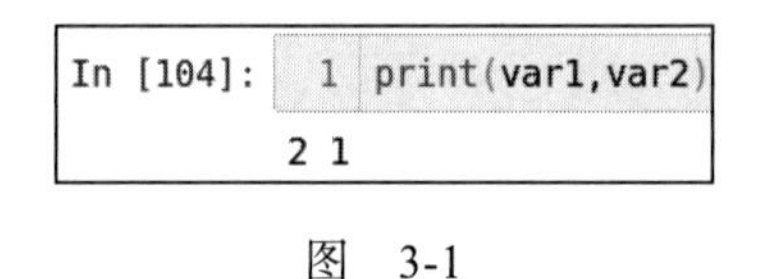

图 3-1

本章的所有排序和查找算法中都使用这种简单的方法来交换变量值。

下面我们从冒泡排序开始学习。

3.1.2 冒泡排序

冒泡排序是所有排序算法中最简单且最慢的一种算法，其设计方式是：当算法迭代时使得列表中的最大值像气泡一样冒到列表的尾部。由于其最坏时间复杂度是 $O(N^2)$，如前所述，它应该用于较小的数据集。

理解冒泡排序背后的逻辑

冒泡排序基于各种迭代（称为**遍历**）。对于大小为 N 的列表，冒泡排序将会进行 N–1 轮遍历。我们着重讨论第一次迭代，也就是第一轮遍历。

第一轮遍历的目标是将最大值移动到列表的尾部。第一轮遍历完成时，我们将看到列表中的最大值冒到了尾部。

冒泡排序会比较两个相邻变量的值，如果较低位置的变量值大于较高位置的变量值，则交换这两个值。这种迭代一直持续到我们到达列表的末尾，如图 3-2 所示。

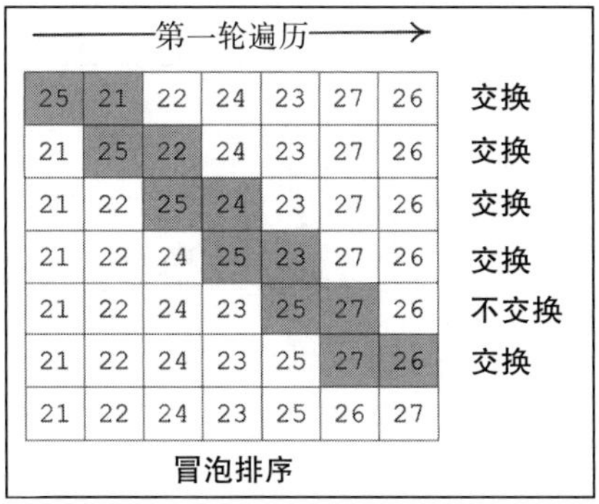

第一轮遍历 →

25	21	22	24	23	27	26	交换
21	25	22	24	23	27	26	交换
21	22	25	24	23	27	26	交换
21	22	24	25	23	27	26	交换
21	22	24	23	25	27	26	不交换
21	22	24	23	25	27	26	交换
21	22	24	23	25	26	27	

冒泡排序

图　3-2

现在，我们看看如何使用 Python 实现冒泡排序：

```
#Pass 1 of Bubble Sort
lastElementIndex = len(list)-1
print(0,list)
for idx in range(lastElementIndex):
                    if list[idx]>list[idx+1]:
list[idx],list[idx+1]=list[idx+1],list[idx]
print(idx+1,list)
```

在 Python 中实现冒泡排序的第一轮遍历后，结果如图 3-3 所示。

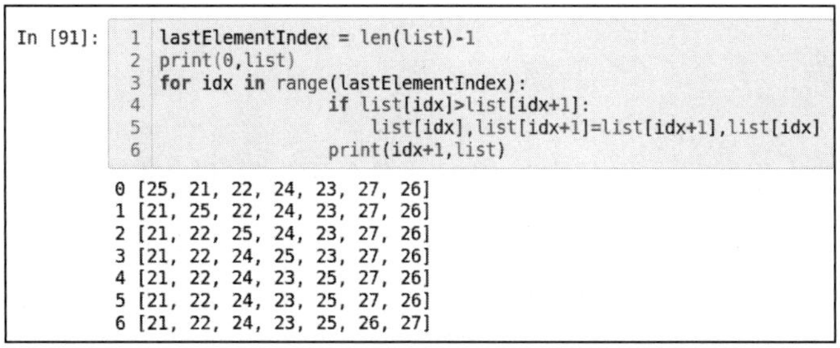

```
In [91]:  1 lastElementIndex = len(list)-1
          2 print(0,list)
          3 for idx in range(lastElementIndex):
          4                 if list[idx]>list[idx+1]:
          5                     list[idx],list[idx+1]=list[idx+1],list[idx]
          6                 print(idx+1,list)

0 [25, 21, 22, 24, 23, 27, 26]
1 [21, 25, 22, 24, 23, 27, 26]
2 [21, 22, 25, 24, 23, 27, 26]
3 [21, 22, 24, 25, 23, 27, 26]
4 [21, 22, 24, 23, 25, 27, 26]
5 [21, 22, 24, 23, 25, 27, 26]
6 [21, 22, 24, 23, 25, 26, 27]
```

图　3-3

一旦第一轮遍历完成，最大值就已经位于列表的尾部。算法接下来将进行第二轮遍历，第二轮遍历的目标是将第二大的值移动到列表第二高的位置。为此，算法将再次比较相邻变量的值，如果它们未按照大小排列则进行交换。第二轮遍历将跳过列表顶部元素，因为该元素在第一轮遍历后已经被放在了正确的位置上，因此不需要再移动。

完成第二轮遍历后，算法将继续执行第三轮遍历，以此类推，直到列表中的所有数据都按照升序排列。该算法将需要 N–1 轮遍历才能将大小为 N 的列表完全排序。Python 中冒泡排序的完整实现如图 3-4 所示。

```
In [5]: def BubbleSort(list):
        # Excahnge the elements to arrange in order
            lastElementIndex = len(list)-1
            for passNo in range(lastElementIndex,0,-1):
                for idx in range(passNo):
                    if list[idx]>list[idx+1]:
                        list[idx],list[idx+1]=list[idx+1],list[idx]
            return list
```

图 3-4

现在，我们看看冒泡排序算法的性能。

冒泡排序的性能

很容易就可以看出冒泡排序包含了两层循环：

- **外层循环**：外层循环称为**遍历**。例如，第一轮遍历就是外层循环的第一次迭代。
- **内层循环**：在每次内层循环的迭代过程中，对列表中剩余的未排序元素进行排序，直到最高值冒泡到右侧为止。第一轮遍历将进行 $N-1$ 次比较，第二轮遍历将进行 $N-2$ 次比较，而每轮后续遍历将减少一次比较操作。

由于存在两层循环，最坏情况下的运行时复杂度是 $O(n^2)$。

3.1.3 插入排序

插入排序的基本思想是，在每次迭代中，都会从数据集中移除一个数据点，然后将其插入到正确的位置，这就是为什么将其称为**插入排序算法**。在第一次迭代中，我们选择两个数据点，并对它们进行排序，然后扩大选择范围，选择第三个数据点，并根据其值找到正确的位置。该算法一直进行到所有的数据点都被移动到正确的位置。这个过程如图 3-5 所示。

插入排序算法的 Python 代码如下所示：

```
def InsertionSort(list):
    for i in range(1, len(list)):
        j = i-1
        element_next = list[i]
        while (list[j] > element_next) and (j >= 0):
            list[j+1] = list[j]
            j=j-1
        list[j+1] = element_next
    return list
```

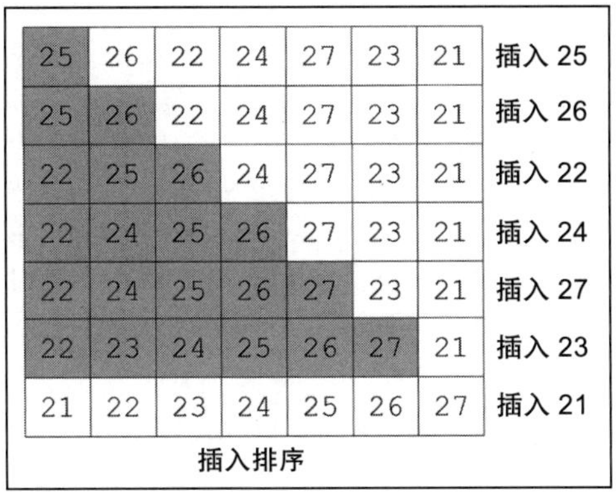

25	26	22	24	27	23	21	插入 25
25	26	22	24	27	23	21	插入 26
22	25	26	24	27	23	21	插入 22
22	24	25	26	27	23	21	插入 24
22	24	25	26	27	23	21	插入 27
22	23	24	25	26	27	21	插入 23
21	22	23	24	25	26	27	插入 21

插入排序

图　3-5

请注意，在主循环中，我们在整个列表中进行遍历。在每次迭代中，两个相邻的元素分别是 list[j]（当前元素）和 list[i]（下一个元素）。

在 list[j]>element_next 且 j>=0 时，我们会将当前元素与下一个元素进行比较。

我们使用此代码对数组进行排序（见图 3-6）。

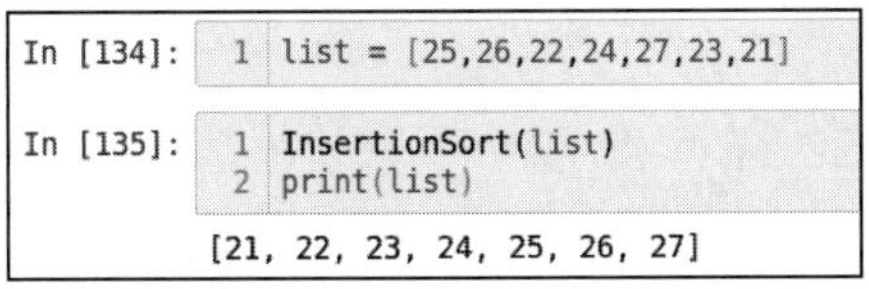

```
In [134]:  1 list = [25,26,22,24,27,23,21]

In [135]:  1 InsertionSort(list)
           2 print(list)

           [21, 22, 23, 24, 25, 26, 27]
```

图　3-6

我们看一下插入排序算法的性能。

从算法的描述中可以明显看出，如果数据集已经排好序，那么插入排序将执行得非常快。事实上，如果数据集已经排好序，则插入排序仅需线性运行时间，即 $O(n)$。最糟糕的情况是，每次内层循环都要移动列表中的所有元素。如果内层循环由 i 定义，则插入排序算法的最坏时间复杂度由以下公式给出：

$$w(N)=\sum_{i=1}^{N-1} i=\frac{(N-1)N}{2}=\frac{N^2-N}{2}$$

$$w(N)\approx\frac{1}{2}N^2=O(N^2)$$

总的遍历次数如图 3-7 所示。

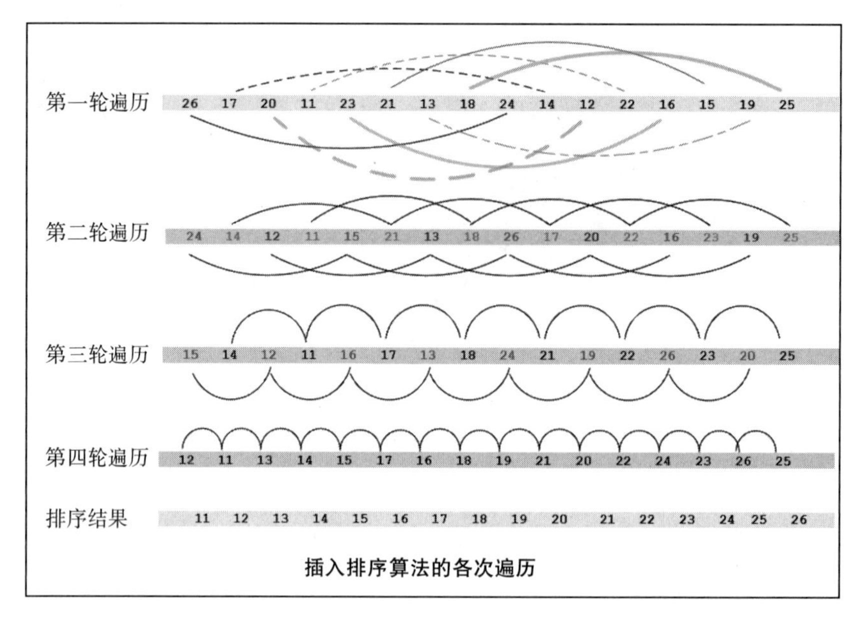

图 3-7

一般来说，插入排序可以用在小型数据集上。对于较大的数据集，由于其平均性能为平方级，不建议使用插入排序。

3.1.4 归并排序

到目前为止，我们已经介绍了两种排序算法：冒泡排序和插入排序。如果数据是部分有序的，那么它们的性能都比较好。本章讨论的第三种算法是**归并排序算法**，它是由约翰·冯·诺依曼（John von Neumann）在20世纪40年代开发的。该算法的主要特点是，其性能不取决于输入数据是否已排序。同MapReduce和其他大数据算法一样，归并排序算法也是基于分治策略而设计的。在被称为**划分**的第一阶段中，算法将数据递归地分成两部分，直到数据的规模小于定义的阈值。在被称为**归并**的第二阶段中，算法不断地进行归并和处理，直到得到最终的结果。该算法的逻辑如图3-8所示。

我们先来看看归并排序算法的伪代码：

```
mergeSort(list, start, end)
    if(start < end)
        midPoint = (end - start) / 2 + start
        mergeSort(list, start, midPoint)
        mergeSort(list, midPoint + 1, start)
        merge(list, start, midPoint, end)
```

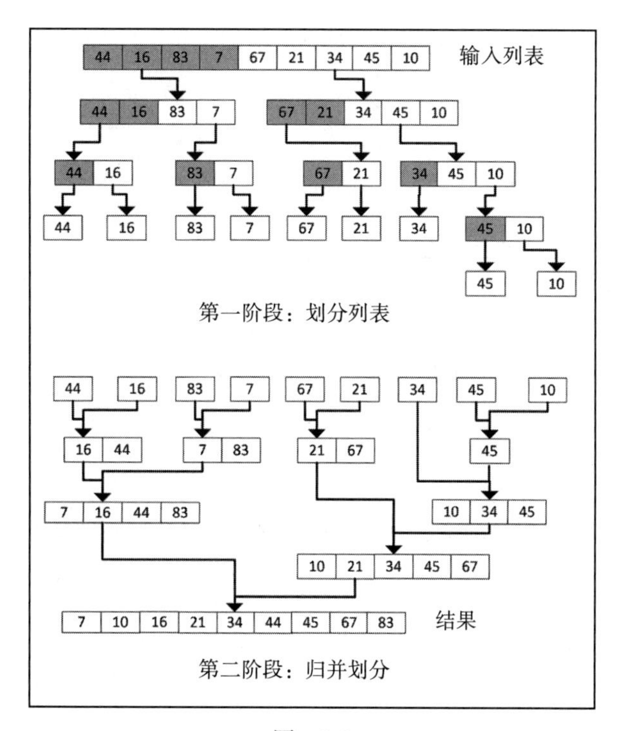

图　3-8

可以看到，该算法有以下三个步骤：

1. 它将列表划分为两个长度相等的部分。

2. 它使用递归来进行划分，直到每个列表的长度为 1。

3. 它将有序的部分归并成一个有序的列表并返回。

归并排序算法的实现代码如图 3-9 所示。

```
In [6]: def MergeSort(list):
            if len(list)>1:
                mid = len(list)//2 #splits list in half
                left = list[:mid]
                right = list[mid:]

                MergeSort(left) #repeats until length of each list is 1
                MergeSort(right)

                a = 0
                b = 0
                c = 0
                while a < len(left) and b < len(right):
                    if left[a] < right[b]:
                        list[c]=left[a]
                        a = a + 1
                    else:
                        list[c]=right[b]
                        b = b + 1
                    c = c + 1
                while a < len(left):
                    list[c]=left[a]
                    a = a + 1
                    c = c + 1

                while b < len(right):
                    list[c]=right[b]
                    b = b + 1
                    c = c + 1
            return list
```

图　3-9

运行前面的 Python 代码时，会产生一个对应的输出结果，如图 3-10 所示。

```
In [180]:  1 list = [44,16,83,7,67,21,34,45,10]
           2 MergeSort(list)
           3 print(list)
           4
           5

[7, 10, 16, 21, 34, 44, 45, 67, 83]
```

图　3-10

可以看到，该代码执行后的输出结果是一个有序列表。

3.1.5　希尔排序

冒泡排序算法比较相邻的元素，如果它们不符合顺序，则进行交换。如果我们有一个部分有序的列表，则冒泡排序应该能够给出比较合理的性能，因为一旦循环中不再发生元素交换，冒泡排序就会退出。

但是对于一个规模为 N 的完全无序的列表，冒泡排序必须经过 $N-1$ 次完整的迭代才能得到完全排好序的列表。

丹诺德 · 希尔（Donald Shell）提出了希尔排序（以他的名字命名），该算法质疑了对选择相邻的元素进行比较和交换的必要性。

现在，我们来理解这个概念。

在第一轮遍历中，我们不选择相邻的元素，而是选择有固定间距的两个元素，最终排序出由一对数据点组成的子列表，如图 3-11 所示。在第二轮遍历中，对包含四个数据点的子列表进行排序（见图 3-11）。在后续的遍历中，每个子列表中的数据点数量不断增加，子列表的数量不断减少，直到只剩下一个包含所有数据点的子列表为止。此时，我们可以认为列表已经排好序了。

在 Python 中，用于实现希尔排序算法的代码如下：

```
def ShellSort(list):
    distance = len(list) // 2
    while distance > 0:
        for i in range(distance, len(list)):
            temp = input_list[i]
            j = i
# Sort the sub list for this distance
           while j >= distance and list[j - distance] > temp:
              list[j] = list[j - distance]
              j = j-distance
          list[j] = temp
```

```
# Reduce the distance for the next element
        distance = distance//2
    return list
```

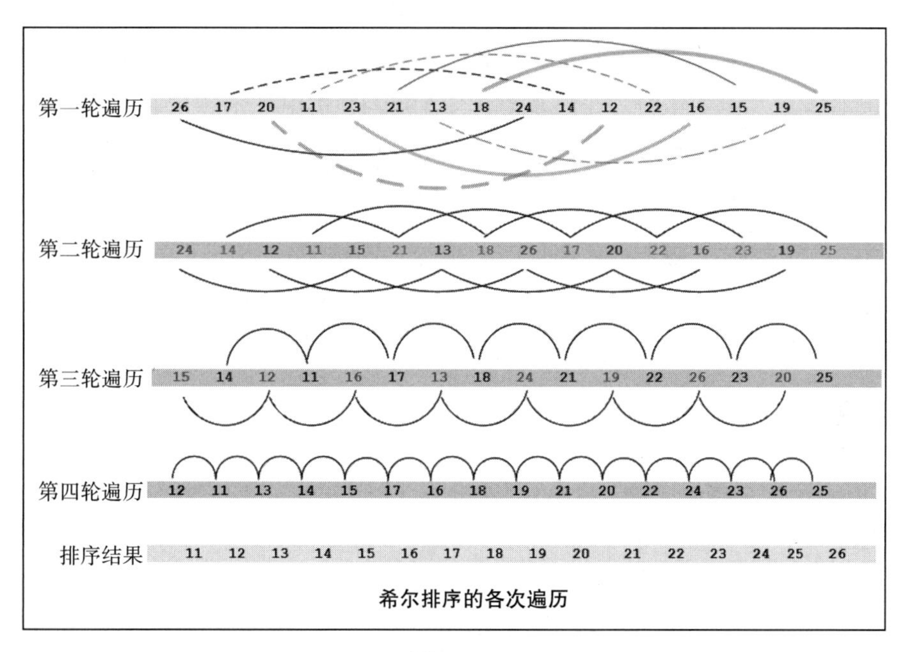

图　3-11

用前面的代码对列表进行排序，结果如图 3-12 所示。

```
In [119]:  1 list = [26,17,20,11,23,21,13,18,24,14,12,22,16,15,19,25]

In [120]:  1 shellSort(list)
           2 print(list)

           [11, 12, 13, 14, 15, 16, 17, 18, 19, 20, 21, 22, 23, 24, 25, 26]
```

图　3-12

可以看到，调用 `ShellSort` 函数成功地对输入数组进行了排序。

希尔排序的性能

希尔排序并不适用于大数据集，它用于中型数据集。粗略地讲，它在一个最多有 6000 个元素的列表上有相当好的性能，如果数据的部分顺序正确，则性能会更好。在最好的情况下，如果一个列表已经排好序，则它只需要遍历一次 N 个元素来验证顺序，从而产生 $O(N)$ 的最佳性能。

3.1.6 选择排序

正如在本章前面所看到的，冒泡排序是最简单的排序算法。选择排序是对冒泡排序的改进，我们试图使得算法所需的总交换次数最小化。与冒泡排序算法的 *N*–1 轮遍历过程相比，选择排序在每轮遍历中仅产生一次交换，在每轮遍历中寻找最大值并将其直接移动到尾部，而不是像冒泡排序那样，每轮遍历都一步一步地将最大的值向尾部移动。因此，在第一轮遍历后，最大值位于列表尾部。在第二轮遍历后，第二大的值会紧邻最大值。随着算法的进行，后面的值将根据它们的大小移动到正确的位置。最后一个值将在第 *N*–1 轮遍历后移动。因此，选择排序同样需要 *N*–1 轮遍历才能对 *N* 个数据项进行排序（如图 3-13 所示）。

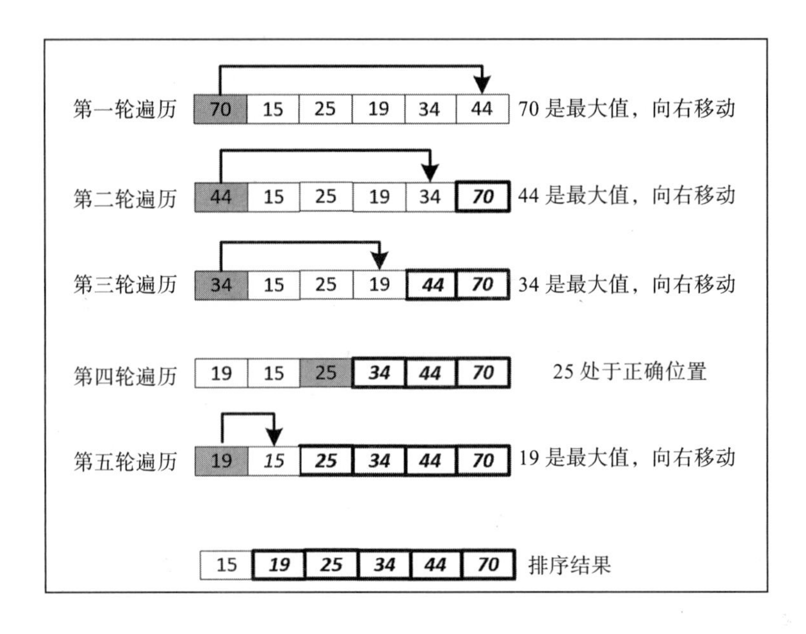

图 3-13

这里展示了选择排序在 Python 中的实现：

```
def SelectionSort(list):
    for fill_slot in range(len(list) - 1, 0, -1):
        max_index = 0
        for location in range(1, fill_slot + 1):
            if list[location] > list[max_index]:
                max_index = location
        list[fill_slot],list[max_index] = list[max_index],list[fill_slot]
```

执行选择排序算法时，将产生如图3-14所示的输出。

```
In [202]:  1 list = [70,15,25,19,34,44]
           2 SelectionSort(list)
           3 print(list)

           [15, 19, 25, 34, 44, 70]
```

图　3-14

可以看到，最后的输出结果就是排好序的列表。

选择排序的性能

选择排序的最坏时间复杂度是 $O(N^2)$。请注意，其最坏性能近似于冒泡排序的性能，因此不应该用于对较大的数据集进行排序。不过，选择排序仍是比冒泡排序设计更好的算法，由于交换次数减少，其平均复杂度比冒泡排序好。

选择一种排序算法

恰当地选择排序算法既取决于当前输入数据的规模，也取决于当前输入数据的状态。对于已经排好序的较小的输入列表，使用高级算法会给代码带来不必要的复杂度，而性能的提升可以忽略不计。例如，对于较小的数据集，我们不需要使用归并排序，冒泡排序更容易理解和实现。如果数据已经被部分排好序了，则可以使用插入排序。对于较大的数据集，归并排序算法是最好的选择。

3.2　查找算法简介

在复杂的数据结构中高效地查找数据是其非常重要的功能之一。最简单的方法是在每个数据点中查找所需数据，效率并不高。因此随着数据规模的增加，我们需要设计更复杂的算法来查找数据。

本节介绍以下查找算法：

- 线性查找（Linear Search）
- 二分查找（Binary Search）
- 插值查找（Interpolation Search）

我们详细了解一下它们各自的情况。

3.2.1 线性查找

查找数据的最简单策略就是线性查找，它简单地遍历每个元素以寻找目标，访问每个数据点从而查找匹配项，找到匹配项后，返回结果，算法退出循环，否则，算法将继续查找，直到到达数据末尾。线性查找的明显缺点是，由于固有的穷举搜索，它非常慢。它的优点是无须像本章介绍的其他算法那样，需要数据排好序。

我们看一下线性查找的代码：

```
def LinearSearch(list, item):
    index = 0
    found = False
# Match the value with each data element
    while index < len(list) and found is False:
        if list[index] == item:
            found = True
    else:
        index = index + 1
  return found
```

现在，看一下代码的输出（见图 3-15）。

```
1 list = [12, 33, 11, 99, 22, 55, 90]
2 print(LinearSearch(list, 12))
3 print(LinearSearch(list, 91))

True
False
```

图 3-15

需要注意的是，如果能成功找到数据，运行 `LinearSearch` 函数会返回 `True`。

线性查找的性能

如上所述，线性查找是一种执行穷举搜索的简单算法，其最坏时间复杂度是 $O(N)$。

3.2.2 二分查找

二分查找算法的前提条件是数据有序。算法反复地将当前列表分成两部分，跟踪最低和最高的两个索引，直到找到它要找的值为止：

```
def BinarySearch(list, item):
   first = 0
   last = len(list)-1
   found = False
```

```
while first<=last and not found:
    midpoint = (first + last)//2
    if list[midpoint] == item:
        found = True
    else:
        if item < list[midpoint]:
            last = midpoint-1
        else:
            first = midpoint+1
return found
```

输出结果如图 3-16 所示。

```
In [14]:  1 list = [12, 33, 11, 99, 22, 55, 90]
          2 sorted_list = BubbleSort(list)
          3 print(BinarySearch(list, 12))
          4 print(BinarySearch(list, 91))

True
False
```

图 3-16

请注意，如果在输入列表中找到了值，调用 `BinarySearch` 函数将返回 `True`。

二分查找的性能

二分查找之所以如此命名，是因为在每次迭代中，算法都会将数据分成两部分。如果数据有 N 项，则它最多需要 $O(\log N)$ 步来完成迭代，这意味着算法的运行时间为 $O(\log N)$。

3.2.3 插值查找

二分查找的基本逻辑是关注数据的中间部分。插值查找更加复杂，它使用目标值来估计元素在有序数组中的大概位置。让我们试着用一个例子来理解它：假设我们想在一本英文词典中搜索一个单词，比如单词 river，我们将利用这些信息进行插值，并开始查找以字母 r 开头的单词，而不是翻到字典的中间开始查找。一个更通用的插值查找程序如下所示：

```
def IntPolsearch(list,x ):
    idx0 = 0
    idxn = (len(list) - 1)
    found = False
    while idx0 <= idxn and x >= list[idx0] and x <= list[idxn]:
    # Find the mid point
        mid = idx0 +int(((float(idxn - idx0)/( list[idxn] - list[idx0])) *
( x - list[idx0])))
 # Compare the value at mid point with search value
        if list[mid] == x:
            found = True
            return found
```

```
        if list[mid] < x:
            idx0 = mid + 1
    return found
```

输出结果如图 3-17 所示。

```
In [16]:  1 list = [12, 33, 11, 99, 22, 55, 90]
          2 sorted_list = BubbleSort(list)
          3 print(IntPolsearch(list, 12))
          4 print(IntPolsearch(list,91))

          True
          False
```

图 3-17

请注意，在使用 `IntPolsearch` 函数之前，首先需要使用排序算法对数组进行排序。

插值查找的性能

如果数据分布不均匀，则插值查找算法的性能会很差，该算法的最坏时间复杂度是 $O(N)$。如果数据分布得相当均匀，则最佳时间复杂度是 $O(\log(\log N))$。

3.3 实际应用

在给定的数据存储库中高效、准确地查找数据的能力对许多现实生活中的应用至关重要。根据你所选择的查找算法，你可能还需要先对数据进行排序。恰当地排序和选择查找算法将取决于数据的类型和规模以及你要求解的问题的性质。

让我们尝试使用本章介绍的算法来解决某国移民部门将一个新的申请人与其历史记录进行匹配的问题。当有人申请签证进入该国时，系统会尝试将申请人与现有的历史记录进行匹配。如果找到至少一个匹配项，则系统会进一步计算此人过去被批准或被拒绝的次数。另一方面，如果没有找到匹配的记录，系统会将申请人归类为新的申请人，并给其发一个新的识别码。在历史数据中查找、定位和识别一个人的能力对系统至关重要。这一信息很重要，因为如果某人在过去申请过，并且知道申请被拒绝了，那么这可能会对此人当前的申请产生负面影响。同样，如果某人的申请在过去被批准过，则该批准可能会增加此人当前申请获得批准的机会。通常情况下，历史数据库将有数百万行，因此我们需要一个精心设计的解决方案来匹配历史数据库中的新申请人。

假设数据库中的历史表如下所示：

Personal ID	Application ID	First name	Surname	DOB	Decision	Decision date
45583	677862	John	Doe	2000-09-19	Approved	2018-08-07
54543	877653	Xman	Xsir	1970-03-10	Rejected	2018-06-07
34332	344565	Agro	Waka	1973-02-15	Rejected	2018-05-05
45583	677864	John	Doe	2000-09-19	Approved	2018-03-02
22331	344553	Kal	Sorts	1975-01-02	Approved	2018-04-15

在此表中，第一列 Personal ID 与历史数据库中每个唯一的申请人相关联。如果历史数据库中有 3000 万个唯一的申请人，那么将有 3000 万个唯一的 Personal ID。每个 Personal ID 都在历史数据库系统中标识一个申请者。

第二列是 Application ID，每个 Application ID 都标识了系统中唯一的申请。一个人可能在过去申请过不止一次，因此，这意味着在历史数据库中我们所拥有的不同的 Application ID 会比 Personal ID 多。如上表所示，John Doe 只有一个 Personal ID，却有两个 Application ID。

上表只显示了历史数据集的一个样本。假设历史数据集有近 100 万行，其中包含了过去 10 年的申请人记录。新的申请人以平均每分钟约 2 个申请人的速度不断到来。对于每个申请人，我们需要完成以下工作：

- 为申请人发放新的 Application ID。
- 查看历史数据库中是否有匹配的申请人。
- 如果找到了匹配的申请人，则使用历史数据库中找到的该申请人的 Personal ID。我们还需要确定历史数据库中已批准或拒绝该申请人的次数。
- 如果没有找到匹配的申请人，那么我们需要为这个人发放新的 Personal ID。

假设一个申请人带着以下凭证来到这里：

- First name: John
- Surname: Doe
- DOB: 2000-09-19

现在，我们如何设计一个查找成本低的高效应用呢？

在数据库中搜索新的申请人的一种策略可以设计如下：

- 按照 DOB（出生日期）对历史数据库进行排序。
- 每次有申请人到达时，向申请人发放新的申请 ID。
- 取出所有符合该出生日期的记录，这将是主要的查找过程。
- 在匹配的记录中，使用名字（First name）和姓氏（Surname）进行二次查找。

- 如果找到匹配的申请人，则用 Personal ID 来指代该申请人，计算该申请人被批准和拒绝的次数。
- 如果没有找到匹配项，则向该申请人发放新的 Personal ID。

我们尝试选择合适的算法对历史数据库进行排序。我们可以放心地排除冒泡排序，因为数据量很大。希尔排序有更好的表现，但前提是列表已经部分排好序。因此，归并排序可能是对历史数据库进行排序的最佳选择。

当一个申请人到来时，我们需要在历史数据库中定位并查找这个人。由于数据已经进行了排序，因此可以使用插值查找或二分查找。由于是按照 DOB（出生日期）进行排序的，申请人很可能会均匀分布，所以我们可以放心地使用插值查找。

我们先基于 DOB（出生日期）进行查找，返回一组具有相同出生日期的申请人。现在，需要在具有相同出生日期的一小部分人中找到所需的人。由于我们已经成功地将数据缩小为一个小的子集，因此可以使用任何查找算法（包括线性查找）来查找申请人。请注意，我们在这里稍微简化了二次查找问题。如果找到多个匹配项，我们还需要通过汇总查找结果来计算被批准和拒绝的总数。

在现实世界中，由于名字和姓氏的拼写可能略有不同，因此在二次查找中需要使用某种模糊搜索算法来识别每个人。查找中可能需要使用某种距离算法来实现模糊查找，比如相似度超过规定阈值的数据点将被认为是同一个人。

3.4 小结

本章介绍了一组排序和查找算法，还讨论了不同排序和查找算法的优缺点。我们对这些算法的性能进行了量化，并了解了每种算法应该在什么时候使用。

下一章将学习动态算法。我们还将看到一个设计算法的实例以及 PageRank 算法的细节。最后，还将学习线性规划算法。

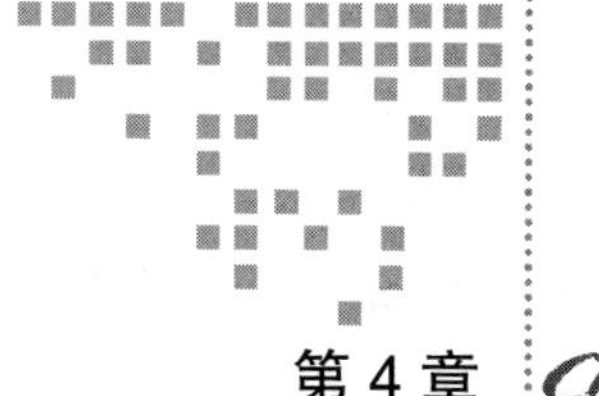

第4章 Chapter 4

算法设计

本章介绍各种算法的核心设计概念，讨论各种算法设计技术的优缺点。通过理解这些概念，你将学会如何设计高效的算法。

本章首先讨论在设计算法时你可以做出的不同选择。然后，讨论刻画待求解问题的重要性。接下来，以著名的**旅行商问题**（TSP）作为示例应用本章介绍的不同设计技术。之后介绍线性规划及其应用。最后，介绍如何使用线性规划解决实际问题。

通过学习本章，你应该能够理解设计高效算法的基本概念。

我们先介绍算法设计的基本概念。

4.1 算法设计基本概念

根据《美国传统词典》(*American Heritage Dictionary*)，算法的定义如下：

> “算法是由无歧义指令构成的有限集合，它在给定的一组初始条件下按预定顺序执行，直到满足给定的可识别的结束条件以实现某种目的。”

设计算法就是要给出这个“由无歧义指令构成的有限集合”，以最有效的方式“实现某种目标”。为复杂的实际问题设计算法是一项烦琐的任务。要构想得到一个好的设计，需要先充分了解待求解问题。我们首先要弄清楚需要做什么（即了解需求），然后再研究如何做（即设计算法）。理解问题包括找出待求解问题的功能性需求和非功能性需求，让我们看看这些需求分别是什么：

- 功能性需求正式规定了待求解问题的输入和输出接口，以及与之相关的功能，帮助我们理解数据处理、数据操作，以及生成结果所需要执行的计算。
- 非功能性需求设定了对算法的性能和安全性方面的预期。

需要注意的是，设计算法就是要在给定的环境下以最佳方式同时满足功能性需求和非功能性需求，并且还要考虑到用于运行所设计算法的资源集。

为了得到一个能够满足功能性需求和非功能性需求的算法，我们的设计应该考虑以下三个关注点（正如第一章所讲）：

- 第一点：所设计算法是否能产生我们预期的结果？
- 第二点：所设计算法是获取预期结果的最佳方法吗？
- 第三点：所设计算法在更大的数据集上表现怎么样？

我们逐一讨论这些问题。

4.1.1 第一点——所设计算法是否能产生预期的结果

算法是实际问题的数学求解方案，一个有效的算法应该能够产生准确的结果。如何验证算法的正确性，这不应该是事后才需要的想法，而应该是在算法的设计中就已经考虑到了。在制定验证算法的策略之前，我们需要考虑以下两个方面：

- **定义真实值**：为了验证算法，对于给定的一组输入，我们需要已知的正确结果。这些已知的正确结果在待求解问题中称为**真实值**。**真实值**是很重要的，因为当我们不断地改进我们的算法，以获得更好的求解方案时，它可以作为参考。
- **选择度量标准**：我们还需要考虑如何量化运行结果与真实值之间的差距。选择合适的度量标准将有助于我们准确地量化算法的质量。

例如，对于机器学习算法，我们可以将已标记的现有数据用作真实值，可以选择一个或多个度量标准（例如准确率、召回率或精度）来量化与真实值之间的差距。需要注意的是，在某些用例中，正确的输出不是一个单一的值，而是被定义为一组给定的范围。在设计和开发算法的过程中，我们的目标是反复改进算法，直到其运行结果位于需求所明确的范围之内。

4.1.2 第二点——所设计算法是否是获取结果的最佳方法

第二个关注点是找到以下问题的答案：

> 所设计算法是最佳求解方案吗？我们是否能够证明该问题不存在更好的求解方案？

乍一看，这个问题似乎很容易回答。然而，对于某一类算法，研究人员花了几十年的时间来验证由某个算法产生的特定解是否也是最佳解，以及是否不存在可以给出更好结果的其他求解方案，但都没有成功。所以，我们首先要了解问题、问题的需求以及运行算法的资源，这一点非常重要。我们需要确认以下说法：

> 我们是否应该以找到该问题的最优解为目标？寻找和验证最优解是非常耗时且复杂的，所以基于启发式方法的可行方案是我们最好的选择。

因此，理解问题及其复杂性很重要，它可以帮助我们估算对资源的需求。

在开始深入讨论之前，我们先在这里定义几个术语：

- **多项式算法**（polynomial algorithm）：如果算法的时间复杂度为 $O(n^k)$，则我们将其称为多项式算法，其中 k 为常数。
- **可行解**（certificate）：迭代结束时产生的一个候选解称为**可行解**。随着我们在解决特定问题上的不断迭代，我们通常会产生一系列的可行解。如果解收敛，则每一个生成的可行解都会比前一个更好。在某些时候，当我们的可行解满足需求时，我们会选择该可行解作为最终的解。

第1章介绍了大O记号，用以分析算法的时间复杂度。在分析时间复杂度的背景下，我们考虑以下不同的时间区间：

- 一个算法产生一个解（即可行解）所需要的时间 t_r。
- 验证给出的解（可行解）所需的时间 t_s。

刻画问题复杂度

多年来，学术界根据问题的复杂度将问题分为不同的类。在我们尝试设计问题的求解方案之前，先尝试确定它属于哪一类问题是有意义的。一般来说，存在三种类型的问题：

- 类型1：肯定存在求解该问题的多项式算法。
- 类型2：可以证明这类问题无法用多项式算法求解。
- 类型3：无法找到求解该问题的多项式算法，也无法证明不可能找到该问题的多项式求解方案。

我们来看看各类问题：

- **非确定性多项式问题（NP）**：一个问题要成为 NP 问题，必须满足以下条件：
  - 肯定存在多项式算法用于验证候选解（可行解）是否最优。
- **多项式问题（P）**：这类问题可以视为 NP 问题的子集。除满足 NP 问题的条件以外，P 问题还需要满足如下额外的条件：
  - 肯定存在至少一种多项式算法来求解它们。

图 4-1 展示了 P 问题和 NP 问题之间的关系。

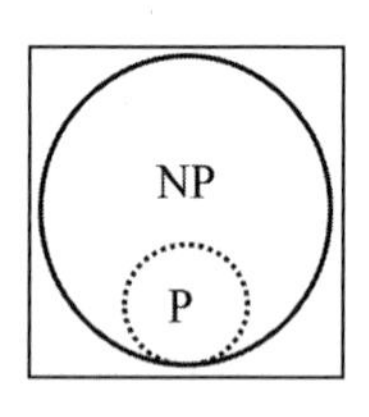

图 4-1

如果一个问题是 NP 问题，那么它也是 P 问题吗？这是计算机科学领域中尚未解决的最大问题之一。它是由克莱数学研究所（Clay Mathematics Institute）评选的千禧年大奖难题（Millennium Prize Problems），并已宣布为这个问题的解决提供 100 万美元的奖金，因为它将对人工智能、密码学和理论计算机科学等领域产生重大影响：

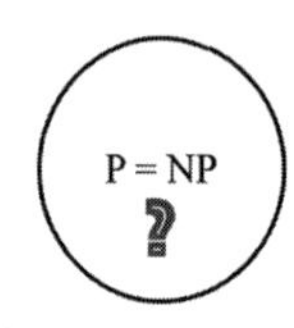

下面继续列出各类问题：

- **NP 完全问题**：NP 完全类包含了所有 NP 问题中最难的问题。一个 NP 完全问题需要满足以下两个条件：
  - 没有已知的多项式算法来生成可行解。
  - 有已知的多项式算法来验证提出的可行解是否最优。
- **NP 难问题**：NP 难类包含的问题至少与 NP 类中的任何问题一样难，但是这些问题本身并不需要属于 NP 类。

现在，我们绘制一张图（图 4-2）来说明各类问题之间的关系。

注意，P = NP 的正确性仍有待学术界证明。尽管这尚未得到证实，但很有可能

$P \neq NP$。在此种情况下，不存在求解 NP 完全问题的多项式求解方案。请注意，图 4-2 是基于这个假设所画的。

4.1.3 第三点——所设计算法在更大的数据集上表现如何

算法以规定的方式处理数据以产生结果。一般来说，随着数据规模的增加，处理数据和计算所需结果的时间越来越长。术语大数据有时用于粗略地标识由于数据的体积、多样性和速度太大而预计对所使用的基础结构和算法构成挑战的数据集。一个设计良好的算法应该是可扩展的，这意味着，它应该尽可能高效地运行，利用可用的资源在合理时间内产生正确的结果。在处理大数据时，算法的设计变得更加重要。为了量化算法的可扩展性，我们需要注意以下两个方面的问题：

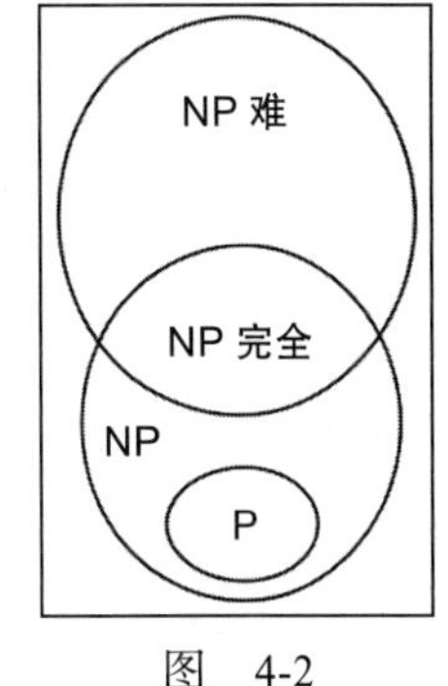

图 4-2

- **随着输入数据的增加，资源需求增加：**对此进行的估计称为空间复杂度分析。
- **随着输入数据的增加，运行时间增加：**对此进行的估计称为时间复杂度分析。

请注意，我们正生活在一个被定义为数据爆炸的时代。“大数据”一词已经成为主流，因为它抓住了现代算法通常需要处理的数据的规模和复杂性。

在开发和测试阶段，许多算法仅使用少量的数据样本。在设计算法时，研究算法的可扩展性是很重要的。特别是随着数据集规模的增加，仔细分析（即测试或预测）算法性能的变化非常重要。

4.2 理解算法策略

一个精心设计的算法尽可能地将问题划分为更小的子问题，从而最大限度地优化可用资源的使用。设计算法有不同的算法策略，算法策略包含下面列出的三种典型策略，还有些策略没有列入进来。

这里，我们介绍以下三种策略：

- 分治策略
- 动态规划策略
- 贪心算法策略

4.2.1 分治策略

分治策略就是找到一种方法，将规模较大的问题分解成可以相互独立解决的规模较小的子问题，然后将这些子问题产生的解合并起来，生成问题整体的解，这就是所谓的**分治策略**。

从数学上讲，如果问题（P）有 n 个输入且需要对数据集 d 进行处理，则用分治策略为问题设计求解方案会将问题分解成 k 个子问题，记为 P_1 至 P_k，每个子问题将处理数据集 d 的一个分区。通常，假设 P_1 至 P_k 依次处理数据分区 d_1 至 d_k。

我们看一个实例。

实例——适用于 Apache Spark 的分治策略

Apache Spark 是一个用于解决复杂分布式问题的开源框架，它使用了分治策略来解决问题。为了处理问题，它将问题分为多个子问题，并且彼此独立地处理。我们将通过从一个列表中计数单词的简单的例子来说明这一点。

假设我们有以下单词列表：

```
wordsList = [python, java, ottawa, news, java, ottawa]
```

我们要计算此列表中每个单词出现的频率。为此，我们将采用分治策略来有效解决此问题。

图 4-3 展示了分治策略的实现流程。

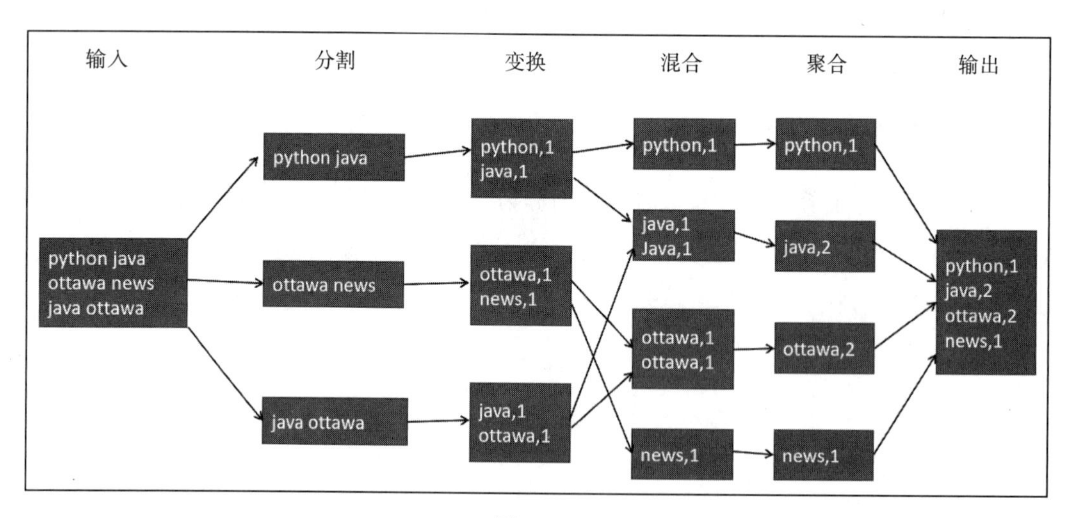

图 4-3

在图 4-3 中，我们将一个问题划分为以下几个阶段：

- 分割 (splitting)：在这个阶段中，输入数据被分为可以相互独立处理的分区，这称为分割。图 4-3 中我们有三个分区。
- 变换（Mapping）：可以在分区上独立运行的任何操作都称为变换。在图 4-3 中，变换操作将分区中的每个单词转换为键值对，对应于三个分区，有三个并行运行的变换器。
- 混合（shuffling）：混合是将相似的键组合在一起的过程。一旦相似的键聚集在一起，聚合函数就可以在它们的值上运行。请注意，混合是性能密集型的操作，因为需要将原本分布在网络各处的相似键聚集在一起。
- 聚合（reducing）：在相似键的值上运行一个聚合函数的操作叫作聚合。在图 4-3 中，我们要计算每个单词的个数。

我们看看如何通过编写代码来实现此目的。为了演示分治策略，我们需要使用一个分布式的计算框架。为此，我们将在 Apache Spark 上运行 Python：

1. 首先，为了使用 Apache Spark，我们创建一个 Apache Spark 的运行环境：

```
import findspark
findspark.init()
from pyspark.sql import SparkSession
spark = SparkSession.builder.master("local[*]").getOrCreate()
sc = spark.sparkContext
```

2. 现在，我们创建一个包含一些单词的示例列表。我们将把这个列表转换成 Spark 的本地分布式数据结构，称为**弹性分布式数据集**（Resilient Distributed Dataset，RDD）：

```
wordsList = ['python', 'java', 'ottawa', 'ottawa', 'java','news']
wordsRDD = sc.parallelize(wordsList, 4)
# Print out the type of wordsRDD
print (wordsRDD.collect())
```

3. 现在，我们使用 `map` 函数将单词转换为键值对（如图 4-4 所示）。

```
In [19]: wordPairs = wordsRDD.map(lambda w: (w, 1))
         print (wordPairs.collect())

         [('python', 1), ('java', 1), ('ottawa', 1), ('ottawa', 1), ('java', 1), ('news', 1)]
```

图 4-4

4. 我们使用 `reduce` 函数进行聚合，并获得最终结果（如图 4-5 所示）。

```
In [20]: wordCountsCollected = wordPairs.reduceByKey(lambda x,y: x+y)
         print(wordCountsCollected.collect())

         [('python', 1), ('java', 2), ('ottawa', 2), ('news', 1)]
```

图 4-5

这演示了我们是如何使用分治策略来计算单词出现次数的。

诸如 Microsoft Azure、Amazon Web Services 和 Google Cloud 之类的现代云计算基础设施通过直接或间接在幕后实施分治策略来实现可扩展性。

4.2.2 动态规划策略

动态规划是由理查德·贝尔曼（Richard Bellman）在 20 世纪 50 年代提出的一种用于优化某类算法的策略。它基于智能缓存机制，尝试重用大量计算，这种智能缓存机制称为**记忆**。

当我们要解决的问题可以拆分为若干子问题时，动态规划可带来良好的性能优势。子问题部分涉及了一些会在不同的子问题中重复的计算，我们的想法是执行一次计算（这是耗时的步骤），然后在其他子问题上重复使用计算结果。这在解决递归问题时尤其有用，因为这些问题可能会多次计算相同的输入。

4.2.3 贪心算法

在深入展开讨论之前，我们先定义两个术语：

- **算法开销**：在我们尝试找出确定型问题的最优解时，都要花费一些时间。随着我们要求解的优化问题变得越来越复杂，找出最优解所花费的时间也会增加。我们用 Ωi 表示算法开销。
- **最优解增量**：给定的优化问题都存在一个最优解。在通常情况下，我们用自己选择的算法对解迭代地进行优化。对于给定的问题，总是存在当前问题的一个完美解，称为**最优解**。如前所述，根据待求解问题的类型，最优解有可能是未知的，或者说计算和验证最优解需要花费的时间长到人们无法接受。假设最优解是已知的，那么在第 i 轮迭代中，当前解与最优解的差称为**最优解增量**，用 Δ_i 表示。

对于复杂问题，我们有两种可行的策略：

- **策略 1**：花更多时间寻找最接近最优解的解，使得 Δ_i 尽可能小。
- **策略 2**：最小化算法开销 Ω_i，采用快刀斩乱麻的方法，只需使用可行解即可。

贪心算法基于策略 2，它并不致力于找出全局最优解，而是选择最小化算法开销。

采用贪心算法是为多阶段问题找出全局最优解的一种快速简单的策略。它基于选择局部最优值而无须费力去验证局部最优值是否也是全局最优的。一般来说，除非我们很幸运，否则贪心算法找到的解不会被当作全局最优解，因为寻找全局最优解通常是一项非常耗时的任务。因此，与分治算法和动态规划算法相比，贪心算法的速度很快。

通常，贪心算法定义如下：

1. 假设我们有一个数据集 D。在这个数据集中，选择一个元素 k。

2. 假设当前的候选解或可行解为 S。考虑在 S 中包含 k，如果可以将它包括进来，则将当前解更新为 Union(S, k)。

3. 重复上述过程，直到 S 被填满或 D 被用完为止。

4.3 实际应用——求解 TSP

我们先看一下 TSP 问题的定义。TSP 是一个著名问题，在 20 世纪 30 年代作为一个挑战被提出来。TSP 是一个 NP 难问题。首先，我们可以在不关心最优解的情况下，随机生成一个旅行路线来满足访问所有城市这一条件。然后，我们可以在每一轮迭代中对解进行改进。在迭代过程中生成的每条旅行路线被称为候选解（也可以称为可行解）。证明一个可行解是最优解需要呈指数级增长的时间，取而代之的是使用各种基于启发式规则的解，这些解生成的旅行路线接近最佳路线，但并非最佳路线。

旅行商需要访问所有给定城市构成的列表才能完成工作：

输入	n 个城市的列表（用 V 表示）以及每对城市之间的距离 d_{ij} $(1 \leqslant i, j \leqslant n)$
输出	最短的旅行路线，每个城市恰好仅访问一次，最后返回出发的城市

请注意以下两点：

- 列表中各城市之间的距离是已知的。
- 在给定的列表中，每个城市只访问一次。

我们可以为旅行商生成旅行计划吗？什么样的旅行计划才是最小化旅行商所走总路程的最优解呢？

以下是我们用于演示 TSP 的五个加拿大城市之间的距离：

	Ottawa	Montreal	Kingston	Toronto	Sudbury
Ottawa	—	199	196	450	484
Montreal	199	—	287	542	680
Kingston	196	287	—	263	634
Toronto	450	542	263	—	400
Sudbury	484	680	634	400	—

请注意，我们的目标是得到一条在出发城市开始和结束的旅行路线。例如，一条典型的旅行路线可以是 Ottawa-Sudbury-Montreal-Kingston-Toronto-Ottawa，这条路线总的开销是 484+680+287+263+450=2164。这是不是旅行商要走的路程最短的旅行路线？能使旅行商所走总路程最短的最优解是什么？我们将把这些问题留给读者思考和计算。

4.3.1 使用蛮力策略

要求解 TSP，我们首先想到的求解方案是使用蛮力策略来找出最短路线（任何路线都必须使得旅行商恰好访问每个城市一次，且最后返回出发城市）。蛮力策略的工作原理如下：

1. 评估所有可能的旅行路线。

2. 选择距离最短的一条。

问题是，对于 n 个城市存在 $(n-1)!$ 条可能的旅行路线。这意味着 5 个城市将产生 $4! = 24$ 条可能的旅行路线，我们选择距离最短的那条路线。显然，只有在城市不太多的情况下，该方法才有效。随着城市数量的增加，这种方法产生大量的排列组合，蛮力策略变得不稳定。

我们看一下如何在 Python 中实现蛮力策略。

首先注意，旅行路线 {1, 2, 3} 表示从城市 1 到城市 2 再到城市 3。旅行的总距离是旅行中经过的总距离。我们假设城市之间的距离是它们之间的最短距离（即欧几里得距离）。

我们先定义三个实用函数：

- `distance_points`：计算两点之间的绝对距离。
- `distance_tour`：计算旅行商在给定的旅行路线中需要经过的总距离。
- `generate_cities`：随机生成位于长 500、宽 300 的矩形中的 n 个城市。

这些函数的代码如下：

```
import random
from itertools import permutations
alltours = permutations

def distance_tour(aTour):
    return sum(distance_points(aTour[i - 1], aTour[i])
               for i in range(len(aTour)))

aCity = complex

def distance_points(first, second): return abs(first - second)
```

```
def generate_cities (number_of_cities):
    seed=111;width=500;height=300
    random.seed((number_of_cities, seed))
    return frozenset(aCity(random.randint(1, width), random.randint(1,
height))
                     for c in range(number_of_cities))
```

在上面的代码中，我们用 itertools 包的 permutations 函数来实现 alltours（用来生成所有城市的排列组合），我们还用复数来表示距离。这意味着以下几点：

- 计算两个城市 *a* 和 *b* 的距离如计算 distance(a, b) 一样简单。
- 我们只需调用 generate_cities(n) 就可以创建 *n* 个城市。

现在，我们定义一个函数 brute_force，该函数会生成所有可能的城市旅行路线。一旦生成了所有可能的旅行路线，它将选择距离最短的路线：

```
def brute_force(cities):
    "Generate all possible tours of the cities and choose the shortest
     tour."
    return shortest_tour(alltours(cities))

def shortest_tour(tours): return min(tours, key=distance_tour)
```

下面，我们定义实用函数来帮助我们绘制城市，这些函数包括：

- visualize_tour：绘制特定旅行路线中的所有城市及其之间的连接。它还会突出显示旅行开始的城市。
- visualize_segment：在 visualize_tour 中使用，用于绘制一段路线中的城市和城市之间的连接。

请看下面的代码：

```
%matplotlib inline
import matplotlib.pyplot as plt
def visualize_tour(tour, style='bo-'):
    if len(tour) > 1000: plt.figure(figsize=(15, 10))
    start = tour[0:1]
    visualize_segment(tour + start, style)
    visualize_segment(start, 'rD')
def visualize_segment (segment, style='bo-'):
    plt.plot([X(c) for c in segment], [Y(c) for c in segment], style,
clip_on=False)
    plt.axis('scaled')
    plt.axis('off')
def X(city): "X axis"; return city.real
def Y(city): "Y axis"; return city.imag
```

最后，我们实现函数 tsp()，它可以完成以下工作：

1. 根据算法和请求的城市数量生成旅行路线

2. 计算算法运行所需的时间

3. 生成一个图，展示运行结果

一旦定义了 tsp()，我们就可以用它来创建一条旅行路线（如图 4-6 所示）。请注意，在图 4-6 中我们使用 tsp 函数生成了 10 个城市的旅行路线。当 n=10 时，它将生成 (10–1)!=362 880 种可能的排列组合。如果 n 增加，排列组合的数量就会急剧增加，这样就不能使用蛮力法了。

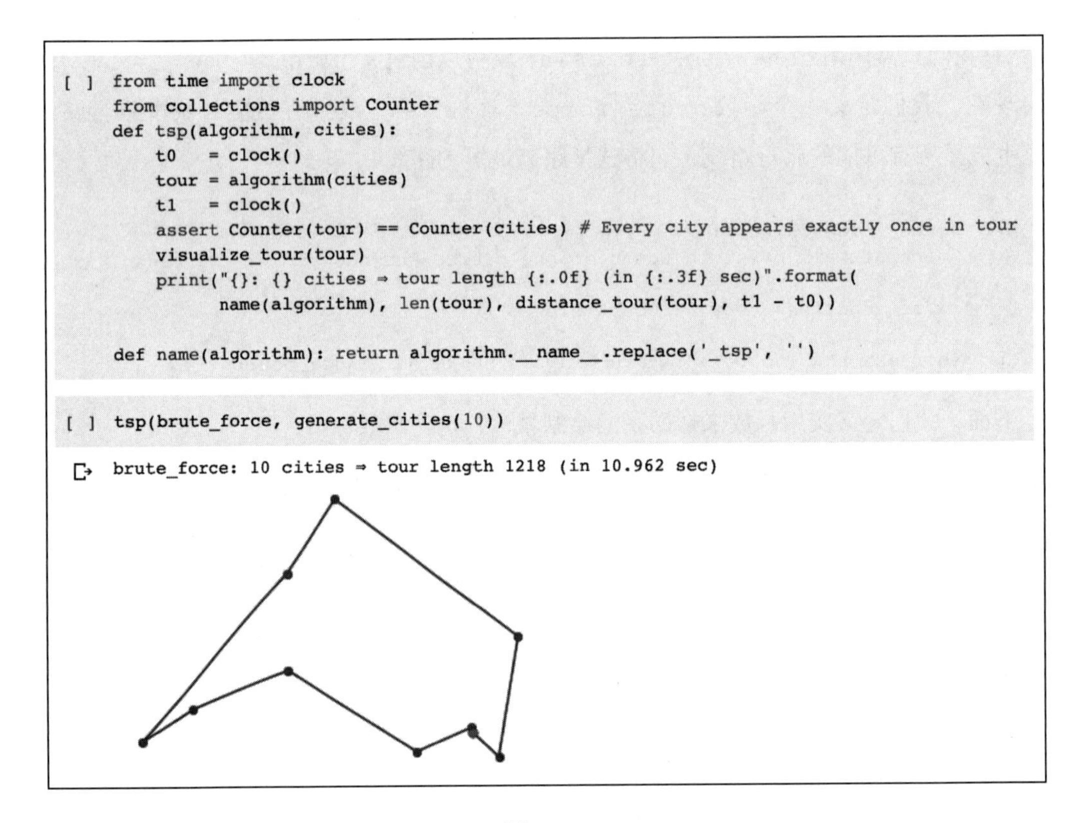

```
[ ] from time import clock
    from collections import Counter
    def tsp(algorithm, cities):
        t0   = clock()
        tour = algorithm(cities)
        t1   = clock()
        assert Counter(tour) == Counter(cities) # Every city appears exactly once in tour
        visualize_tour(tour)
        print("{}: {} cities ⇒ tour length {:.0f} (in {:.3f} sec)".format(
              name(algorithm), len(tour), distance_tour(tour), t1 - t0))

    def name(algorithm): return algorithm.__name__.replace('_tsp', '')

[ ] tsp(brute_force, generate_cities(10))

    brute_force: 10 cities ⇒ tour length 1218 (in 10.962 sec)
```

图 4-6

4.3.2 使用贪心算法

如果用贪心算法来求解 TSP，则在每一步中我们都可以选择一个看起来比较合理的城市，而不是寻找一个可以得到最佳总体路径的城市。因此，每当需要选择一个城市时，我们只需要选择离当前位置最近的城市，而不需要去验证这个选择是否会带来全局最优的路径。

贪心算法的方法很简单：

1. 从任何一个城市出发。

2. 在每一步中，继续访问以前未访问过的下一个最近的相邻城市，以继续旅行。

3. 重复第二步。

我们定义一个名为 greedy_algorithm 的函数来实现上述逻辑：

```
def greedy_algorithm(cities, start=None):
    C = start or first(cities)
    tour = [C]
    unvisited = set(cities - {C})
    while unvisited:
        C = nearest_neighbor(C, unvisited)
        tour.append(C)
        unvisited.remove(C)
    return tour

def first(collection): return next(iter(collection))

def nearest_neighbor(A, cities):
    return min(cities, key=lambda C: distance_points(C, A))
```

现在，我们用 greedy_algorithm 来为 2000 个城市创建一条旅行路线（如图 4-7 所示）。

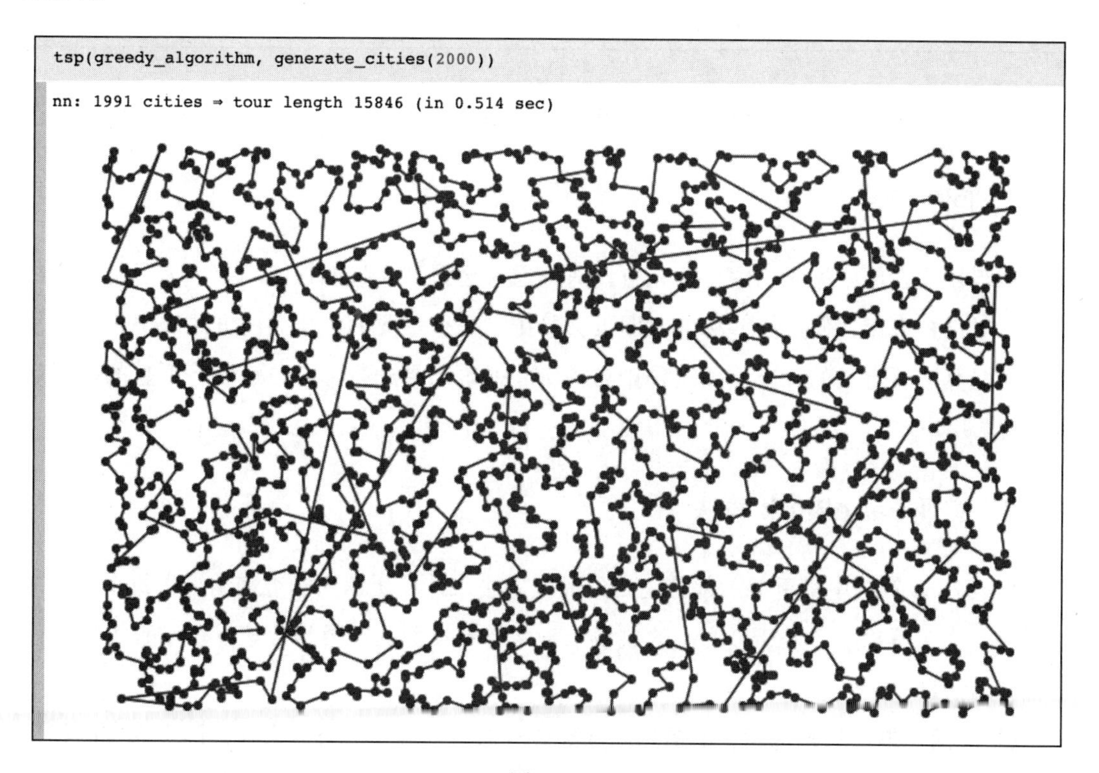

图 4-7

请注意，贪心算法仅花费0.514秒即可为2000个城市生成旅行路线。如果我们使用蛮力法，它将会生成(2000–1)! 种排列组合，这几乎是无穷大。

需要注意的是，贪心算法是基于启发式规则的，并不能证明所得到的解就一定是最优的。

下面，我们讨论PageRank算法的设计。

4.4 PageRank算法

我们看一个实例，也就是PageRank算法。它最初被谷歌用来对用户查询的搜索结果进行排名。它产生数字来量化搜索结果在用户所执行的查询中的重要程度。该算法诞生于20世纪90年代末，其设计者是斯坦福大学的两位博士拉里·佩吉（Larry Page）和思尔格·布里恩（Sergey Brin），正是二人创立了谷歌公司。

PageRank算法是依据拉里·佩吉的姓氏命名的，他在斯坦福大学学习时与思尔格·布里恩一起创造了该算法。

我们先正式地定义最初设计PageRank算法时要求解的问题。

4.4.1 问题定义

每当用户在网络搜索引擎中输入查询时，通常会得到大量的搜索结果。为了使搜索结果最终对用户有用，使用一些标准对网页进行排名是很重要的，排名的方式取决于正在使用的底层算法所定义的标准。用这种排名将所有搜索结果进行汇总，最后将汇总的搜索结果呈现给用户。

4.4.2 实现PageRank算法

PageRank算法中最重要的部分是找到最佳方法来计算所返回的查询结果中每个页面的重要性。为了得出一个介于0和1的数字来量化特定页面的重要性，该算法结合了以下两个部分的信息：

- **与用户输入的查询相关的信息：**该部分根据用户输入的查询来估计网页内容的相关程度。网页的内容直接取决于网页的作者。

- **与用户输入的查询无关的信息：** 该部分试图量化每个网页在其链接、浏览量和邻域的重要性。这个部分很难计算，因为网页是异构的，很难提出可以适用于整个网络的标准。

为了在 Python 中实现 PageRank 算法，首先，我们导入必要的包：

```
import numpy as np
import networkx as nx
import matplotlib.pyplot as plt
%matplotlib inline
```

出于演示目的，假设我们仅分析网络中的五个网页，让我们将这组页面称为 myPages，它们一起位于一个名为 myWeb 的网络中：

```
myWeb = nx.DiGraph()
myPages = range(1,5)
```

现在，我们把这些网页随机链接起来，从而模拟一个实际的网络：

```
connections = [(1,3),(2,1),(2,3),(3,1),(3,2),(3,4),(4,5),(5,1),(5,4)]
myWeb.add_nodes_from(myPages)
myWeb.add_edges_from(connections)
```

现在，我们绘制一幅图来表示这些链接关系：

```
pos=nx.shell_layout(myWeb)
nx.draw(myWeb, pos, arrows=True, with_labels=True)
plt.show()
```

它创建了网络的可视化表示，如图 4-8 所示。

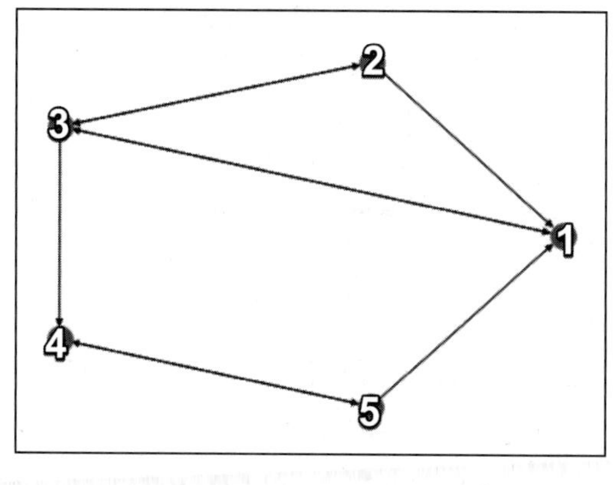

图 4-8

在 PageRank 算法中，网页间的链接关系表示为一个矩阵，该矩阵被称为转移矩阵。转移矩阵用一些算法来不断更新，以捕获网络不断变化的链接状态。转移矩阵的大小为 $n \times n$，其中 n 是节点数。矩阵中的数字是概率值，用来表示访问者由于出站链接而在接下来的过程中访问该链接的可能性。

在我们的示例中，图 4-8 展示了我们拥有的静态网络。我们定义一个可用于创建转移矩阵的函数（见图 4-9）。

```
def createPageRank(aGraph):
  nodes_set = len(aGraph)
  M = nx.to_numpy_matrix(aGraph)
  outwards = np.squeeze(np.asarray(np.sum(M, axis=1)))
  prob_outwards = np.array(
   [1.0/count
    if count>0 else 0.0 for count in outwards])
  G = np.asarray(np.multiply(M.T, prob_outwards))
  p = np.ones(nodes_set) / float(nodes_set)
  if np.min(np.sum(G,axis=0)) < 1.0:
    print ('WARN: G is substochastic')
  return G, p
```

图 4-9

请注意，此函数将返回网络图的转移矩阵 G。

我们为建立的静态网络图生成转移矩阵（见图 4-10）。

```
[6] G, p = createPageRank(myWeb)
    print (G)
```

```
   1          2          3           4         5
[[0.         0.5        0.33333333 0.         0.5       ]
 [0.         0.         0.33333333 0.         0.        ]
 [1.         0.5        0.         0.         0.        ]
 [0.         0.         0.33333333 0.         0.5       ]
 [0.         0.         0.         1.         0.        ]]
```

图 4-10

注意，对于我们所创建的图，转移矩阵是 5 × 5 的矩阵。矩阵中的每一列对应于图中的一个节点。例如，第 2 列与第 2 个节点有关。访问者从节点 2 导航到节点 1 或节点 3 的概率为 0.5。请注意，转移矩阵的对角线全是 0，因为在我们的网络图中，没有从节点到其自身的出站链接。在实际网络中，却可能会出现这种出站链接。

注意，转移矩阵是稀疏矩阵。随着节点数量的增加，其大多数值是0。

4.5　了解线性规划

线性规划背后的基本算法是由加州大学伯克利分校的乔治·丹特兹格（George Dantzig）在20世纪40年代初开发的。丹特兹格在为美国空军工作时，用这个概念来试验部队的后勤供应和能力规划。在第二次世界大战结束时，丹特兹格开始为五角大楼工作，并将他的算法发展为一种技术，他将其命名为线性规划。它被用于军事作战计划。

如今，线性规划用于求解一些重要的实际问题，这些问题与基于某些约束的变量最小化或最大化有关。这些问题领域的一些示例如下：

- 根据资源情况，尽量缩短在汽修厂修车的时间
- 在分布式计算环境中分配可用的分布式资源，以尽量减少响应时间
- 在公司内部资源优化配置的基础上，实现公司利润的最大化

线性规划问题的形式化描述

使用线性规划的条件如下：

- 能够用一组方程来表述问题。
- 方程中使用的变量必须是线性的。

定义目标函数

请注意，前面给出的三个例子，其目标都是将某个变量最小化或最大化。该目标在数学上被表示为其他变量的线性函数，称为目标函数。线性规划问题的目的就是在给定的约束条件下最小化或最大化目标函数。

给定约束条件

当试图最小化或最大化某些事物时，在现实世界中存在某些约束条件需要加以考虑。例如，当试图最小化修理一辆汽车所需的时间时，我们还需要考虑可用的机械修理工数量有限。通过线性方程来给定每个约束条件是制定线性规划问题的重要部分。

4.6　实例——用线性规划实现产量规划

我们来看一个用线性规划求解实际问题的实例。假设有一家先进工厂生产两类不同的

机器人，我们希望工厂的利润最大化：

- **高级型号（A）**：该型号提供了完整的功能，制造每台高级型号的产品可获利 4200 美元。
- **基本型号（B）**：该型号只提供基本功能，制造每台基本型号的产品可获利 2800 美元。

制造机器人需要三种不同类型的工人，制造每种类型的机器人各类工人所需的确切天数如下：

机器人类型	技术员	人工智能专家	工程师
机器人 A：高级型号	3 天	4 天	4 天
机器人 B：基本型号	2 天	3 天	3 天

工厂以 30 天为生产周期。1 名人工智能专家在 1 个周期内可以工作 30 天，2 名工程师在 30 天内各休息 8 天。因此，每名工程师在每个周期内只能工作 22 天。在一个周期中，1 名技术员可以工作 20 天。

下表给出了工厂的员工人数：

	技术员	人工智能专家	工程师
人数	1	1	2
一个周期中可工作的总天数	1 × 20 = 20 天	1 × 30 = 30 天	2 × 22 = 44 天

在给定的条件下，可以建立如下模型：

- 最大利润 = 4200A + 2800B
- 还受以下条件的约束：
  - $A \geqslant 0$：高级型号机器人的数量可以为 0 或更多。
  - $B \geqslant 0$：基本型号机器人的数量可以为 0 或更多。
  - $3A + 2B \leqslant 20$：这是由技术员可用时间给定的限制。
  - $4A+3B \leqslant 30$：这是由人工智能专家可用时间给定的限制。
  - $4A+ 3B \leqslant 44$：这是由工程师可用时间给定的限制。

首先，我们导入名为 pulp 的 Python 包，它是用来实现线性规划的：

```
import pulp
```

然后，调用这个包中的 LpProblem 函数来实例化问题类。我们将这个实例命名为 Profit maximising problem：

```
# Instantiate our problem class
model = pulp.LpProblem("Profit maximising problem", pulp.LpMaximize)
```

接着，我们定义两个线性变量A和B。变量A代表生产的高级型号机器人的数量，变量B代表生产的基本型号机器人的数量：

```
A = pulp.LpVariable('A', lowBound=0, cat='Integer')
B = pulp.LpVariable('B', lowBound=0, cat='Integer')
```

我们定义目标函数和约束如下：

```
# Objective function
model += 5000 * A + 2500 * B, "Profit"

# Constraints
model += 3 * A + 2 * B <= 20
model += 4 * A + 3 * B <= 30
model += 4 * A + 3 * B <= 44
```

使用solve函数来生成解：

```
# Solve our problem
model.solve()
pulp.LpStatus[model.status]
```

然后，打印A和B的值以及目标函数的值（如图4-11所示）。

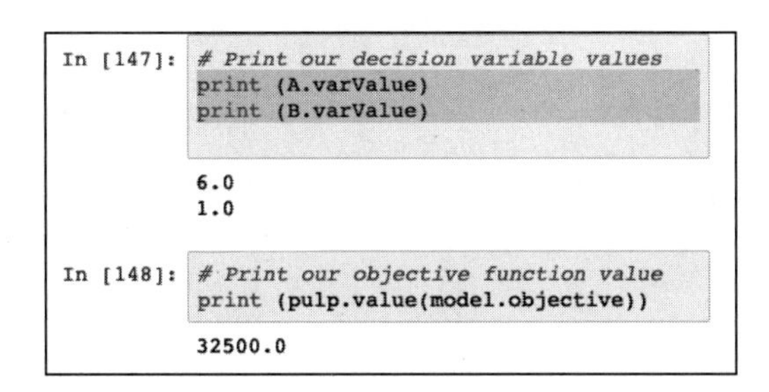

图 4-11

线性规划在制造业中被广泛应用于求最佳的产品数量，以优化现有资源的利用。

至此，本章结束！我们总结一下所学内容。

4.7 小结

本章讨论了算法设计的各种方法和选择正确算法设计方法所涉及的权衡。接着，讨论了求解实际问题的最佳做法。最后，还讨论了如何求解现实世界中的优化问题。本章学到的经验可以用来实现精心设计的算法。

下一章，我们重点讨论基于图的算法。我们先讨论图的不同表示方式；然后，学习在各种数据点周围建立邻域的技术，以进行特定的研究；最后，讨论从图中搜索信息的最优方法。

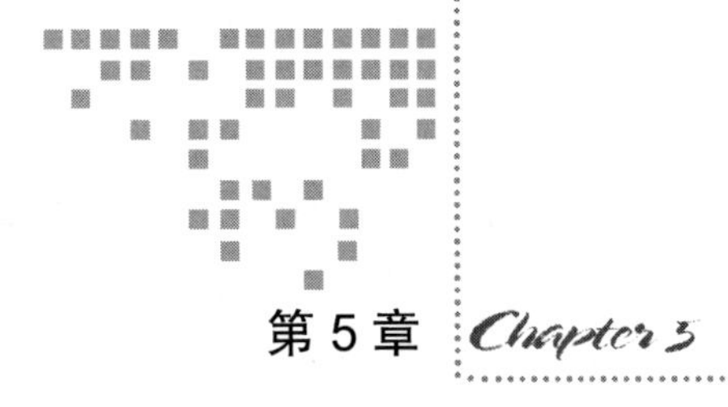

第5章 Chapter 5 图算法

有一类计算问题最适合用图来表示，这类问题可以用一类算法来求解，叫作**图算法**。例如，图算法可以用来有效地搜索用图表示的数据中的一个值。图算法要高效地工作，需要先找出图结构，还需要找到恰当的策略来追踪图的边，以便读取存储在顶点中的数据。由于图算法需要搜索值才能工作，因而高效的搜索策略是设计高效图算法的核心。图算法是在图结构中搜索信息最有效的方法之一，其中图结构是通过有意义的关系连接起来的复杂的、相互关联的数据结构。在当今的大数据、社交媒体和分布式数据时代，这些技术正变得越来越重要和有用。

本章先介绍图算法背后的基本概念，然后讨论网络分析理论的基础。接下来，还讨论可用于遍历图的各种技术。最后，给出一个案例分析，说明如何将图算法用于欺诈检测。

通过学习本章，你将很好地理解什么是图，如何使用它们表示相互关联的数据结构，并理解如何从直接或间接关系关联的实体中挖掘信息，以及如何使用它们解决一些复杂的实际问题。

5.1 图的表示

图是一种以顶点和边表示数据的结构。一个图可以表示为 aGraph = $(\mathcal{V}, \mathcal{E})$，其中 $\mathcal{V}$ 表示顶点集合，$\mathcal{E}$ 表示边集合。请注意，图 aGraph 有 $|\mathcal{V}|$ 个顶点 $|\mathcal{E}|$ 条边。

一个顶点 $v \in \mathcal{V}$ 代表现实世界的一个对象，如一个人、一台电脑或一个活动。一条边

$e \in \mathcal{E}$ 连接网络中的两个顶点：

$$e(v_1, v_2)|e \in \mathcal{E} \;\&\; v_i \in \mathcal{V}$$

图的定义式表明，图的所有边都属于集合 $\mathcal{E}$，所有顶点都属于集合 $\mathcal{V}$。

一条边连接着两个顶点，表示它们之间的关系。例如，它可以表示以下关系：

- 人与人之间的友谊
- 在领英（LinkedIn）上与朋友的联系
- 集群中两个节点的物理连接
- 参加同一研究会议的人员

本章使用 Python 的 networkx 包来表示图。我们尝试用 networtx 包创建一个简单的图。首先，我们尝试创建一个没有顶点或节点的空图 aGraph：

```
import networkx as nx
G = nx.Graph()
```

然后，我们添加一个顶点：

```
G.add_node("Mike")
```

也可以使用列表来添加多个顶点：

```
G.add_nodes_from(["Amine", "Wassim", "Nick"])
```

还可以在现有顶点之间添加一条边，如下所示：

```
G.add_edge("Mike", "Amine")
```

现在，打印出所有边和顶点（见图 5-1）。

```
In [5]:   1 list(G.nodes)
Out[5]: ['Mike', 'Amine', 'Wassim', 'Nick']

In [6]:   1 list(G.edges)
Out[6]: [('Mike', 'Amine')]
```

图 5-1

请注意，如果要添加一条边，则会导致添加相关的顶点（如果对应的顶点不存在），如下所示：

```
G.add_edge("Amine","Imran")
```

如果打印出顶点列表，会看到以下输出（见图 5-2）。

```
In [9]:  1 list(G.edges)
Out[9]: [('Mike', 'Amine'), ('Amine', 'Imran')]
```

图 5-2

请注意，对于上面创建的图，如果添加一个已经存在的顶点，则该请求会被忽略。一般情况下，根据所创建的图的不同类型，这种请求既可能被忽略，也可能被接受。

5.1.1 图的类型

图可以被分为四类，即

- 无向图（undirected graph）
- 有向图（directed graph）
- 无向多重图（undirected multigraph）
- 有向多重图（directed multigraph）

现在，我们来详细了解每一类图的具体情况。

无向图

在大多数情况下，用图表示的节点之间的关系可以视为是无方向性的，也就是不在关系上添加任何顺序，这种边称为**无向边**，由此产生的图称为**无向图**。一个无向图如图 5-3 所示。

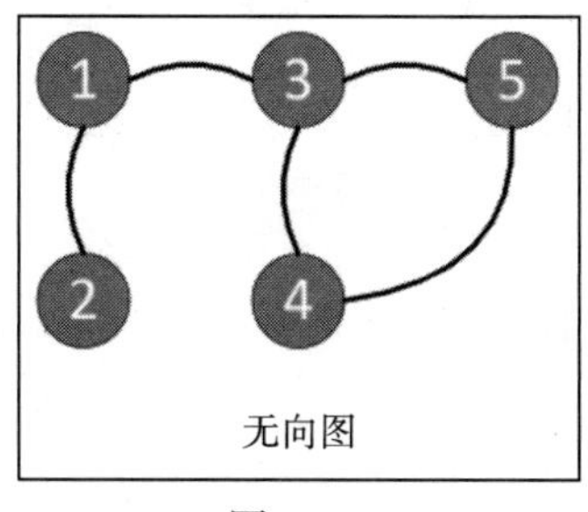

图 5-3

无向关系的一些示例如下：

- Mike 和 Amine（Mike 和 Amine 彼此认识）。
- 节点 A 和节点 B 相互连接在一起（这是一个点对点的连接）。

有向图

图中节点之间的关系具有某种方向性，这种图称为**有向图**。有向图如图 5-4 所示。

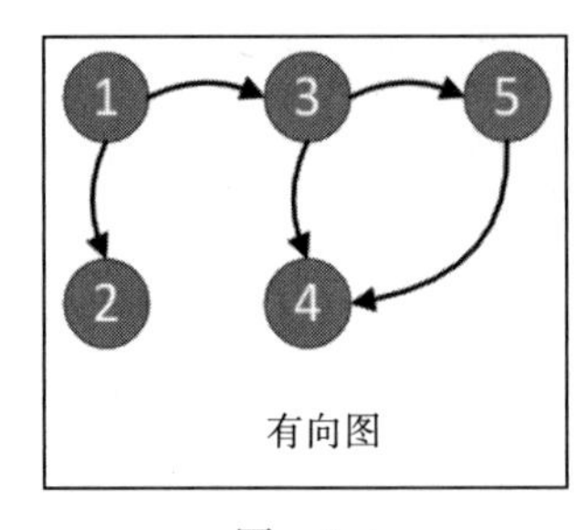

图 5-4

有向关系的一些示例如下：

- Mike 和他的房子（Mike 住在他的房子里，但他的房子不住在 Mike 里面）。
- John 管理 Paul（John 是 Paul 的经理）。

无向多重图

有时，节点之间具有不止一种关系。在这种情况下，同一对节点之间可以有不止一条边连接。这种在同一对节点上允许存在多条平行边的图称为**多重图**，我们必须明确指出一个特定的图是否是多重图。平行边可以表示节点之间不同类型的关系。

多重图如图 5-5 所示。

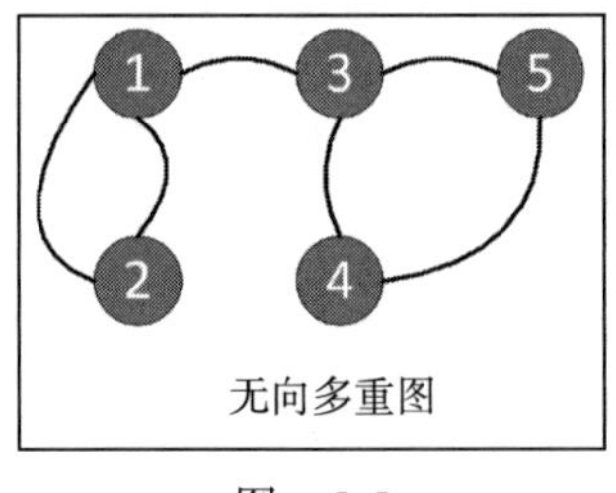

图 5-5

多重关系的一个示例是，Mike 和 John 既是同学，又是同事。

有向多重图

如果一个多重图中的节点之间存在有向关系，则称之为**有向多重图**（如图 5-6 所示）。一个有向多重图的例子是，Mike 在办公室向 John 汇报工作，John 教 Mike 学习 Python 编程语言。

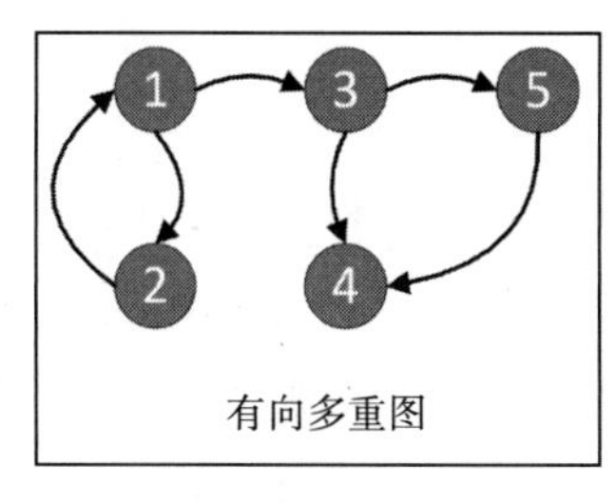

图 5-6

5.1.2 特殊类型的边

边将图的各个顶点连接在一起，并表示它们之间的关系。除了简单的边之外，它们还可以是以下几种特殊类型的边：

- **自环**：有时，一个特定的顶点可以与其自身有关系。例如，John 把钱从他的商业账户转到他的个人账户，这种特殊关系可以用指向自己的边来表示。
- **超边**：有时，同一条边连接了不止两个顶点。连接多个顶点来表示这种关系的边被称为超边。例如，假设 Mike、John 和 Sarah 三个人都在做同一个项目。

> 有一条或多条超边的图称为**超图**。

自环图和超图的示意图如图 5-7 所示。

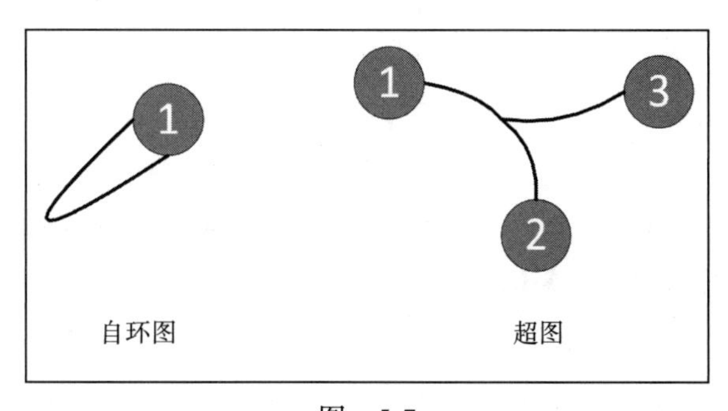

图 5-7

请注意，一个特定的图可以有不止一种特殊类型的边。这意味着一个特定的图可以同时具有自环和超边。

5.1.3 自我中心网络

某一顶点 m 的直接邻域可能含有足够多的重要信息，用这种信息可以对节点展开确切的分析，自我中心网络就是基于这个理念。一个特定顶点 m 的自我中心网络由所有与 m 直接相连的顶点加上节点 m 本身组成。节点 m 被称为**中心**（ego），它所连接的相距一跳（也就是由一条边直接相连）的相邻节点被称为**邻居**（alter）。

节点 3 的自我中心网络如图 5-8 所示。

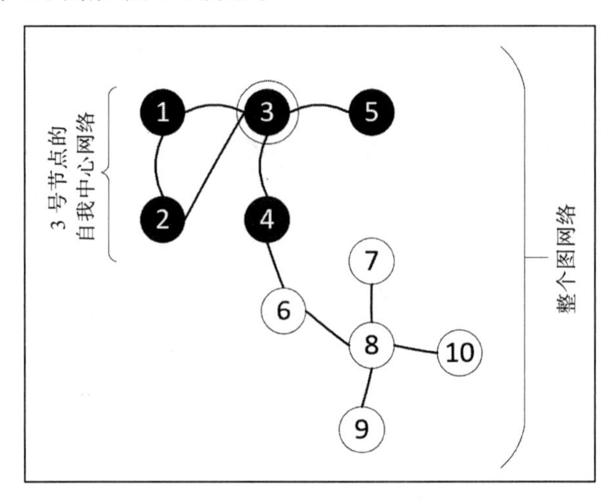

图 5-8

请注意，自我中心网络代表 1 跳邻域，此概念可以扩展为 n 跳邻域，它由距离感兴趣的顶点 n 跳的所有顶点组成。

5.1.4 社交网络分析

社交网络分析（Social Network Analysis，SNA）是图论的重要应用之一。如果符合以下条件，则将网络图分析视为社交网络分析：

- 图的每个顶点代表一个人。
- 顶点之间的边代表人与人之间的社会关系，例如友谊、共同的爱好、血缘关系、不喜欢等。
- 试图通过图分析来回答的业务问题具有很强的社会性。

人的行为反映在社交网络分析中，在进行社交网络分析时需要时刻注意，通过将人与人之间的关系映射到图中，社交网络分析可以很好地了解人与人之间的互动关系，这有助于我们了解人们的行为。

在每个人周围创建其邻域，继而根据人的社会关系分析其个人行为，这可能产生有意义的见解，甚至是令人惊讶的见解。然而，在与之相对的方法中，仅依据个人工作职能单独地分析个人行为，只能获得有限的见解。

因此，社交网络分析可以用于以下几种情况：

- 了解用户在脸书（Facebook）、推特（Twitter）或领英（LinkedIn）等社交媒体平台上的操作
- 欺诈分析
- 了解社会的犯罪行为

领英（LinkedIn）为与社交网络分析相关的新技术的研究和开发做出了很大贡献。实际上，领英被认为是这一领域中许多算法的先行者。

因此，由于其固有的分布式和互连的社会网络体系结构，社交网络分析是图论最强大的用例之一。对图进行抽象化的另一种方法是将其视为网络，并应用一种为网络设计的算法。整个领域称为**网络分析理论**，我们下面对其进行讨论。

5.2 网络分析理论简介

我们知道，互连的数据可以表示为一个网络。在网络分析理论中，我们详细讨论了探索和分析以网络表示的数据的各种方法。这里，我们讨论网络分析理论的一些重要方面。

首先，需要注意，网络中的顶点是基本单元。网络是互连的顶点网络，其中每一个连接都代表了所调查的各种实体之间的关系。根据待求解问题对网络中顶点的有效性和重要性进行量化是至关重要的，有多种技术可以帮助我们对重要性进行量化。

我们来看网络分析理论中的一些重要概念。

5.2.1 理解最短路径

路径是介于起点和终点之间的所有节点构成的序列，同一个节点不会在同一条路径上出现两次。也就是说，路径表示起点和终点之间的路线，它是连接起点和终点的顶点集 p，在 p 中没有重复的顶点。

路径的长度是通过对组成路径的边进行计数完成计算的，在所有的路径中，长度最短的路径称为**最短路径**。最短路径的计算在图论算法中广泛使用，但并不总是直接计算。有多种算法可以用来寻找起始节点和结束节点之间的最短路径，其中一个最流行的算法是**Dijkstra 算法**。该算法发表于 20 世纪 50 年代末，它可以计算出图中最短的路径。**全球定位系统**（GPS）设备可以使用它计算信源和目的地之间的最小距离。Dijkstra 算法也被用于网络路由算法中。

谷歌和苹果这两家公司曾展开过一场竞赛，旨在分别在为谷歌地图和苹果地图设计最佳的最短距离算法。他们面临的挑战是如何让算法足够快，从而在几秒内计算出最短路径。

本章后面将讨论**广度优先搜索**（BFS）算法，改造这个算法即可得到 Dijkstra 算法。BFS 假设在给定图中遍历每条边的代价相同，而在 Dijkstra 算法中，遍历图中各条边的代价则可以是不同的，这就需要将代价纳入算法设计中，进而将 BFS 修改为 Dijkstra 算法。

正如前面所讲，Dijkstra 算法是一种计算最短路径的单源算法。如果我们想计算所有顶点对之间的最短路径，则可以使用 **Floyd-Warshall 算法**。

5.2.2 创建邻域

在图算法中，经常需要在感兴趣的节点周围创建邻域，且创建邻域的方法至关重要。这些方法基于选择与感兴趣的顶点直接相关的对象，其中一种方法是使用 k 阶策略，亦即选择距离目标顶点 k 跳的顶点。

我们看一下创建邻域的各种标准。

三角子图

在图的理论分析中，寻找相互联系比较紧密的顶点是非常重要的。一种技术是尝试识别网络中的三角子图，也就是由网络中三个相互之间直接连接的节点组成的子图。

我们看一下欺诈检测这个用例，在本章末尾还会将它用作案例分析进行讨论。如果一个节点 m 的自我中心网络由三个顶点组成（包括顶点 m），那么这个自我中心网络就是一个三角子图。顶点 m 是中心（ego），相连的两个顶点是其邻居（alter），比如说顶点 A 和顶点 B。如果两个邻居都是已知欺诈顶点，则我们可以断言顶点 m 也是欺诈顶点。如果其中只有一个邻居涉嫌欺诈，我们无法拿出确凿的证据，就需要通过进一步调查来寻找欺诈的证据。

网络密度

我们先定义一个完全连接的网络。每个顶点都直接连接到其他所有顶点的图称为**完全连接网络**（fully connected network）。

如果我们有一个完全连接网络 N，则网络中的边数可以表示为：

$$边_{总}=\binom{N}{2}=\frac{N(N-1)}{2}$$

下面定义密度。如果边$_{观察}$是我们想要观察的边的数量，则密度表示观察到的边数量与边的最大数量之间的比值。它可以这样计算：

$$密度=\frac{边_{观察}}{边_{总}}$$

请注意，三角子图的网络密度为 1，这表示它是密度最高的连接网络。

5.2.3 理解中心性度量

多种度量方法可用于了解图或子图中特定顶点的中心性。例如，它们可以量化一个人在社交网络中的重要性或一座建筑物在城市中的重要性。

以下几种中心性度量在图的分析中广泛使用：

- 度中心性
- 介数中心性
- 接近中心性
- 特征向量中心性

我们来详细讨论它们。

度中心性

连接到特定顶点的边的数量称为这个顶点的**度**（degree）。它可以揭示一个特定顶点的连接程度，以及该顶点在网络中快速传播信息的能力。

考虑图 aGraph = $(\mathcal{V}, \mathcal{E})$，其中 $\mathcal{V}$ 代表顶点集，$\mathcal{E}$ 代表边集。回想一下，aGraph 有 $|\mathcal{V}|$ 个顶点和 $|\mathcal{E}|$ 条边。如果将一个节点的度数除以 $|\mathcal{V}|-1$，所得的值称为该节点的**度中心性**

（degree centrality）：

$$C_{DC_a} = \frac{\deg(a)}{|\mathcal{V}|-1}$$

现在，看一个具体的例子。思考图 5-9。

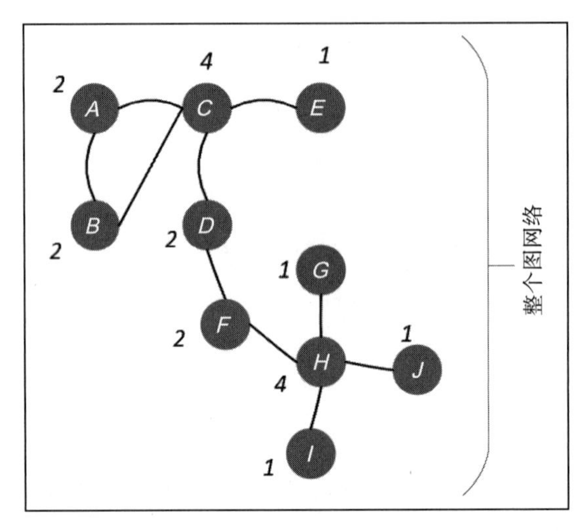

图 5-9

在图 5-9 中，顶点 C 的度为 4，其度中心性计算如下：

$$C_{DC_c} = \frac{\deg(c)}{|\mathcal{V}|-1} = \frac{4}{10-1} = 0.44$$

介数中心性

介数（betweenness）是用来度量图的中心性的标准。在社交媒体的背景下，它将量化一个人在子群中参与交流的概率。对于计算机网络，介数将会量化该顶点失效后对图中节点通信的负面影响。

要计算图 aGraph = $(\mathcal{V}, \mathcal{E})$ 中顶点 a 的介数，需要按照以下步骤进行：

1. 计算 aGraph 中所有顶点对之间的最短路径，我们用 $\boldsymbol{n}_{最短总}$ 来表示。

2. 根据 $\boldsymbol{n}_{最短总}$ 计算通过顶点 a 的最短路径的数量，我们用 $\boldsymbol{n}_{最短a}$ 来表示。

3. 使用如下公式计算介数：

$$C_{介数a} = \frac{\boldsymbol{n}_{最短a}}{\boldsymbol{n}_{最短总}}$$

接近中心性

以图 g 为例，我们将图 g 中顶点 a 的总距离定义为顶点 a 到其他顶点的距离之和。请注意，一个特定顶点的中心性量化了它与其他所有顶点的总距离。

总距离的倒数就是接近中心性（closeness），顶点的接近中心性越大，也就代表这个顶点离其他顶点的总距离越小，也就越处于图的中间位置。

特征向量中心性

特征向量中心性（eigenvector centrality）给图中的所有顶点打分，衡量它们在网络中的重要性。该分数表示一个特定节点与整个网络中其他重要节点的连通性。在谷歌开发 **PageRank 算法**时——该算法为互联网上的每个网页分配一个分数（以表示其重要性），其思想就来源于特征向量中心性度量。

5.2.4　用 Python 计算中心性指标

我们创建一个网络，然后尝试计算其中心性指标。以下代码块完成了网络的建立：

```
import networkx as nx
import matplotlib.pyplot as plt
vertices = range(1,10)
edges = [(7,2), (2,3), (7,4), (4,5), (7,3), (7,5), (1,6),(1,7),(2,8),(2,9)]
G = nx.Graph()
G.add_nodes_from(vertices)
G.add_edges_from(edges)
nx.draw(G, with_labels=True,node_color='y',node_size=800)
```

该代码所生成的图如图 5-10 所示。

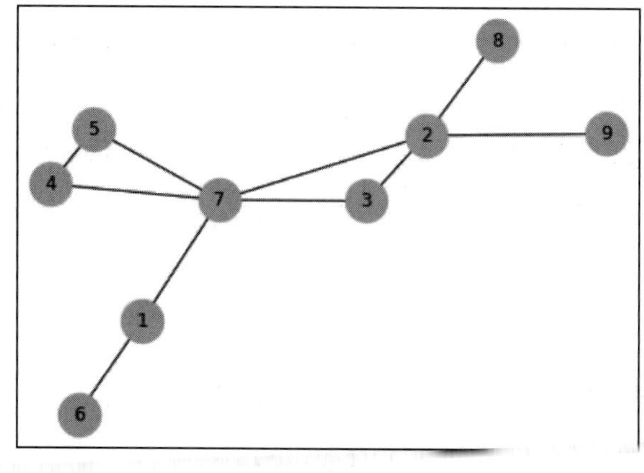

图　5-10

前面已经讨论了不同的中心性度量标准。我们对如上示例分别计算中心性度量（如图 5-11 所示）。

```
In [8]:  1 nx.degree_centrality(G)

Out[8]: {1: 0.25,
         2: 0.5,
         3: 0.25,
         4: 0.25,
         5: 0.25,
         6: 0.125,
         7: 0.625,
         8: 0.125,
         9: 0.125}

In [9]:  1 nx.betweenness_centrality(G)

Out[9]: {1: 0.25,
         2: 0.46428571428571425,
         3: 0.0,
         4: 0.0,
         5: 0.0,
         6: 0.0,
         7: 0.7142857142857142,
         8: 0.0,
         9: 0.0}

In [10]:  1 nx.closeness_centrality(G)

Out[10]: {1: 0.5,
          2: 0.6153846153846154,
          3: 0.5333333333333333,
          4: 0.47058823529411764,
          5: 0.47058823529411764,
          6: 0.34782608695652173,
          7: 0.7272727272727273,
          8: 0.4,
          9: 0.4}

In [11]:  1 centrality = nx.eigenvector_centrality(G)
          2 sorted((v, '{:0.2f}'.format(c)) for v, c in centrality.items())

Out[11]: [(1, '0.24'),
          (2, '0.45'),
          (3, '0.36'),
          (4, '0.32'),
          (5, '0.32'),
          (6, '0.08'),
          (7, '0.59'),
          (8, '0.16'),
          (9, '0.16')]
```

图 5-11

请注意，中心性度量想要给出图或子图中某一顶点的中心性的度量值。从图中看，标记为 7 的顶点似乎处于最中心的位置。通过计算，顶点 7 在所有顶点的四个中心性度量指标中都具有最高值，从而反映了它在这方面的重要性。

现在，我们讨论如何从图中检索信息。图是一种复杂的数据结构，其顶点和边都存储了大量信息。我们讨论一些可用于高效遍历图的策略，以便从图中收集信息来响应对图的查询。

5.3 理解图的遍历

为了使用图，需要从图中挖掘信息。图的遍历策略被定义为确保每个顶点和边都被有序地访问的策略，需要确保每个顶点和边只访问一次，不能够超过一次，也不能够存在顶点或边未被访问。一般来说，有两种不同的方式对图进行遍历来搜索其中的数据。按照广度进行搜索的策略被称为**广度优先搜索**（Breadth-First Search，BFS），按照深度进行搜索的策略被称为**深度优先搜索**（Depth-First Search，DFS）。我们将对其逐一进行了解。

5.3.1 广度优先搜索

当我们所处理的图 `aGraph` 存在层次的概念时，BFS 的效果最好。例如，当我们将领英中某人与他人的联系表示为图后，有第一层联系，然后是第二层联系，这些不同层的联系可以直接转换为图的不同层次。

BFS 算法从一个根顶点开始，探索邻域顶点中的顶点。然后它移动到下一个邻域层次并重复这个过程。

我们先讨论 BFS 算法。为此，我们考虑图 5-12。

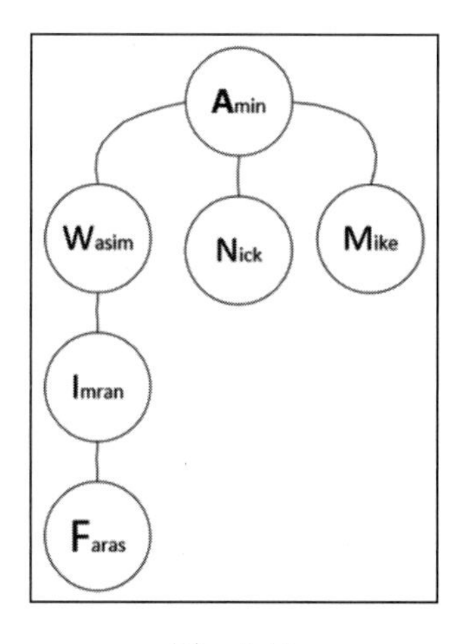

图 5-12

我们先计算与每个顶点直接相邻的节点，将计算结果存储在一个称为**邻接表**的列表中。在 Python 中，我们可以使用字典这种数据结构来存储它：

```
graph={ 'Amin'   : {'Wasim', 'Nick', 'Mike'},
        'Wasim' : {'Imran', 'Amin'},
        'Imran' : {'Wasim','Faras'},
        'Faras' : {'Imran'},
        'Mike'  : {'Amin'},
        'Nick' :  {'Amin'}}
```

要在 Python 中实现它，我们需要按以下步骤进行。

我们首先讨论初始化工作，然后讨论主循环。

初始化

我们要用两个数据结构：

- ❑ visited：包含所有已访问的顶点。在初始化时，它为空（使用列表实现）。
- ❑ queue：包含下一轮迭代要访问的所有顶点（使用队列实现）。

主循环

接下来，我们实现主循环。主循环将一直循环，直到队列中不存在元素为止。对于队列中的每个节点，如果已经访问过该节点（在 visited 中存在），则访问其相邻节点。

我们可以在 Python 中实现这个主循环，如下所示：

1. 首先，我们需要从队列中弹出第一个节点，并选择该节点作为本次迭代的当前节点：

```
node = queue.pop(0)
```

2. 然后，我们检查该节点是否在 visited 列表中。如果不在，我们就把它添加到被访问过的节点列表 visited 中，并使用 neighbours 来表示与它直接相连的节点：

```
visited.append(node)
neighbours = graph[node]
```

3. 现在，我们将该节点的 neighbours 添加到队列中：

```
for neighbour in neighbours:
    queue.append(neighbour)
```

4. 主循环完成后，将会返回 visited，其中包含了所有被遍历的节点。

5. 初始化和主循环的完整代码如图 5-13 所示。

```
def bfs(graph, start):
    visited = []
    queue = [start]

    while queue:
        node = queue.pop(0)
        if node not in visited:
            visited.append(node)
            neighbours = graph[node]
            for neighbour in neighbours:
                queue.append(neighbour)
    return visited
```

图 5-13

让我们看看使用 BFS 定义的图的穷举搜索遍历模式。为了访问所有的节点，遍历模式如图 5-14 所示。可以观察到，在执行过程中，它始终维护着两个数据结构：

- ❑ Visited：包含所有已访问的节点。

- Queue：包含尚未访问的节点。

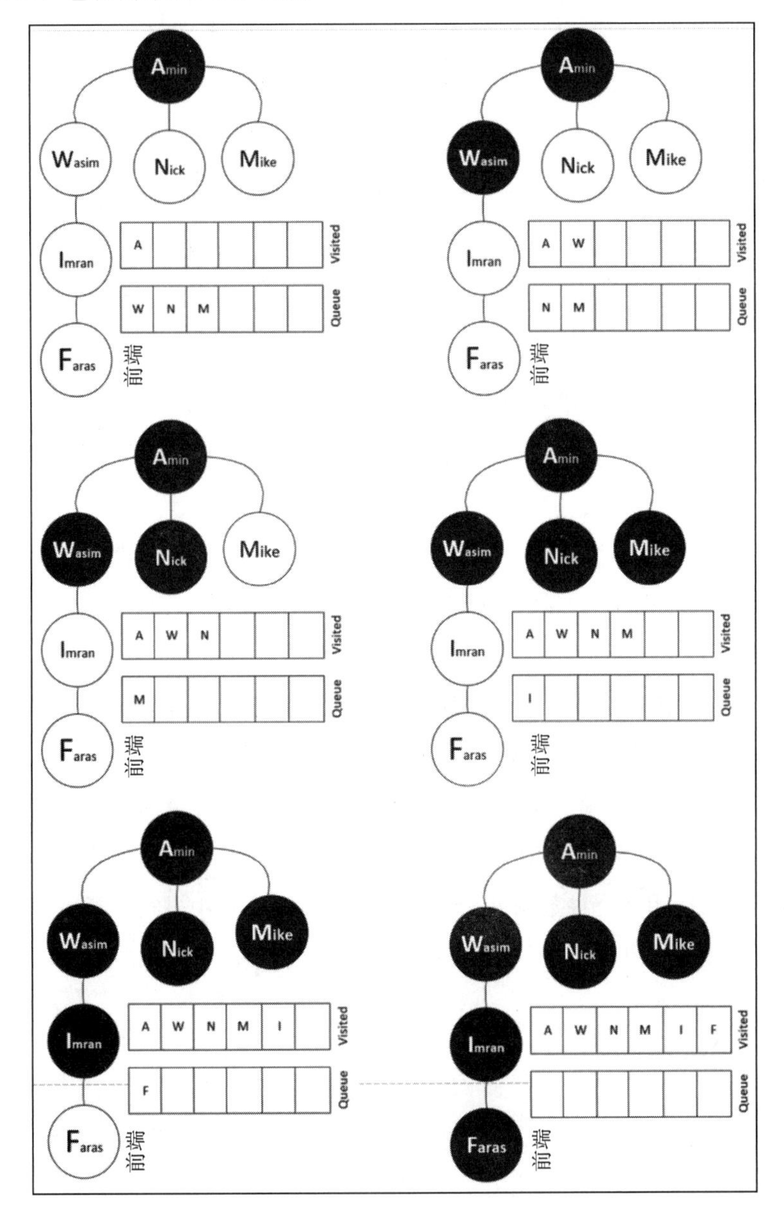

图 5-14

算法的工作原理如下：

1. 遍历过程开始于第 个节点，也就是第 层上唯 的 个节点 Amin。

2. 然后，该过程移动到第二层，逐一访问 Wasim、Nick 和 Mike 这三个节点。

3. 之后，就会移动到第三层和第四层，这两层都各自拥有一个节点，即 Imran 和 Faras。

一旦所有节点被访问过，它们就会被添加到数据结构 Visited 中，并停止迭代（如图 5-14 所示）。

现在，我们尝试使用 BFS 从这个图中找到一个特定的人。我们指定要搜索的数据并观察结果（如图 5-15 所示）。

```
In [97]: bfs(graph,'Amin')

Out[97]: ['Amin', 'Wasim', 'Nick', 'Mike', 'Imran', 'Faras']
```

图 5-15

接下来，我们讨论深度优先搜索算法。

5.3.2 深度优先搜索

DFS 是 BFS 的替代方法，用于从图中搜索数据。DFS 与 BFS 的区别在于，从根顶点开始，DFS 算法在每条路径中会尽可能选择一步步往下的路径。对于每条路径，一旦成功达到最深处，就会标记与该路径关联的所有顶点。在完成一条路径的遍历后，算法会回溯。如果可以从根节点找到另一条尚未访问的路径，则该算法将重复前面的过程。算法一直在新的分支中移动，直到所有的分支都被访问过。

请注意，图中可能会存在环。如前所述，我们使用一个布尔标志来处理并记录已经访问过的节点，以避免在一个环里不断循环。

实现 DFS 可以使用栈这种数据结构，该结构已在第 2 章中进行了详细讨论。注意，栈基于**后进先出**（LIFO）原则，这与 BFS 所使用的队列相反，队列的工作原则是**先进先出**（FIFO）。

以下是用于 DFS 的代码：

```
def dfs(graph, start, visited=None):
    if visited is None:
        visited = set()
    visited.add(start)
    print(start)
    for next in graph[start] - visited:
        dfs(graph, next, visited)
    return visited
```

我们再次使用以下代码测试前面所定义的 dfs 函数：

```
graph={ 'Amin' : {'Wasim', 'Nick', 'Mike'},
        'Wasim' : {'Imran', 'Amin'},
        'Imran' : {'Wasim','Faras'},
        'Faras' : {'Imran'},
        'Mike'  :{'Amin'},
        'Nick'  :{'Amin'}}
```

如果运行此算法，将输出如图 5-16 所示的结果。

```
Out[94]: {'Amin', 'Faras', 'Imran', 'Mike', 'Nick', 'Wasim'}
```

图 5-16

我们看一下该图被 DFS 方法遍历的过程：

1. 迭代从顶层节点 Amin 开始。

2. 然后，移动到第二层的节点 Wasim。从此处开始，继续向更低层移动，直到到达最底层的节点，在该路径上还会访问节点 Imran 和节点 Fares。

3. 在完成第一个完整分支后，回溯到第二层，依次访问第二个分支和第三个分支，亦即先后访问 Nick 和 Mike。

该遍历模式如图 5-17 所示。

注意，DFS 也可以用于树的遍历。

现在，我们讨论一个实例，它解释了本章前面给出的概念是如何用于解决实际问题的。

5.4 实例——欺诈分析

我们看看如何使用社会网络分析来检测欺诈行为。人是社会性动物，人的行为会受到周围人的影响。**同质性**（homophily）这个词被创造出来，就是为了表示一个人的社交网络对他的影响。对这一概念进行扩展后，**同质网络**是指由于某些共同因素而可能相互联系的一群人。例如，有相同出身或爱好，属于同一个团伙或同一所大学，或其他因素的一些组合。

如果要分析同质网络中的欺诈行为，我们可以利用被调查者与网络中其他人之间的关系，因为这些人已经被仔细计算了参与欺诈的概率。根据他们同伴的欺诈行为对其进行标记有时也称为**关联有罪**。

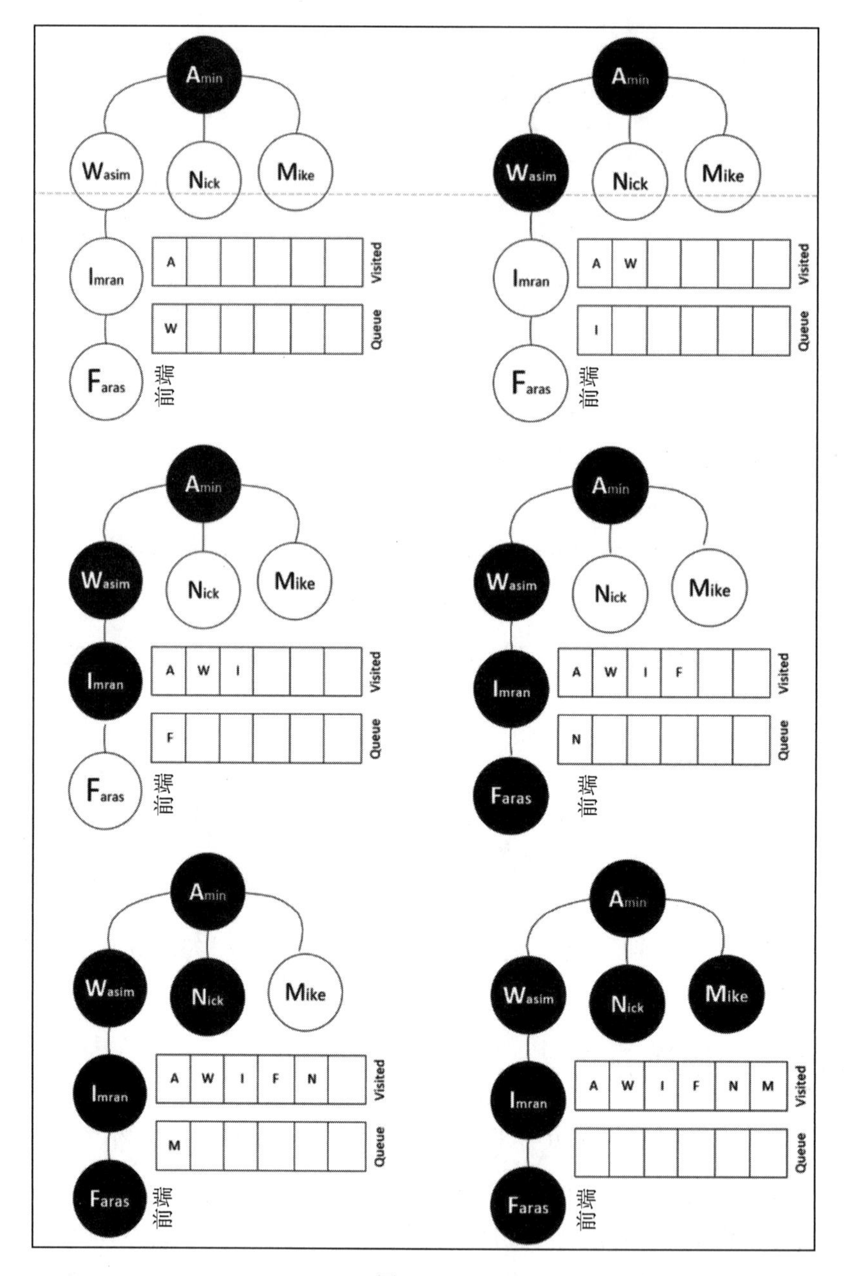

图 5-17

为了理解该过程，我们首先来看一个简单的案例。为此，我们使用一个有九个顶点和八条边的网络。在这个网络中，其中四个顶点是已知的欺诈顶点，被归为**欺诈**（F），而其余五人没有与欺诈相关的历史，被归为**非欺诈**（NF）。

我们通过下列步骤来编写代码，以生成此图：

1. 导入需要的包：

```
import networkx as nx
import matplotlib.pyplot as plt
```

2. 定义存储顶点的数据结构 vertices 和存储边的数据结构 edges：

```
vertices = range(1,10)
edges= [(7,2), (2,3), (7,4), (4,5), (7,3), (7,5),
(1,6),(1,7),(2,8),(2,9)]
```

3. 接下来，将此图实例化：

```
G = nx.Graph()
```

4. 现在，画出这个图：

```
G.add_nodes_from(vertices)
G.add_edges_from(edges)
pos=nx.spring_layout(G)
```

5. 定义 NF 节点列表：

```
nx.draw_networkx_nodes( G,pos,
                        nodelist=[1,4,3,8,9],
                        with_labels=True,
                        node_color='g',
                        node_size=1300)
```

6. 现在，创建列表管理已知参与欺诈的 F 节点：

```
nx.draw_networkx_nodes(G,pos,
                        nodelist=[2,5,6,7],
                        with_labels=True,
                        node_color='r',
                        node_size=1300)
```

7. 为所有节点创建标签：

```
nx.draw_networkx_edges(G,pos,edges,width=3,alpha=0.5,edge_color='b'
) labels={} labels[1]=r'1 NF' labels[2]=r'2 F' labels[3]=r'3 NF'
labels[4]=r'4 NF' labels[5]=r'5 F' labels[6]=r'6 F' labels[7]=r'7
F' labels[8]=r'8 NF' labels[9]=r'9 NF'
nx.draw_networkx_labels(G,pos,labels,font_size=16)
```

一旦前面的代码成功运行，它将向我们展示这样一个图（见图 5-18）。

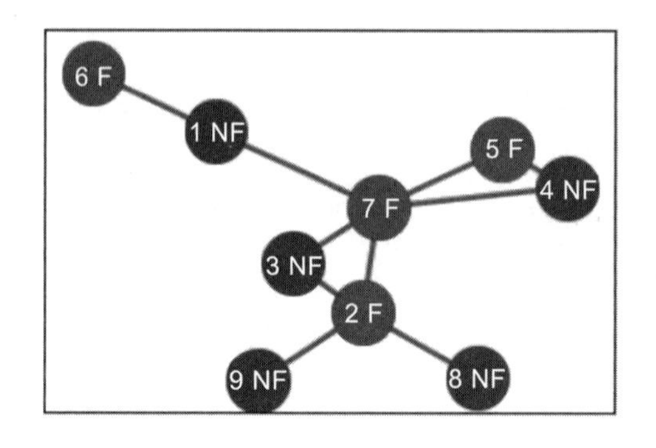

图 5-18

请注意，我们已经进行了详细的分析，将每个节点划分为图或非图。假设我们在网络中又增加了一个顶点，名为 q，如图 5-19 所示。我们事先没有这个人的信息，也不知道这个人是否参与欺诈。我们想根据这个人与社交网络现有成员的联系，将其划分为 NF 或 F。

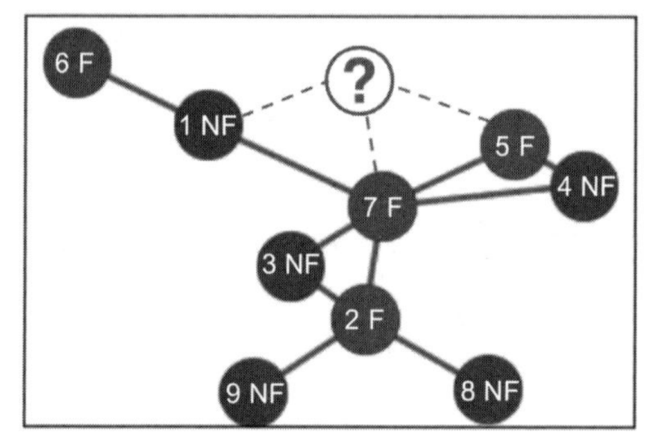

图 5-19

我们设计了两种方法来将这个由节点 q 表示的新人分类为 F 或 NF：

- 使用一种不使用中心性指标和有关欺诈类型的额外信息的简单方法。
- 使用瞭望塔（watchtower）方法，这是一种需要使用现有节点的中心性指标以及有关欺诈类型的额外信息的先进技术。

我们详细讨论每一种方法。

5.4.1 进行简单的欺诈分析

欺诈分析的简单技术基于如下假设：在一个网络中，一个人的行为会受到与其相关的人的影响。在网络中，如果两个顶点相互关联，则它们更有可能具有相似的行为。

基于该假设，我们设计了一个简单的技术。我们希望得到某个节点 a 属于 F 的概率，

将这个概率记为 $P(F \mid q)$，其计算方法如下：

$$P(F \mid q) = \frac{1}{\text{度}_q} \sum_{n_j \in \text{邻域}_n \mid \text{类}(n_j) = F} w(n, n_j) \, \text{DOS}_{\text{归一化}\, j}$$

我们将其应用到图 5-19 中，其中邻域 $_n$ 代表顶点 n 的邻域，$w(n, n_j)$ 代表顶点 n 与 n_j 之间联系的权重。另外，度 $_q$ 表示顶点 q 的度。于是，此概率的计算过程如下：

$$P(F \mid q) = \frac{1+1}{3} = \frac{2}{3} = 0.67$$

根据这一分析，此人参与欺诈的可能性为 67%。我们需要设定一个阈值。如果阈值为 30%，则此人的概率高于阈值，因此可以放心地将其标记为 F。

请注意，需要对网络中的每个新节点重复此过程。

下面讨论欺诈分析的高级方法。

5.4.2 瞭望塔欺诈分析法

前面讨论的简单欺诈分析技术存在以下两种局限性：

- 它没有评估社交网络中每个顶点的重要性。事实上，与参与欺诈的中心人物有联系所造成的影响可能和与一个边缘、孤立的人有联系所造成的影响不同。
- 将某人标记为现有网络中已知的欺诈案例时，我们没有考虑罪行的严重性。

瞭望塔欺诈分析法解决了这两种局限性。首先，我们来看几个概念。

对负面结果评分

如果已知一个人参与了欺诈，我们就说有一个负面结果与这个人有关。并非每一个负面结果都具有同样的严重性。一个冒名顶替的人与一个把过期的 20 美元礼品卡当作有效的礼品卡来使用的人相比，会造成更严重的负面结果。

从 1 分到 10 分，我们对各种负面结果的评分如下：

负面结果	负面结果评分
冒名顶替	10
涉及信用卡盗窃	8
提交伪造支票	7
犯罪记录	6
没有记录	0

请注意，这些分数将基于我们从历史数据中对欺诈案件及其影响的分析得出。

怀疑度

怀疑度（Degree Of Suspicion，DOS）量化了某人参与欺诈行为的怀疑程度。DOS 值为 0 表示这是一个低风险人士，而 DOS 值为 9 表示这是一个高风险人士。

对历史数据的分析表明，职业诈骗者在他们的社交网络中有着比较重要的地位。为了结合这一点，我们先计算网络中每个顶点的所有四种中心性指标，然后取每个顶点上这四种指标的平均值，这就转化为该顶点所对应的人在网络中的重要性。

与某个顶点关联的人参与了欺诈，我们就用上面表格中的预定值对此人进行评分，以说明这种负面结果。这样做是为了使罪行的严重程度反映到每一个单独的 DOS 值中。

最后，将中心性指标的平均值与负面结果得分相乘，得出 DOS 值。将得到的 DOS 值除以网络中的 DOS 最大值即可完成归一化。

我们为前面给出的网络中的九个节点分别计算 DOS：

	节点 1	节点 2	节点 3	节点 4	节点 5	节点 6	节点 7	节点 8	节点 9
度中心性	0.25	0.5	0.25	0.25	0.25	0.13	0.63	0.13	0.13
介数中心性	0.25	0.47	0	0	0	0	0.71	0	0
接近中心性	0.5	0.61	0.53	0.47	0.47	0.34	0.72	0.4	0.4
特征向量中心性	0.24	0.45	0.36	0.32	0.32	0.08	0.59	0.16	0.16
中心性指标平均值	0.31	0.51	0.29	0.26	0.26	0.14	0.66	0.17	0.17
负面结果评分	0	6	0	0	7	8	10	0	0
DOS	0	3	0	0	1.82	1.1	6.625	0	0
归一化后的 DOS	0	0.47	0	0	0.27	0.17	1	0	0

每个节点及其归一化后的 DOS 如图 5-20 所示。

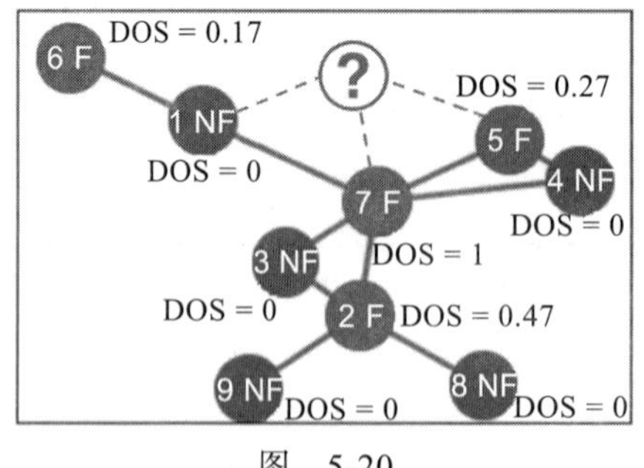

图 5-20

为了计算新增节点的 DOS，我们使用如下公式：

$$\text{DOS}_k = \frac{1}{\text{度}_k} \sum_{n_j \in \text{邻域}_n} w(n, n_j)\text{DOS}_{\text{归一化}_j}$$

利用相关数值，我们计算新增节点的 DOS 结果如下：

$$\text{DOS}_k = \frac{(0+1+0.27)}{3} = 0.42$$

该计算结果表示与新加入网络的节点相关的欺诈风险，它介于 0 和 1 之间，此人的 DOS 值为 0.42。我们可以为 DOS 建立不同的风险等级，如下所示：

DOS 值	风险分类
DOS=0	无风险
0<DOS ≤ 0.10	低风险
0.10<DOS ≤ 0.3	中风险
DOS>0.3	高风险

根据这些标准，可以看出新加入的这个人是高风险人士，应该被标记。

通常，在进行这种分析时，不涉及时间维度。但现有的一些先进技术，可以随着时间的推移来观察图的增长，这使得研究人员可以观察网络发展过程中顶点之间的关系。虽然图上的这种时间序列分析使得问题的复杂性增加许多倍，但它可能更有助于为欺诈行为提供证明，而这在其他方法下是不可能的。

5.5 小结

本章学习了基于图的算法。通过本章的学习，希望我们能够使用不同的技术来表示、搜索和处理以图表示的数据。我们还开发了能够计算两个顶点之间最短距离的技术，并在我们的问题空间中建立了邻域。这些知识有助于我们使用图论来解决诸如欺诈检测之类的问题。

下一章将重点讨论不同的无监督机器学习算法。本章中讨论的许多用例技术都是下一章要讨论的无监督学习算法的补充。从数据集中查找欺诈证据就是这种用例的一个例子。

第二部分 Part 2

机器学习算法

本部分讨论各种机器学习算法，包括无监督机器学习算法和传统监督学习算法，还会详细讨论一些自然语言处理算法。最后，本部分会讨论一些推荐引擎。包含的章节如下：

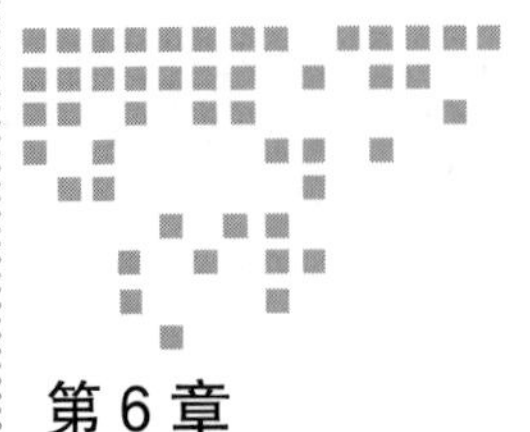

Chapter 6 第6章

无监督机器学习算法

本章讨论无监督机器学习算法。我们先讨论什么是无监督机器学习算法，接着讨论两种聚类算法：k-means 聚类和分层聚类算法。然后，讨论一个降维算法，该算法能够有效处理输入数据维度过大的问题。接下来，讨论如何将无监督机器学习算法应用于异常检测。最后，我们学习关联规则挖掘，这是最高效的无监督机器学习算法之一。我们还将了解从关联规则挖掘中发现的模式如何用于表示跨交易的各种商品之间的有意义的关系，这些关系有助于数据驱动的决策。

通过学习本章，读者将能够理解无监督学习如何应用于求解实际问题，并理解基本算法和已经被应用到无监督学习领域的方法。

6.1 无监督学习简介

无监督学习最简单的定义是，通过发现和利用数据的固有模式为非结构化数据给出某种结构的过程。如果数据不是由一些随机过程生成的，则在高维问题空间的数据项之间会存在一些模式。无监督学习算法通过发现这些模式，利用这些模式将数据集结构化。这个概念如图 6-1 所示。

注意，无监督学习通过在现有模式下发现新特征来增加结构。

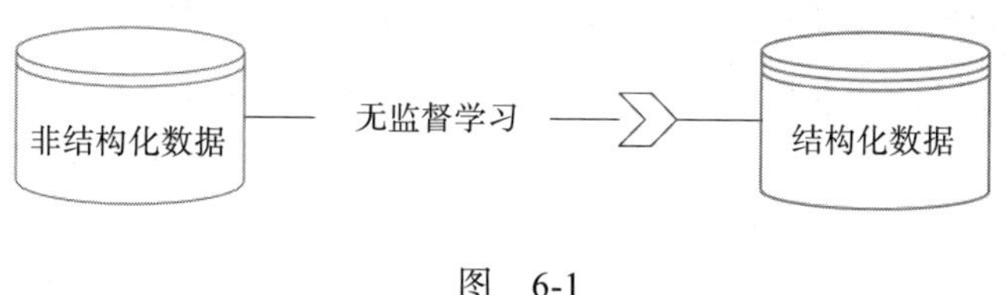

图　6-1

6.1.1　数据挖掘生命周期中的无监督学习

为了理解无监督学习的作用，首先要理解数据挖掘过程的整个生命周期。将数据挖掘过程的生命周期划分为不同的独立**阶段**（phase）有多种方法。目前有两种流行方法用于表示整个数据挖掘过程：

- CRISP-DM（Cross-Industry Standard Process for Data Mining）生命周期
- SEMMA（Sample、Explore、Modify、Model、Access）数据挖掘过程

CRISP-DM 是由不同公司的数据挖掘研究员联合开发的一种流程，这些公司中包括克莱斯勒（Chrysler）和 SPSS（Statistical Package for Social Science）。SEMMA 则是 SAS（Statistical Analysis System）提出的。我们了解一下这两种数据挖掘生命周期表示方法中的一种，即 CRISP-DM，并且尝试理解无监督学习在数据挖掘生命周期中的作用和地位。注意，SEMMA 和 CRISP-DM 在生命周期的很多阶段有相似之处。

我们观察 CRISP-DM 生命周期，发现该周期中包含 6 个不同的阶段，如图 6-2 所示。

我们逐一介绍每一个阶段：

阶段 1：业务理解。该阶段主要收集需求并从业务的角度全面理解问题。该阶段的重要组成部分包括定义问题的范围，并依据**机器学习**适当地对其进行重新表述。比如，对二分类问题有帮助的做法可能是，用一种可以被证明或者被拒绝的假设来描述需求。该阶段还需要用文档记录对机器学习模型的预期值，这个预期值将在阶段 4 的训练模型时使用。例如，在分类问题中，我们需要记录模型作为产品部署时可接受的最低准确度。

注意，CRISP-DM 生命周期的阶段 1 主要是业务理解，关键在于明确要做什么，而不是怎么做。

阶段 2：数据理解。该阶段的任务是理解将要用于数据挖掘的数据。在这个阶段，我们要判断给定的数据集对求解给定的问题是否合适。明确数据集之后，需要理解数据集的质

量和结构。需要从数据集中提取出一些模式，这些模式应该极大地有助于引导我们获得重要结论。还需要依据阶段 1 收集的需求，尝试找出适合做标签（或目标变量）的准确特征。无监督学习算法在达成阶段 2 的目标时可以发挥强大的作用。无监督学习算法可以应用于以下任务：

- ❑ 发现数据集中的模式
- ❑ 分析发现的模式，进而理解数据集的结构
- ❑ 确定或推导目标变量

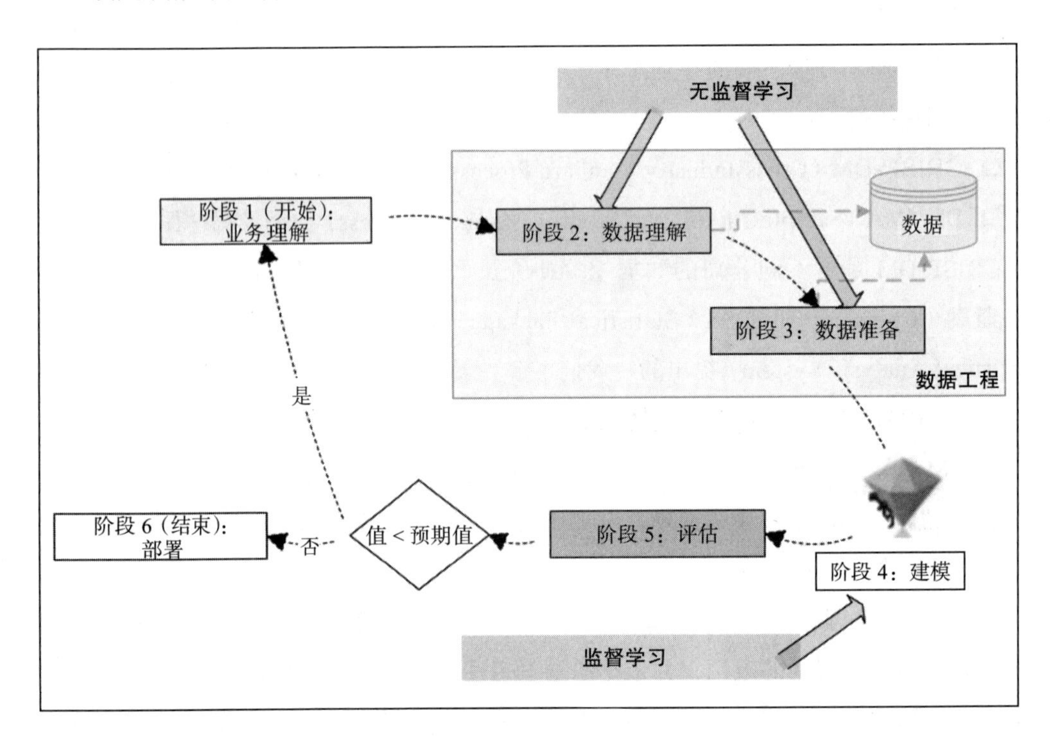

图 6-2

阶段 3：数据准备。该阶段的任务是为在阶段 4 训练机器学习模型准备训练数据。将带有标签的可用数据划分为规模不相等的两个部分。数据较多的一部分称为**训练集**，用作阶段 4 的训练数据。数据较少的一部分称为**测试集**，用于阶段 5 的模型评估。在这个阶段，无监督机器学习算法能够在准备数据过程中发挥作用。比如，利用算法将非结构化数据转化为结构化数据，增加新的维度用于训练模型。

阶段 4：建模。该阶段利用监督学习来表述我们发现的模式。我们需要能够按照所选监督学习算法的要求来成功地准备数据。这个阶段需要把选作标签的特定特征明确地识别出

来。在阶段 3，数据集已经被划分为训练集和测试集，这个阶段还需要把模式中我们感兴趣的关系用数学形式明确地表示出来，而完成这项任务就需要利用阶段 3 得到的训练集来训练模型。正如前面讲的那样，所得的数学形式将取决于对算法的选择。

阶段 5：评估。该阶段利用阶段 3 得到的测试数据集评估训练后的模型。如果评估结果不满足阶段 1 设定的目标，则需要从阶段 1 开始重新完成之前的各个阶段。这一过程在图 6-2 中有示意。

阶段 6：部署。如果评估结果满足或者超出阶段 5 中描述的期望，则训练后的模型被部署到生产环境中，开始为阶段 1 中定义的问题生成求解方案。

在 CRISP-DM 生命周期中，阶段 2（数据理解）和阶段 3（数据准备）分别是理解数据集和为训练模型准备数据。这两个阶段都要处理数据。有些公司会雇用专家来完成这些数据工程中的任务。

显然，针对问题提出合适的求解方案这一过程完全是由数据驱动的。在这个过程中，将无监督机器学习方法和监督机器学习方法结合起来，可以构建出可行的求解方案。本章主要讨论无监督学习部分。

数据工程包括阶段 2 和阶段 3，是整个过程最费时的部分。典型的机器学习项目中可能要耗费 70% 的时间和资源。无监督学习算法可以在数据工程中发挥重要作用。

本章后续部分讨论无监督学习算法的更多细节。

6.1.2 无监督学习的当前研究趋势

多年来，机器学习算法的研究重点都在监督学习算法上。由于监督学习技术可直接推演，所以监督式学习算法在时间、成本和准确性方面的好处相对容易衡量。直到近些年，无监督机器学习算法的能力才得到了认可。由于无监督学习没有指导，它较少地依赖相关假设，并且可以潜在地在任何维度上得到收敛解。无监督学习算法虽然在范围和处理要求上难以控制，但是在挖掘数据隐藏模式方面有更大的潜力。研究者还尝试将无监督机器学习技术和监督学习技术综合起来，以设计新的强大算法。

6.1.3 实例

目前，无监督学习主要用于更好地理解数据，并为其提供更多的结构。比如说，无监督学习可以用于市场划分、欺诈检测和市场购物篮分析（本章后面会详细讨论）等问题。我们来看几个例子。

语音分类

无监督学习可用于分类语音文件中每一种独立的声音。无监督学习利用每个人声音都有不同特征这一特点，创造了潜在的可分离音频模式。这些模式可应用于语音识别。例如，谷歌在其家用设备产品中使用这种技术来训练模型，以区分不同人的声音。经过训练后，谷歌家用设备可以根据对话的不同对象而回答不同的内容。

比如，假设我们有半小时的录音，其中录制了三个人互相交谈的内容。利用无监督学习方法，我们可以识别出数据集中不同人的声音。注意，通过无监督学习，我们正在为给定的非结构化数据集添加结构。添加的结构在我们的问题空间中给出了额外的有用的维度，来为所选机器学习算法准备数据和添加信息。图 6-3 展示了无监督学习如何应用到语音识别中。

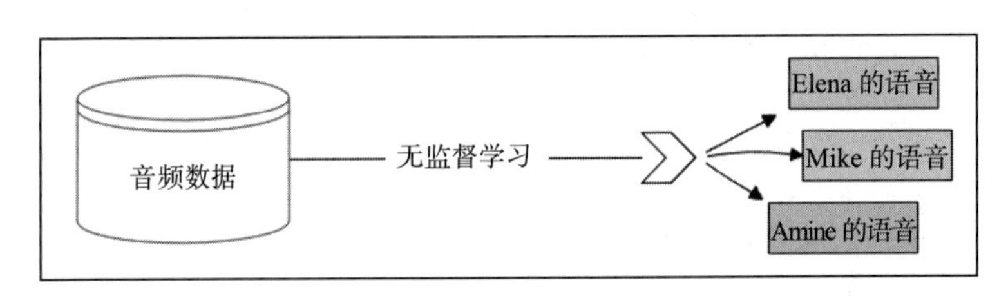

图 6-3

注意，在语音分类这个例子中，无监督学习在语音数据集上添加了一个新的特征，该特征有 3 个不同的取值。

文档分类

无监督学习算法同样可以应用于非结构化文本数据。比如，在 PDF 文档构成的数据集上，可以用无监督学习：

- 发现数据集中的多个主题
- 将每个 PDF 文档匹配到其中一个主题上

无监督学习在文档分类中的应用如图 6-4 所示。这是我们向非结构化数据添加更多结构的另一个示例。

注意，在文档分类这个例子中，无监督学习在数据集上添加了一个新的特征，该特征有 5 个不同的取值。

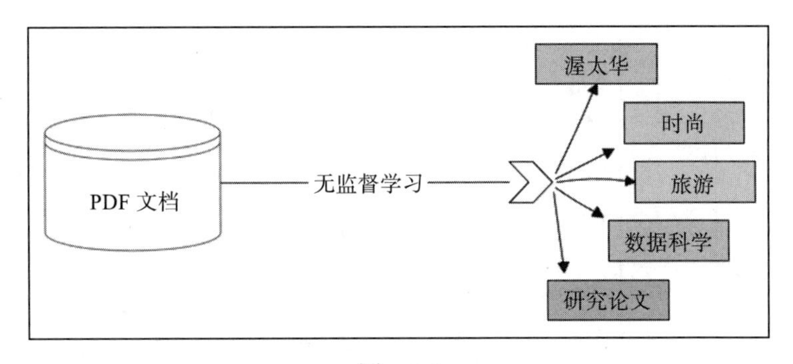

图　6-4

6.2 理解聚类算法

在无监督学习中，最简单、最强大的技术之一是通过聚类算法将相似模式分组在一起。聚类算法常用于理解待求解问题的数据的某些特定方面，它在数据项中寻找自然分组。由于聚类组不基于任何目标或者假设，因而聚类算法被归类为无监督学习技术。

各种聚类算法在创建分组时都基于计算问题空间中不同数据点之间的相似性。确定数据点之间相似性的最佳方法因问题而异，取决于我们正在处理的问题的性质。下面讨论用于计算不同数据点之间相似性的各种方法。

6.2.1 量化相似性

聚类算法生成分组的可靠性基于如下假设，即我们能够准确量化问题空间中不同数据点之间的相似性。我们可以用各种距离测量方法来实现这种假设。以下是用于量化相似性的三种最流行的方法。

- 欧氏距离度量
- 曼哈顿距离度量
- 余弦距离度量

我们更进一步地了解这三种距离度量方法。

欧氏距离

不同数据点之间的距离可以量化两个数据点之间的相似性，这在无监督机器学习技术（比如聚类技术）中被广泛应用。欧氏距离是最常用和最简单的距离度量。欧式距离是多维空间中两个数据点之间的最短距离。例如，空间中有两个点 $A(1, 1)$ 和 $B(4, 4)$，在二维空间中如图 6-5 所示。

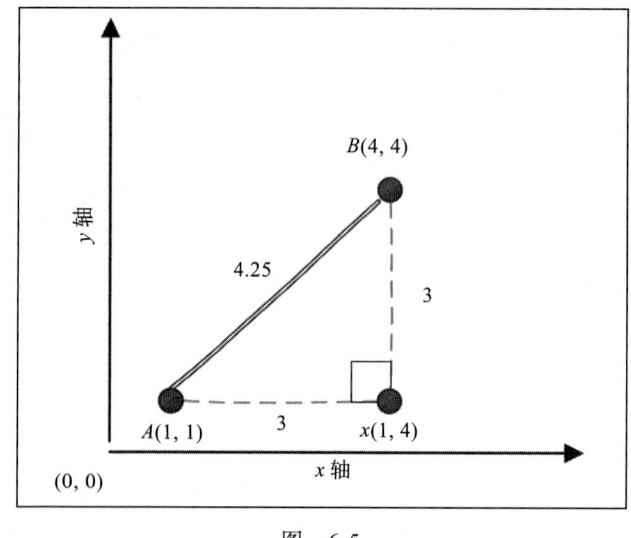

图 6-5

A 和 B 两点之间的距离记作 $d(A, B)$，可以利用如下的勾股公式来计算：

$$d(A,B)=\sqrt{(a_2-b_2)^2+(a_1-b_1)^2}=\sqrt{(4-1)^2+(4-1)^2}=\sqrt{9+9}=4.25$$

注意，该计算表达式针对的是二维空间问题。对 n 维空间问题，计算两个点 A 和 B 距离的公式为：

$$d(A,B)=\sqrt{\sum_{i=1}^{n}(a_i-b_i)^2}$$

曼哈顿距离

在很多情况下，用欧氏距离测量两点之间的最短距离并不能真正表示两点之间的相似性或近似度。比如，如果两个点代表地图上的位置，则使用地面交通工具（如汽车）从 A 点到 B 点的实际距离将大于欧氏距离。对于这些情况，我们使用曼哈顿距离。曼哈顿距离标识了两点之间的最长路线，它更好地反映了在繁忙城市中两点之间的通行紧密程度。曼哈顿距离和欧氏距离的测量方法比较如图 6-6 所示。

注意，两点之间的曼哈顿距离总是大于等于欧氏距离。

余弦距离

欧氏距离和曼哈顿距离在高维空间上效果不佳。在高维问题空间上，余弦距离更准确地反映了多维问题空间中两个数据点的靠近程度。余弦距离的测量方法是，测量连接到参考点的两点所产生的余弦角。如果数据点比较近，则无论两个数据点的维度如何，对应的角都很小。反之，如果两个点很远，则角度就会很大，如图 6-7 所示。

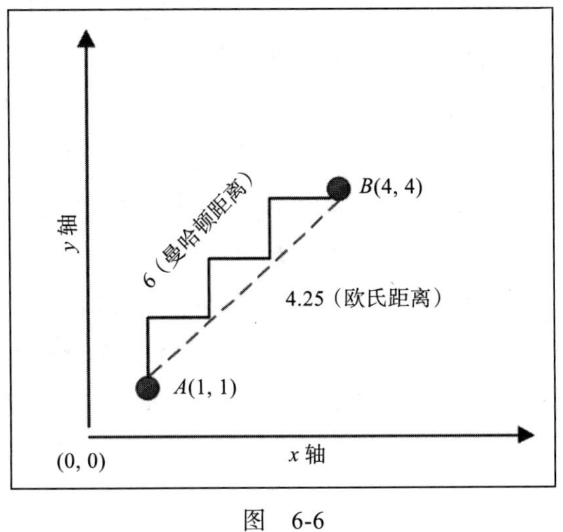

图　6-6

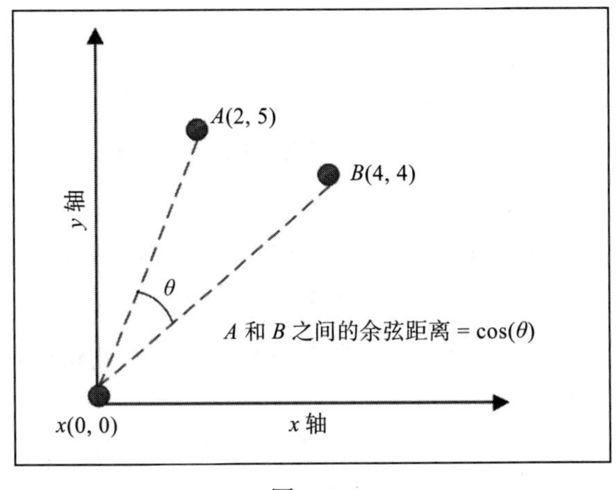

图　6-7

文本数据可以被视为高维空间。余弦距离度量在高维空间中非常有效，因而在处理文本数据时余弦距离是一个很好的选择。

注意，在图 6-7 中，A 点和 B 点之间夹角的余弦值是两点之间余弦距离。这两个点之间的参照点是原点，亦即 (0, 0)。但实际上，问题空间中的任何一点都可以作为参考数据点，它不必是原点。

k-means 聚类算法

k-means 聚类算法的名字源于该算法创建的集群个数 k，通过计算均值来发现数据点之间的靠近程度。该算法是相对简单的聚类方法，但是由于其良好的扩展性和较快的运行速度而被广泛使用。从算法角度看，k-means 聚类用一种迭代逻辑来不断移动集群中心，直到这些集群中心反映出其所属分组的最具代表性的数据点。

值得注意的是，k-means 算法缺少聚类所需的一项非常基本的功能，亦即它不能为给定数据集确定出最合适的集群数量。最合适的集群数量 k 依赖于特定数据集中自然分组的数量。略去寻找最合适的 k，这种做法背后的哲学是保持算法尽可能简单，以此来最大化算法的性能。这种折中性设计使得 k-means 算法适合于规模较大的数据集。k-means 算法假设最合适的 k 值可以用外部机制来计算。确定 k 的最佳方法取决于待求解问题的特征。在某些情况下，k 直接由聚类问题的上下文确定。比如，如果我们想把数据科学专业一个班级的学生分成两个集群，一个具备数据科学技能而另一个具备编程技能，则此时 k 等于 2。另有一些其他问题，k 的取值可能并非一目了然。此时，必须使用迭代式试错程序或启发式规则算法来估计给定数据集最合适的集群数量。

k-means 聚类算法的逻辑

下面讨论 k-means 聚类算法的逻辑。我们逐一地进行讨论。

初始化

k-means 算法用一种距离度量方法来发现数据点之间的相似性或靠近程度，继而将数据项分组。使用 k-means 聚类算法前，需要选择最合适的距离测度。默认情况下可以使用欧氏距离。此外，如果数据集存在异常值，则需要设计一种机制来确定识别标准，并删除数据集中的异常值。

k-means 算法的步骤

k-means 算法的具体操作步骤如下：

步骤 1	选择集群的数量 k
步骤 2	在数据点中随机选取 k 个数据点作为集群中心
步骤 3	依据所选的距离测度，循环地计算问题空间中每个点到 k 个集群中心的距离。数据集规模较大时，该步骤可能比较耗时。比如说，如果数据集包含 10 000 个点且 k=3，则需要计算 30 000 次距离
步骤 4	将问题空间中每个数据点分配到距离它最近的集群中心
步骤 5	此时，问题空间中每个数据点都有一个指定的集群中心。但聚类工作仍未结束，因为初始集群中心是随机选择的。我们还需要验证当前随机选择的集群中心确实是每个集群的重心。为此，对 k 个集群中的每个集群，计算组成该集群的所有数据点的均值作为新的集群中心。该步骤解释了为什么将这个算法称为 k-means
步骤 6	如果集群中心在步骤 5 发生改变，则意味着需要为每个数据点重新分配其所属的集群。为此，我们回到步骤 3 重复计算。如果集群中心未发生移动或者达到了预先确定的停止条件（如最大迭代次数），则算法结束

图 6-8 展示了 k-means 算法在二维问题空间上的运行结果。

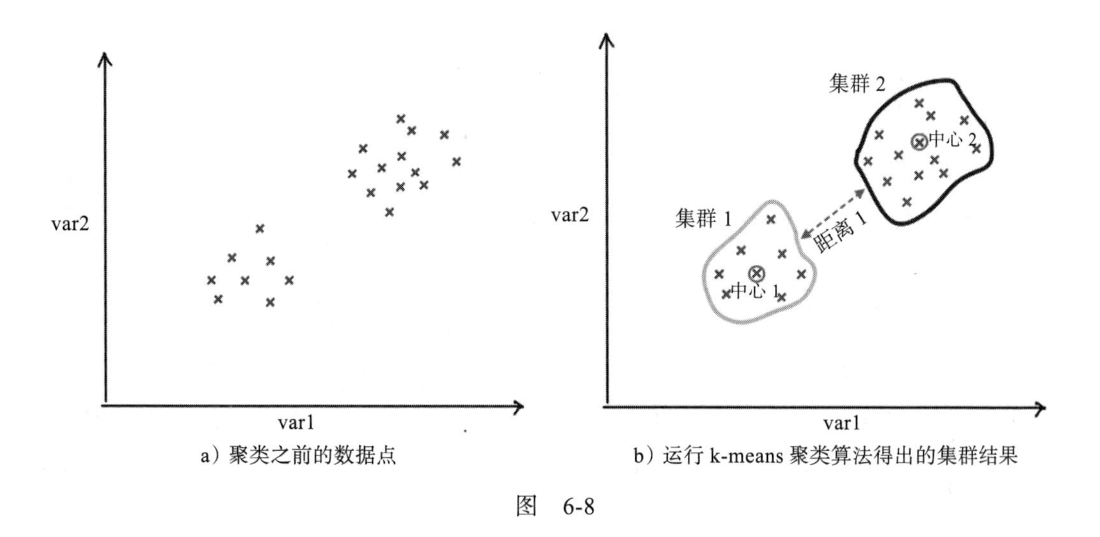

a）聚类之前的数据点　　b）运行 k-means 聚类算法得出的集群结果

图 6-8

注意，本例运行 k-means 得到了两个结果集群，它们很好地划分了数据。

终止条件

k-means 算法的默认终止条件是，集群中心在步骤 5 中不再发生移动。然而，同许多其他算法一样，k-means 算法可能需要花费大量时间才能收敛，在处理高维问题空间的大规模数据集时尤其如此。除等待算法收敛之外，我们还可以如下明确地定义终止条件：

- 通过指定最大运行时间：
  - **终止条件**：$t > t_{max}$，其中 t 是当前执行时间，t_{max} 是为算法设定的最大运行时间。
- 通过指定最大迭代次数：
  - **终止条件**：$m > m_{max}$，其中 m 是当前迭代次数，m_{max} 是为算法设置的最大迭代次数。

编写 k-means 聚类算法

我们看看如何在 Python 中编写 k-means 算法。

1. 我们先导入编写 k-means 算法需要的包。导入 `sklearn` 包，其中实现了 k-means 聚类。

```
from sklearn import cluster
import pandas as pd
import numpy as np
```

2. 为了使用 k-means 聚类，我们在二维空间中创建 20 个数据点，下面要对这些数据点进行 k-means 聚类。

```
dataset = pd.DataFrame({
    'x': [11, 21, 28, 17, 29, 33, 24, 45, 45, 52, 51, 52, 55, 53,
55, 61, 62, 70, 72, 10],
    'y': [39, 36, 30, 52, 53, 46, 55, 59, 63, 70, 66, 63, 58, 23,
14, 8, 18, 7, 24, 10]
})
```

3. 假设存在两个簇（$k = 2$），通过调用 *fit* 函数创建集群：

```
myKmeans = cluster.KMeans(n_clusters=2)
myKmeans.fit(dataset)
```

4. 我们创建一个名为 *centroid* 的变量，它是一个数组，用来保存所得集群的中心位置。在这个例子中，$k = 2$，数组的大小也就是 2。我们还要另外创建一个名为 *label* 的变量，它同样是数组，用来表示每个数据点被分配到两个集群中的哪一个集群。由于我们有 20 个数据点，所以数组的大小为 20：

```
centroids = myKmeans.cluster_centers_
labels = myKmeans.labels_
```

5. 打印输出两个数组 `centroids` 和 `labels`（见图 6-9）。

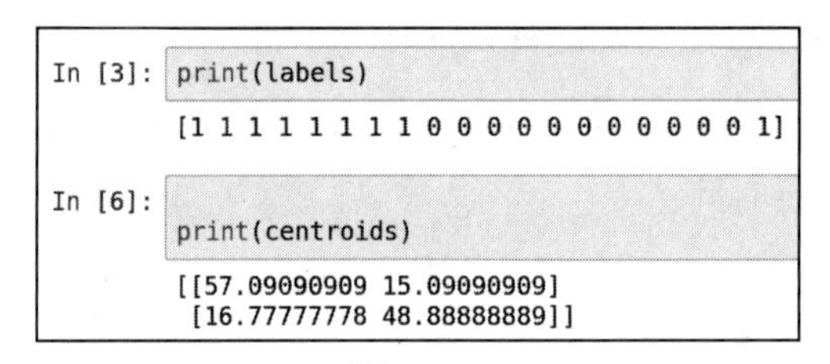

图 6-9

注意，第一个数组显示了每个数据点被分派的集群，第二个数组显示了两个集群中心。

6. 我们用 *matplotlib* 展示集群（见图 6-10）。

注意，图中较大的点就是 k-means 算法确定的集群中心。

k-means 算法的局限性

k-means 算法被设计为一种简单快速的算法。由于其设计意图的简单性，该算法存在以下局限性：

- k-means 聚类最大的局限性在于，必须预先确定集群的数量。
- 集群中心在初始时是随机指派的，这意味着每次运行算法时，可能给出稍微不同的集群。

- ❑ 每个数据点只分配给一个集群。
- ❑ k-means 算法对异常值敏感。

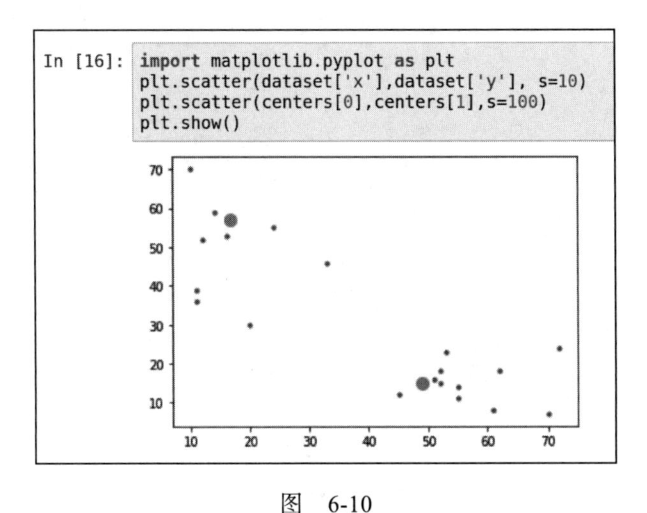

图 6-10

6.2.2 分层聚类

k-means 聚类采用了自顶而下的方法，因为该算法的运行开始于处理最重要的数据点，也就是集群中心。聚类算法还有另一种思路，不从顶端开始而从底端开始。这里，底端指的是问题空间中所有的独立数据点。这种算法从底端开始，在向上处理过程中不断将相似数据点归入同一分组，直到得到集群中心。分层聚类算法就是采用这种自底向上的方法，下面对此进行讨论。

分层聚类的步骤

分层聚类包含以下步骤：

1. 为问题空间中每个数据点创建一个单独的集群。例如，如果问题空间中有 100 个数据点，则分层聚类就从 100 个集群开始。

2. 将距离最接近的点归入同一分组。

3. 检查终止条件。如果终止条件尚未满足，则重复步骤 2。

分层聚类算法产生的聚类结构称为**树状图**（dendrogram）。

在树状图中，垂直线的高度取决于数据项之间的距离，如图 6-11 所示。

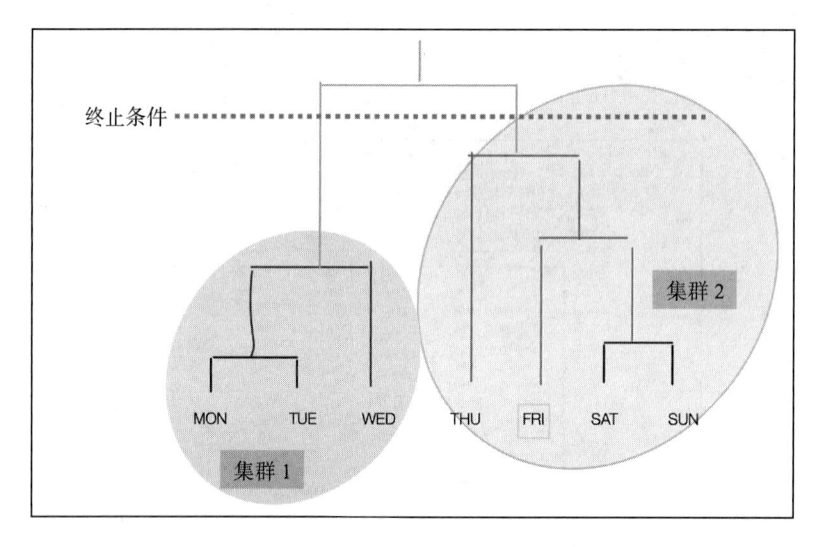

图 6-11

注意，终止条件在图 6-11 中用虚线表示。

编写分层聚类算法

我们学习如何用 Python 实现分层聚类算法。

1. 我们先从 sklearn.cluster 库中导入 AgglomerativeClustering 包，同时导入 pandas 包和 numpy 包：

```
from sklearn.cluster import AgglomerativeClustering
import pandas as pd
import numpy as np
```

2. 接下来，在二维空间中创建 20 个数据点：

```
dataset = pd.DataFrame({
    'x': [11, 21, 28, 17, 29, 33, 24, 45, 45, 52, 51, 52, 55, 53,
55, 61, 62, 70, 72, 10],
    'y': [39, 36, 30, 52, 53, 46, 55, 59, 63, 70, 66, 63, 58, 23,
14, 8, 18, 7, 24, 10]
})
```

3. 然后，为分层聚类算法指定超参数。我们使用 fit_predict 函数来处理算法：

```
cluster = AgglomerativeClustering(n_clusters=2,
affinity='euclidean', linkage='ward')
cluster.fit_predict(dataset)
```

4. 现在，观察每个数据点与创建的两个集群之间的关联（见图 6-12）。

```
In [3]:  1 print(cluster.labels_)
         [0 0 0 0 0 0 0 0 1 1 1 1 1 1 1 1 1 1 1 0]
```

图　6-12

可以看到，分层算法和 k-means 算法的集群指派非常相似。

6.2.3　评估聚类效果

高质量聚类算法的设计目标是，分属于不同集群的数据点应该具有良好的区分度。这也就意味着：

- 属于同一集群的数据点之间应该尽可能相似。
- 属于不同集群的数据点应该具有尽可能大的差异。

对于聚类效果，尽管可以先将集群结果可视化再利用人的直觉来评价，但也有一些数学方法可以量化评价集群质量。例如，轮廓系数分析可以用于比较 k-means 算法创建的集群之间的紧密性和分离性。轮廓系数分析用一幅图来展示一个特定集群中任意一点相较于相邻集群中其他点的紧密程度。它将为每个集群关联 [0, 1] 范围内的一个数值，其含义如下表所示：

范　围	含　义	描　述
0.71 ～ 1.0	完美	这意味着 k-means 聚类产生的各个分组彼此间具有很好的区分度
0.51 ～ 0.70	合理	这意味着 k-means 聚类得到的各个分组彼此间在某种程度上是可区分的
0.26 ～ 0.50	较差	这意味着 k-means 算法可以产生分组，但分组效果无法得到保证
<0.25	无效	根据选定的参数和使用的数据，k-means 聚类无法产生有效的分组

注意，问题空间中的每个集群都有一个单独的轮廓系数。

6.2.4　聚类算法的应用

聚类算法可以应用于需要发现数据集中底层模式的任何地方。在政府用例中，可以用于：

- 犯罪热点分析
- 人口社会分析

在市场研究领域，聚类算法可以用于：

- 市场划分

- 靶向广告
- 客户分类

主成分分析（Principal component analysis，PCA）同样也被应用于数据的一般性分析和实时数据（如股票交易）的去噪处理。

6.3 降维

每个数据特征都对应于问题空间的一个维度。通过最小化特征的数量来简化问题空间的方法称为**降维**。降维可以通过下面两种方法之一来实现：

- **特征选择**：为待求解问题选择一组重要特征。
- **特征聚合**：选用下列算法之一来组合两个或多个特征，以实现降维：
    - PCA：一种线性无监督机器学习算法
    - **线性判别分析**（linear discriminant analysis，LDA）：一种线性监督机器学算法
    - **核主成分分析**（kernel principal component analysis）：一类非线性算法

我们更深入地讨论一种流行的降维算法，即 PCA。

6.3.1 主成分分析

主成分分析是一种无监督机器学习技术，它通过线性变换来实现降维。在图 6-13 中，我们可以看到两个主成分，PC1 和 PC2，这两种成分显示了数据点分布的形态。PC1 和 PC2 这两种成分的系数可以用来重新表征数据点。

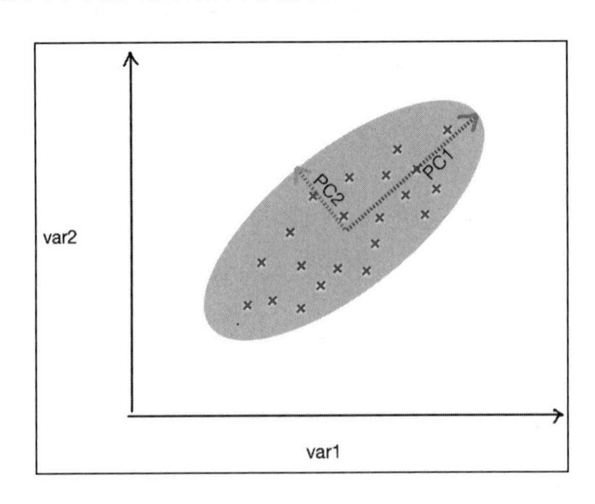

图 6-13

考虑如下代码：

```
from sklearn.decomposition import PCA
iris = pd.read_csv('iris.csv')
X = iris.drop('Species', axis=1)
pca = PCA(n_components=4)
pca.fit(X)
```

现在，我们打印 PCA 模型的系数（见图 6-14）。

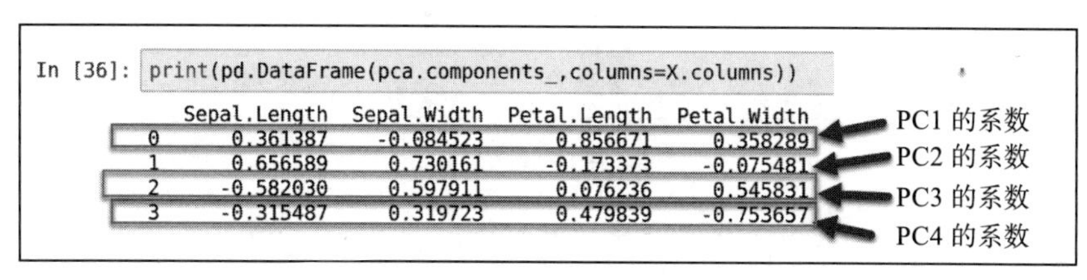

```
In [36]: print(pd.DataFrame(pca.components_,columns=X.columns))
```

	Sepal.Length	Sepal.Width	Petal.Length	Petal.Width
0	0.361387	-0.084523	0.856671	0.358289
1	0.656589	0.730161	-0.173373	-0.075481
2	-0.582030	0.597911	0.076236	0.545831
3	-0.315487	0.319723	0.479839	-0.753657

图 6-14

注意，原始数据帧有四个特征 Sepal.Length、Sepal.Width、Petal.Length 和 Petal.Width。图 6-14 给数据帧指定了四个主成分 PC1、PC2、PC3 和 PC4 的系数。例如，第一行指定了 PC1 的系数，这就给出了 PC1 代替原有的四个变量时对应的系数。

根据这些系数，我们可以为输入数据帧 X 计算主成分。

```
pca_df=(pd.DataFrame(pca.components_,columns=X.columns))

# Let us calculate PC1 using coefficients that are generated
X['PC1'] = X['Sepal.Length']* pca_df['Sepal.Length'][0] + X['Sepal.Width']*
pca_df['Sepal.Width'][0]+ X['Petal.Length']*
pca_df['Petal.Length'][0]+X['Petal.Width']* pca_df['Petal.Width'][0]

# Let us calculate PC2
X['PC2'] = X['Sepal.Length']* pca_df['Sepal.Length'][1] + X['Sepal.Width']*
pca_df['Sepal.Width'][1]+ X['Petal.Length']*
pca_df['Petal.Length'][1]+X['Petal.Width']* pca_df['Petal.Width'][1]

#Let us calculate PC3
X['PC3'] = X['Sepal.Length']* pca_df['Sepal.Length'][2] + X['Sepal.Width']*
pca_df['Sepal.Width'][2]+ X['Petal.Length']*
pca_df['Petal.Length'][2]+X['Petal.Width']* pca_df['Petal.Width'][2]

# Let us calculate PC4
X['PC4'] = X['Sepal.Length']* pca_df['Sepal.Length'][3] + X['Sepal.Width']*
pca_df['Sepal.Width'][3]+ X['Petal.Length']*
pca_df['Petal.Length'][3]+X['Petal.Width']* pca_df['Petal.Width'][3]
```

现在，打印在计算完 PCA 成分后的 X（见图 6-15）。

接下来，打印方差比，并尝试理解 PCA 的含义（见图 6-16）。

	Sepal.Length	Sepal.Width	Petal.Length	Petal.Width	PC1	PC2	PC3	PC4
0	5.1	3.5	1.4	0.2	2.818240	5.646350	-0.659768	0.031089
1	4.9	3.0	1.4	0.2	2.788223	5.149951	-0.842317	-0.065675
2	4.7	3.2	1.3	0.2	2.613375	5.182003	-0.613952	0.013383
3	4.6	3.1	1.5	0.2	2.757022	5.008654	-0.600293	0.108928
4	5.0	3.6	1.4	0.2	2.773649	5.653707	-0.541773	0.094610
...	...	...	...	...	...	...	...	...
145	6.7	3.0	5.2	2.3	7.446475	5.514485	-0.454028	-0.392844
146	6.3	2.5	5.0	1.9	7.029532	4.951636	-0.753751	-0.221016
147	6.5	3.0	5.2	2.0	7.266711	5.405811	-0.501371	-0.103650
148	6.2	3.4	5.4	2.3	7.403307	5.443581	0.091399	-0.011244
149	5.9	3.0	5.1	1.8	6.892554	5.044292	-0.268943	0.188390

图 6-15

```
In [37]: print(pca.explained_variance_ratio_)
         [0.92461872 0.05306648 0.01710261 0.00521218]
```

图 6-16

方差比表明了如下含义：

- 如果选择用 PC1 来代替原来的四个特征，则可以获得大约 92.3% 的原始变量的方差。我们未获取原始四个特征 100% 的方差，因此在用 PC1 代替原来的四个特征时引入了某种近似。
- 如果选择用 PC1 和 PC2 来代替原来的四个特征，则将会额外再获得原始变量 5.3% 的方差。
- 如果选择用 PC1、PC2 和 PC3 来代替原来的四个特征，则将再获得原始变量 0.017% 的方差。
- 如果用四个主成分来代替原来的四个特征，则将得到原始变量 100% 的方差（92.4+0.053+0.017+0.005）。但是，用四个主成分来代替原来的四个特征是没有意义的，因为我们根本没有减少维度，进而没有任何降维效果。

6.3.2 主成分分析的局限性

主成分分析的局限性如下：

- 主成分分析只能应用于连续变量，不能有效处理类别变量。
- 主成分分析在聚合维度时，对成分变量进行近似。它以精度为代价达到降维目的。在使用 PCA 之前，应仔细权衡降维和精度之间的利弊。

6.4 关联规则挖掘

模式是隐藏于特定数据集的宝藏，需要从数据集所含信息中被发现、理解和挖掘出来。有一些重要算法可用于对给定数据集展开模式分析。这些算法中比较流行的一种算法称为**关联规则挖掘**算法。关联规则算法有以下特性：

- 具有衡量模式频率的能力
- 具有在模式间建立因果关系的能力
- 具有量化模式有用性的能力，这种能力通过比较模式准确性和随机猜测来达成

6.4.1 实例

关联规则挖掘可以用于发现数据集上各个变量之间的因果关系，它有助于回答如下问题：

- 在湿度、云层厚度和温度中，哪些因素会导致明日有雨？
- 何种保险索赔属于欺诈？
- 药物的哪些组合可能导致患者出现并发症？

6.4.2 市场购物篮分析

第8章将会讨论推荐引擎。购物篮分析是学习推荐的一种简单方式。在购物篮分析中，数据集所含信息仅表明哪些商品被同时购买，而不包含用户的任何信息，也未包含用户是否喜欢某个物品的信息。注意，相比于商品评级数据，这种数据更容易获得。

比如说，我们在沃尔玛购物时就产生了这种数据，它不需要任何特殊技术就可以被获取。在一段时间内收集到的这种数据称为**交易数据**（transactional data）。将关联规则分析应用于便利店、超市、快餐连锁店中购物车产生的交易数据集，这种分析称为**市场购物篮分析**。它计算同时购买一组商品的条件概率，用于帮助人们回答如下所示问题：

- 货架上物品的最佳摆放位置是什么？
- 商品应该如何呈现于销售目录中？
- 如何根据用户的购买模式来决定向其推荐何种商品？

市场购物篮分析能够评估商品间的关系，因而常应用于大众市场销售，如超市、便利店、药店和快餐连锁店。市场购物篮分析的优点在于，其所得结果几乎是可以自我解释的。这意味着购物篮分析的结果很容易被顾客理解。

我们把超市当作典型案例。超市中所有的商品构成了一个集合 $\pi=\{$商品$_1$，商品$_2,\cdots$，商品$_m\}$。因此，如果超市销售 500 种商品，则集合的规模就为 500。

顾客从超市购买商品。每当有人购买一件商品并在柜台付款后，该商品就被添加到该交易的商品集合中，这个商品集合称为**商品**（itemset）。特定时间段内的所有交易构成一个交易集合，将它表示为 $\Delta=\{t_1, t_2, \cdots, t_n\}$。

我们观察一下仅由四个交易组成的一个简单的交易数据集，这些交易汇总到下表中：

t_1	球门，球垫
t_2	球棒，球门，球垫，头盔
t_3	头盔，球
t_4	球棒，球垫，头盔

我们更细致地讨论一下这个例子：

$\pi=\{$球棒，球门，球垫，头盔，球$\}$，这个集合给出了超市售卖的所有商品。

我们观察 Δ 中的一个具体交易 t_3。注意，t_3 购买的所有商品构成商品集 {头盔，球}。这表明，顾客购买了两个商品，商品集的大小为 2。

6.4.3 关联规则

关联规则以数学形式描述交易中各个商品之间的关系。具体地讲，就是将两个商品集之间的关系描述为 $X \Rightarrow Y$，$X \subset \pi$，$Y \subset \pi$ 的形式，其中 X 和 Y 是不相交的商品集，也就是说 $X \cap Y=\varnothing$。

关联规则可以描述为如下形式：

$$\{头盔，球\} \Rightarrow \{自行车\}$$

这里，{头盔，球}是 X，{自行车}是 Y。

规则的类型

运行关联分析算法通常会从交易数据集中生成大量规则，其中大部分都没有用。为了选出能够产生有用信息的规则，我们将规则分为以下三种类型：

- 平凡规则
- 难释义规则
- 可操作规则

接下来详细描述每种类型。

平凡规则

生成规则时许多派生的规则都是无用的，因为它们仅总结了相关交易的常识。我们将这些规则称为平凡规则（trivial rule）。平凡规则尽管置信度很高，但这些规则仍然没有什么用处，并且不能用于基于数据驱动的决策。这些规则可以被直接忽略。

下面展示了平凡规则的一些实例：

- 任何人从高层建筑上跳下时都很可能死亡。
- 努力学习才能在考试中取得好成绩。
- 随着气温下降，热水器销量上升了。
- 在高速公路上开车时超速行驶会增大事故发生的概率。

难释义规则

在关联规则算法运行后产生的规则中，难以解释的规则很难应用。规则应该有助于发现和解释新模式，并且这种模式应该是某种行动的动因，这样的规则才是有用的。否则，我们无法解释为什么事件 X 导致事件 Y，这个规则就是莫名其妙的。这种规则仅仅是一个数学公式，它刻画了两个无关而独立的事件之间毫无意义的关系。

下面给出了难释义规则的几个实例：

- 穿红衣服的人往往在考试中能得高分。
- 绿色自行车更容易被盗窃。
- 买腌菜的人也会买尿布。

可操作规则

可操作规则正是我们要寻找的黄金规则。这些规则容易被人理解且能够深刻地解释业务。熟悉业务领域的人遇事时能够借助这种规则给出事件发生的可能原因。例如，可操作规则可以依据当前的购买模式建议商家在商店的特定位置摆放特定的商品。它还能依据哪些物品倾向于会被一起购买来建议把相应物品摆放到一起，以此来最大限度增加这些物品的销量。

下面的例子给出了两个可操作规则和与之对应的行动：

规则 1：向用户的社交媒体账户展示广告会提高销售额

可采取的行动：采用广告的方式推广产品

规则 2：创造更多的价格点可以增加销售

可采取的行动：通过广告对一件商品降价促销，同时提高另一件商品的价格。

6.4.4 排序规则

关联规则有三种衡量方式：

- 支持度
- 置信度
- 提升度

我们更详细地讨论它们。

支持度

支持度用一个数值来量化所寻找的模式在数据集中出现的频率。支持度的计算要先统计感兴趣的模式出现的总次数，再除以所有交易的总数。

下面的公式给出了为特定商品集 itemset_a 计算支持度的过程：

$$\text{numItemset}_a = \text{含有 itemset}_a \text{ 的交易总数}$$

$$\text{num}_{\text{总}} = \text{交易总数}$$

$$\text{support}(\text{itemset}_a) = \frac{\text{numItemset}_a}{\text{num}_{\text{总}}}$$

单纯查看支持度的大小，就可以了解模式在数据中的罕见程度。支持度较低意味着我们正在关注一件较为罕见的事件。

例如，如果 itemset_a = { 头盔，球 } 且该商品集在 6 次交易中出现了 2 次，则该商品集的支持度 =2/6=0.33。

置信度

置信度用数值来量化规则左部（X）和规则右部（Y）关联到一起的强度，它是如下条件概率的计算结果：在事件 X 已经发生的条件下，事件 X 导致事件 Y 发生的概率。

考虑规则的数学形式：$X \Rightarrow Y$。

这个规则的置信度表示为 $\text{confidence}(X \Rightarrow Y)$，计算方法如下：

$$\text{confidence}(X \Rightarrow Y) = \frac{\text{support}(X \cup Y)}{\text{support}(X)}$$

下面用实例来说明。考虑如下规则：

{ 头盔，球 }⇒{ 球门 }

这个规则的置信度通过如下公式计算：

$$\text{confidence}(\text{头盔，球} \Rightarrow \text{球门}) = \frac{\text{support}(\text{头盔，球} \cup \text{球门})}{\text{support}(\text{头盔，球})} = \frac{\frac{1}{6}}{\frac{2}{6}} = 0.5$$

这个结果说明，如果某人购买了{头盔，球}，则他有50%的概率会同时购买球门。

提升度

提升度是另一种衡量关联规则质量的方法。提升度用一个数值来量化，关联规则整体的预测结果相比于规则右部的预测结果的提升程度。如果商品集 X 和 Y 是独立的，则对应的提升度计算方法为：

$$\text{Lift}(X \Rightarrow Y) = \frac{\text{support}(X \cup Y)}{\text{support}(X) \times \text{support}(Y)}$$

6.4.5　关联分析算法

我们这里讨论两个用于关联分析的算法。

- **apriori 算法**：由阿格鲁瓦（Agrawal，R.）和斯里坎特（Srikant）于1994年提出。
- **频繁模式增长算法**：由韩家炜等人于2001年提出。

下面详细讨论这两种算法：

apriori 算法

apriori 算法是一种用于生成关联规则的迭代式多阶段算法，它是一种生成–测试法。apriori 算法在运行前需要定义两个变量，$\text{support}_{\text{threshold}}$ 和 $\text{confidence}_{\text{threshold}}$。

算法由如下两个阶段构成：

- **候选商品集生成阶段**：生成候选商品集，计算结果包含支持度超过 $\text{support}_{\text{threshold}}$ 的所有商品集。
- **过滤阶段**：过滤删除置信度低于 $\text{confidence}_{\text{threshold}}$ 的所有规则。

过滤后，得到的规则就是结果。

apriori 算法的局限性

apriori 算法的主要瓶颈是生成候选规则的阶段1。例如，π = {商品$_1$，商品$_2$，…，商品$_m$}可以产生 2^m 个商品集。由于算法的多阶段设计，该算法要先生成这些商品集，然后再找出频繁商品集。这个局限性是严重的性能瓶颈，使得 apriori 算法不适于处理特征较多的数据集合。

频繁模式增长算法

频繁模式增长算法（FP-growth Algorithm）是对 apriori 算法的改进。算法始于从频繁交易构造频繁模式树（PF-tree），这是一种有序树。算法由如下两步构成：

- ❑ 填充频繁模式树
- ❑ 挖掘频繁模式

我们依次讨论这些步骤。

填充频繁模式树

考虑下表中给出的交易数据。我们先将其表示为一个稀疏矩阵：

编 号	球 棒	球 门	球 垫	头 盔	球
1	0	1	1	0	0
2	1	1	1	1	0
3	0	0	0	1	1
4	1	0	1	1	0

接下来，计算每个商品的频率，然后按照频率递减排序。

商 品	频 率
球垫	3
头盔	3
球棒	2
球门	2
球	1

现在，我们依据频率重新排列每个交易中的数据项：

编 号	原商品	排序商品
t_1	球门，球垫	球垫，球门
t_2	球棒，球门，球垫，头盔	头盔，球垫，球门，球棒
t_3	头盔，球	头盔，球
t_4	球棒，球垫，头盔	头盔，球垫，球棒

构建频繁模式树的第一步是为其构造第一个分支。频繁模式树始于**空**（Null）树根。树中的每个节点表示一个数据项，如图 6-17 所示（给出了 t_1 的树形表示）。注意，每个节点的标签是数据项的名称，其频率附加在冒号之后。比如，商品**球垫**的频率是 1。

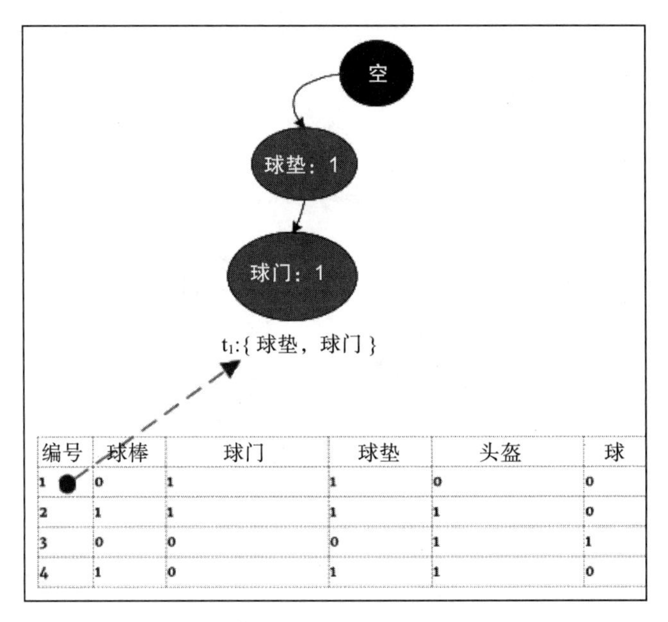

图　6-17

按照同样的方法，画出其他四个交易在频繁模式树中对应的分支，就得到了完整的频繁模式树。它有四个叶节点，每个叶节点表示一个与四个交易相关的商品集。注意，我们需要计算每个商品的频率，并且在多次使用时需要增加频率。例如，在频繁模式树中添加交易 t_2 时，**头盔**的频率增大为 2。类似地，当加入交易 t_4 时，**头盔**的对应频率增大为 3。最终的频繁模式树如图 6-18 所示。

注意，我们生成的频繁模式树是一棵有序树。

挖掘频繁模式

频繁模式增长算法的第二阶段是从频繁模式树中挖掘出频繁模式。创建有序树旨在创建一个高效的数据结构，以便轻松搜索出频繁出现的模式。

我们从叶节点（终端节点）开始向上移动。比如，我们从叶节点**球棒**开始，然后需要计算**球棒**的条件模式基。条件模式基的计算方法是，给出指定叶商品节点到顶端的所有路径。**球棒**的条件模式基如下所示：

球门：1	球垫：1	头盔：1
球垫：1	头盔：1	

球棒的**频繁模式**如下所示：

{ 球门，球垫，头盔 }：球棒

{ 球垫，头盔 }：球棒

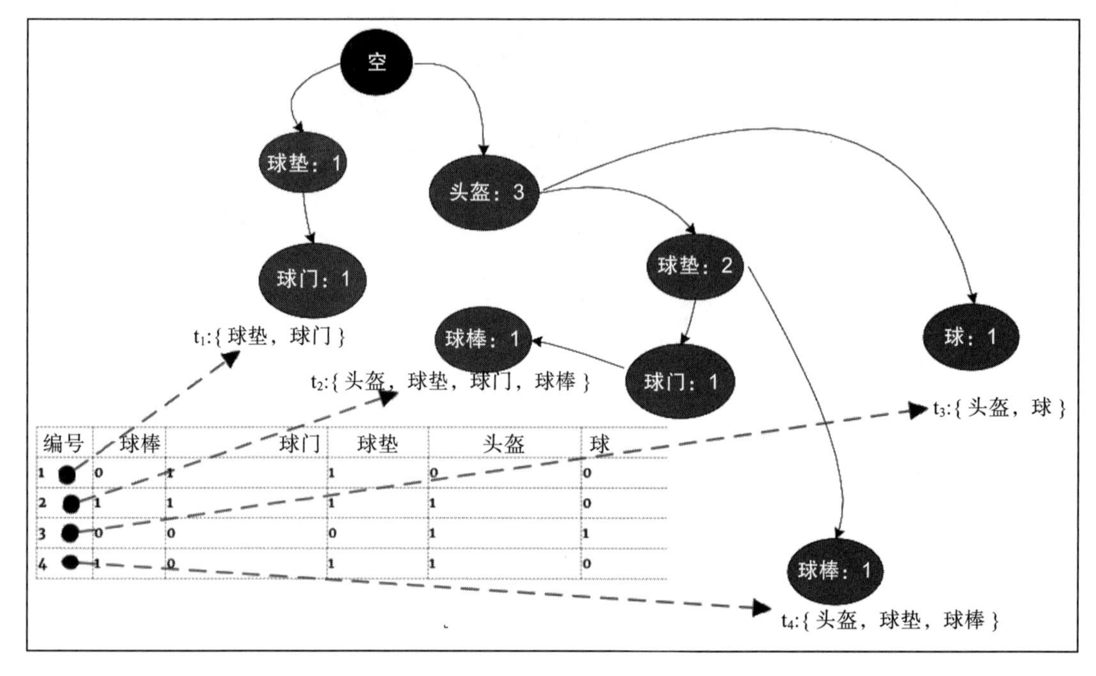

图 6-18

编写代码来运用频繁模式增长算法

下面用 Python 编写代码，运用频繁模式增长算法来生成关联规则。为此，我们使用 pyfpgrowth 包。如果你之前没有使用过 pyfpgrowth 包，则需要先安装它：

```
!pip install pyfpgrowth
```

然后，我们导入实现该算法所需要的包：

```
import pandas as pd
import numpy as np
import pyfpgrowth as fp
```

接下来，用 transactionSet 格式创建输入数据：

```
dict1 = {
 'id':[0,1,2,3],
 'items':[["wickets","pads"],
 ["bat","wickets","pads","helmet"],
 ["helmet","pad"],
 ["bat","pads","helmet"]]

}
transactionSet = pd.DataFrame(dict1)
```

生成了输入数据之后，我们要根据传入 find_frequent_patterns() 的参数来生成模式。注意，这里传入的第二个参数是最低支持度，此处是 1：

```
patterns = fp.find_frequent_patterns(transactionSet['items'],1)
```

模式已经生成。接下来，打印得到的模式。模式列表给出了商品组合及其频率（如图 6-19 所示）。

```
In [39]: patterns

Out[39]: {('pad',): 1,
          ('helmet', 'pad'): 1,
          ('wickets',): 2,
          ('pads', 'wickets'): 2,
          ('bat', 'wickets'): 1,
          ('helmet', 'wickets'): 1,
          ('bat', 'pads', 'wickets'): 1,
          ('helmet', 'pads', 'wickets'): 1,
          ('bat', 'helmet', 'wickets'): 1,
          ('bat', 'helmet', 'pads', 'wickets'): 1,
          ('bat',): 2,
          ('bat', 'helmet'): 2,
          ('bat', 'pads'): 2,
          ('bat', 'helmet', 'pads'): 2,
          ('pads',): 3,
          ('helmet',): 3,
          ('helmet', 'pads'): 2}
```

图　6-19

接下来，生成规则如图 6-20 所示。

```
In [22]: rules = fp.generate_association_rules(patterns,0.3)
         rules

Out[22]: {('helmet',): (('pads',), 0.6666666666666666),
          ('pad',): (('helmet',), 1.0),
          ('pads',): (('helmet',), 0.6666666666666666),
          ('wickets',): (('bat', 'helmet', 'pads'), 0.5),
          ('bat',): (('helmet', 'pads'), 1.0),
          ('bat', 'pads'): (('helmet',), 1.0),
          ('bat', 'wickets'): (('helmet', 'pads'), 1.0),
          ('pads', 'wickets'): (('bat', 'helmet'), 0.5),
          ('helmet', 'pads'): (('bat',), 1.0),
          ('helmet', 'wickets'): (('bat', 'pads'), 1.0),
          ('bat', 'helmet'): (('pads',), 1.0),
          ('bat', 'helmet', 'pads'): (('wickets',), 0.5),
          ('bat', 'helmet', 'wickets'): (('pads',), 1.0),
          ('bat', 'pads', 'wickets'): (('helmet',), 1.0),
          ('helmet', 'pads', 'wickets'): (('bat',), 1.0)}
```

图　6-20

每个规则都由左部和右部组成，中间利用冒号隔开。这里，我们同样给出了规则在输入数据集上的支持度。

6.5　实例——聚类相似推文

无监督机器学习同样也可以用于实时地聚类相似的推文。这需要执行以下操作：

- 步骤 1：**主题建模**，从给定的推文集合中发现各种主题。

- ❑ 步骤 2：**聚类**，将每篇推文关联到一个已发现的主题上。

无监督学习的使用如图 6-21 所示。

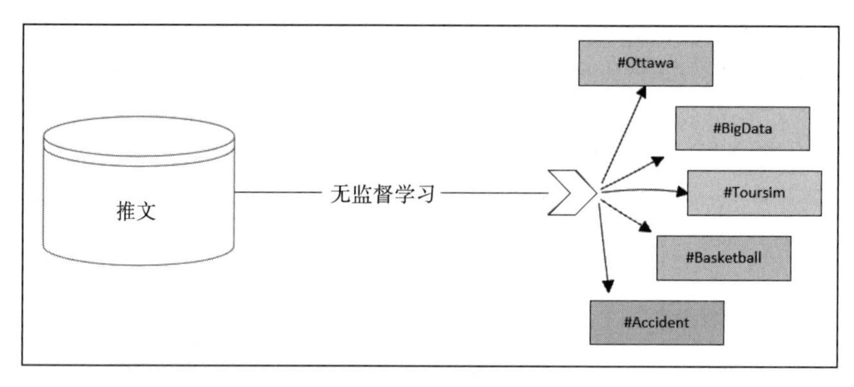

图 6-21

> 注意，本例需要对输入数据进行实时处理。

下面逐个讨论这些步骤。

6.5.1 主题建模

主题建模是指从文档集合中发现可用于区分各文档的概念的过程。在推文聚类这个例子中，主题建模就是要找出最恰当的主题用于对推文分类。潜在狄利克雷分配（Latent Dirichlet Allocation）是一种流行的主题建模算法。由于每条推文不超过 144 个字符，并且通常有一个特定的主题。我们可以编写一个简单的算法来进行主题建模。算法描述如下：

1. 标记推文。
2. 预处理数据，亦即删除停止符、数字、符号，并且执行词干分析。
3. 创建词文矩阵（Term-Document-Matrix，TDM）。选择推文中出现频率最高的 200 个词。
4. 选出直接或间接代表一个概念或者主题的 10 个单词。比如说 Fashion、New York、Programming、Accident。这 10 个词是我们现在成功发现的主题，这些主题将会用作集群中心。

接下来，我们进入聚类步骤。

6.5.2 聚类

找出不同的主题之后，我们将它们选作集群的中心。由此，我们可以运行 k-means 聚类算法，该算法将每条推文关联到一个集群中心。

于是，所有推文被划分为不同主题，这就完成了聚类这一步。

6.6　异常检测算法

字典将异常定义为不同、反常、特殊或者不容易归类。异常是指对一般规则的背离。在数据科学中，异常是指与预期模式有很大偏差的数据点。寻找这种异常点的技术称为异常检测技术。

异常检测的一些实际应用如下：

- 信用卡诈骗
- 在**磁共振成像**（MRI）扫描中发现恶性肿瘤
- 集群故障预防
- 替考
- 高速公路事故

后面，我们将看到各种异常检测技术。

6.6.1　基于聚类的异常检测

k-means 等聚类算法能够将相似数据点分组在一起。可以定义一个阈值，超过该阈值的任何点都可以归类为异常。这种方法的问题在于 k-means 聚类产生的分组本身可能会因为异常数据点的存在而有所偏差，这可能影响方法的有用性和准确性。

6.6.2　基于密度的异常检测

基于密度的方法试图找到密集的数据聚集区。**k 近邻**（kNN）算法可以用于此目的。远离已经发现的数据聚集区的数据点被标记为异常。

6.6.3　基于支持向量机的异常检测

支持向量机（SVM）可以用来学习数据点的边界。任何超出已发现边界的数据点都可以判定为异常。

6.7 小结

本章讨论了很多种无监督机器学习技术，探讨了降维在哪些情况下有助于问题求解，并给出了各种降维方法，还讨论了无监督机器学习技术的非常有用的实例，包括市场购物篮分析和异常检测。

下一章学习多种监督学习技术。我们从线性回归开始，然后讨论更多更复杂的监督机器学习技术，例如决策树算法、支持向量机和 XGBoost 等。我们还会讨论最适于非结构文本数据的朴素贝叶斯算法。

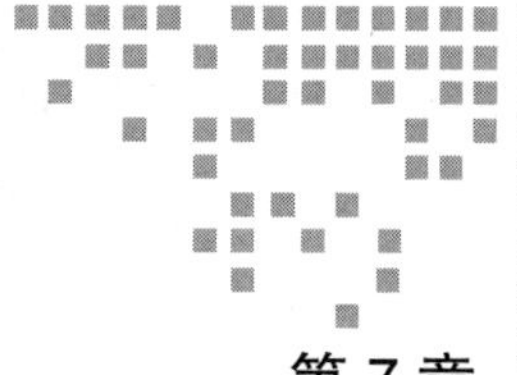

第7章 Chapter 7

传统监督学习算法

本章着重讨论监督机器学习算法，它是现代算法中最重要的类型之一。监督机器学习算法的特点是用标记后的数据来训练模型。本书将监督机器学习算法分为两章。本章讨论所有的传统监督机器学习算法，而不讨论神经网络算法。下一章讨论如何用神经网络来实现监督机器学习算法。事实上，随着这一领域的不断发展，神经网络已成为一个复杂的主题，需要单列一章。

因此，本章是关于监督机器学习算法两部分中的第一部分。我们先讨论监督机器学习的基本概念。然后，讨论两类监督机器学习模型——分类器和回归器。为了展示各种分类器的能力差异，我们先提出一个现实问题作为挑战，然后用六种不同的分类算法来求解该问题。之后，我们讨论回归算法。我们提出一个类似的待求解问题，然后用三种回归算法来求解该问题。最后，我们比较求解结果，以帮助总结本章中讨论的概念。

本章的总体目标就是让你了解不同类型的监督机器学习技术，并理解对某种类型的问题而言什么才是最好的监督机器学习技术。

我们首先讨论监督机器学习背后的基本概念。

7.1 理解监督机器学习

机器学习致力于使用数据驱动的方法来创建能够帮助我们在有人或无人监督的情况下做出决策的自主系统。为了创建这种自主系统，机器学习使用各种算法和方法来发现数据中的可复用的模式。机器学习中最流行和最强大的方法之一是监督机器学习方法。监督学习算法有一组输入和与之对应的输出，这组输入也被称为**特征**，而相应的输出则被称作**目标变量**。监督机器学习算法利用给定的数据集训练一个模型，以捕捉特征和目标变量之间的复杂关系，并将捕获的关系表达为数学公式。这个经过训练的模型是用于预测的基本工具。

预测就是利用经过训练的模型为给定的一组特征生成对应的目标变量取值。

监督学习从给定数据中进行学习的能力类似于人脑从经验中进行学习的能力。监督学习的学习能力借鉴了人脑的学习特性，这正是为机器开启决策能力和智能之门的基本方式。

让我们思考一个例子。我们希望用监督机器学习技术来训练一个模型，以便用模型将电子邮件分为合法邮件（标记为 legit）和垃圾邮件（标记为 spam）。首先，为了实现这个想法，我们需要已经分类过的邮件实例，来帮助机器理解什么样的邮件应该被归类为垃圾邮件。这种文本数据上基于内容的学习任务是一个复杂的过程，它可以用一种监督机器学习算法来实现。适于为这个例子训练模型的监督机器学习算法包括决策树和朴素贝叶斯分类器，本章就此进行讨论。

7.1.1 描述监督机器学习

在深入了解监督机器学习算法的细节之前，我们先定义监督机器学习中的一些基本术语：

术　语	解　释
目标变量	目标变量是模型需要预测的变量。 监督机器学习模型只能有一个目标变量
标签	如果要预测的目标变量是一个类别变量，则它被称为标签
特征	用于标签预测的输入变量集统称为特征
特征工程	为选定的监督机器学习算法整理特征并将它们转化为模型的输入格式，这一过程称作特征工程
特征向量	向监督机器学习算法提供输入之前，所有的特征都被组合在一个数据结构中，这个数据结构被称为特征向量
历史数据	用来建立目标变量和特征之间关系的过去数据称为历史数据。历史数据提供了实例
训练数据 / 测试数据	带有实例的历史数据被分为两部分：一部分是较大的数据集，称为训练数据；另一部分是较小的数据集，称为测试数据

（续）

术　语	解　释
模型	捕获目标变量和特征之间关系模式的数学公式就是对应的模型
训练	用训练数据集构建模型
测试	用测试数据集评估训练后的模型的质量
预测	用模型来预测目标变量

训练后的监督机器学习模型能够依据特征来预测目标变量。

下面给出本章讨论机器学习技术时用到的记号：

变　量	含　义
y	实际的标签
y'	预测的标签
d	实例的总数
b	训练实例的数量
c	测试实例的数量

现在，我们看看这些术语如何用于实践表述中：

前面已经指出，特征向量是存储了所有特征的数据结构。

如果特征数量为 n，训练实例个数为 b，则 X_train 表示训练特征向量，它的每一行表示一个实例。

训练数据集的特征向量表示为 X_train。如果训练数据集中有 b 个实例，则 X_train 有 b 行。如果训练数据集中有 n 个变量，则 X_train 有 n 列。因此，X_train 维数是 $n \times b$，如图 7-1 所示。

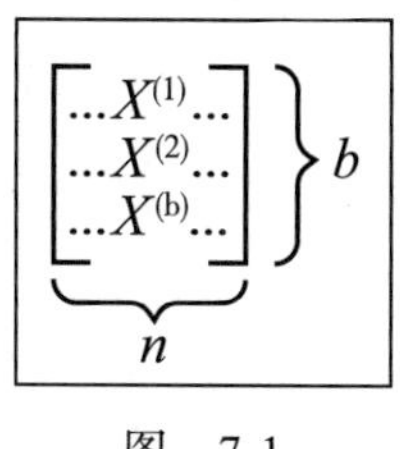

图　7-1

现在，假设我们有 b 个训练实例和 c 个测试实例，一个特定的训练样本用 (X, y) 表示。我们用上标来标识训练集中的每个训练实例。

于是，标记后的数据集表示为：$D = \{(X^{(1)}, y^{(1)}), (X^{(2)}, y^{(2)}), \cdots, (X^{(d)}, y^{(d)})\}$

我们将 D 划分为 D_{train} 和 D_{test} 两部分。

因而，我们的训练集可以表示为：$D_{\text{train}} = \{(X^{(1)}, y^{(1)}), (X^{(2)}, y^{(2)}), \cdots, (X^{(b)}, y^{(b)})\}$。

训练模型的目标是，在训练集中的任意实例上，模型预测的目标值尽可能地接近实际值。或者说，$y'(i) \approx y(i)$，$1 \leqslant i \leqslant b$。

继而，测试集表示为 $D_{\text{test}} = \{(X^{(1)}, y^{(1)}), (X^{(2)}, y^{(2)}), \cdots, (X^{(c)}, y^{(c)})\}$。

目标变量的值用向量表示为 $Y = \{y^{(1)}, y^{(2)}, \cdots, y^{(m)}\}$。

7.1.2 理解使能条件

监督机器学习建立在算法有能力用实例来训练模型的基础之上。监督机器学习算法需要满足一定的使能条件才能发挥作用。这些使能条件如下所示：

- **足够的实例**：监督机器学习算法需要足够的实例来训练模型。
- **历史数据中的模式**：用于训练模型的实例需要包含某种模式。我们感兴趣的事件的发生应依赖于模式、趋势和事件的组合。没有这些，我们处理的就仅仅是随机数据，它们不能用于训练模型。
- **有效的假设**：用实例来训练监督学习模型时，我们希望用于实例的假设在将来同样是有效的。我们看一个实例。如果我们为政府训练一个机器学习模型，用于预测学生获得签证的可能性，则我们需要保证当这个模型应用于预测时相关法律和政策不会改变。如果相关法律法规在模型训练后被改变了，则模型在应用之前需要进行再训练，以融入这些变化后的新信息。

7.1.3 区分分类器和回归器

机器学习模型的目标变量既可以是类别变量，也可以是连续变量。目标变量的类型决定了机器学习模型的类型。从基本上讲，我们有两类监督机器学习模型：

- **分类器**：如果目标变量是类别变量，则机器学习模型称为分类器。分类器可以用于求解如下所示的问题：
  - 这种异常生长的组织是恶性肿瘤吗？
  - 根据当前的天气情况，明天会下雨吗？
  - 根据申请人的个人资料，他们的按揭申请是否会获得批准？
- **回归器**：如果目标变量是一个连续变量，则我们训练的是回归器。回归器可用于回答如下所示的问题：
  - 根据目前的天气情况，明天会下雨多长时间？

❍ 在给定房屋特征后，房屋的价格会是多少？

接下来，我们进一步学习分类器和回归器。

7.2 理解分类算法

如果监督机器学习模型的目标变量是类别变量，则该模型被归类为分类器：

- ❑ 目标变量称为**标签**
- ❑ 历史数据称为**标记数据**
- ❑ 需要进行预测的数据称为**未标记数据**

分类算法的真正能量在于它具备了用训练后的模型来准确地标注未标记数据的能力。特定的业务问题会采用分类器来预测未标记数据的标签。

在讨论分类算法细节之前，我们先为分类算法引入一个挑战性问题，然后用六种不同的算法来求解这个问题，以便于比较各种算法的思想、方法和性能。

7.2.1 分类器挑战性问题

我们先给出一个问题，用来作为测试六种不同的分类算法的公共挑战。本章将这个公共问题称为分类器挑战性问题。用要讨论的所有六个分类器来求解同一个问题，将有助于我们完成如下两件事情：

- ❑ 所有的输入变量会被预处理，并封装成一个称为特征向量的复杂数据结构。使用相同的特征向量有助于避免为所有六种算法重复准备数据。
- ❑ 使用相同的特征向量作为输入有助于比较不同算法的性能。

分类器挑战性问题要预测顾客购买商品的可能性。在零售业，更好地理解顾客行为有助于最大化销售量。理解顾客行为可以通过分析顾客历史数据中的模式来实现。下面给出问题描述。

问题描述

给定顾客购买行为的历史数据，我们能否训练一个二分类器，用于根据用户信息来预测该顾客是否会购买某个产品？

首先，我们讨论用于求解该问题的可用标记数据集：

$$x \in \Re^b, y \in \{0, 1\}$$

对于具体的数据实例，如果 $y = 1$，则称之为正例；如果 $y = 0$，则称之为反例。

虽然正例和反例可以随意定义，但是我们通常将感兴趣的类别定义为正例。例如，如果我们要从银行的交易数据中标记诈骗交易，则欺诈实例应定义为正例（y=1）而不是反例（y=0）。

接下来继续：

- 实际的标签用 y 来表示
- 预测的标签用 y' 来表示

注意，在分类器挑战性问题中，数据实例的标签用 y 来表示。如果有人购买了产品，则 y=1。预测结果的标签用 y' 表示。输入特征向量 x 的维度是 4。我们需要确定在给定特定输入的情况下用户购买产品的概率是多少。

因此，我们的问题是，在给定特征向量 x 的值时，预测 y=1 的概率。在数学上，这可以表示为：

$$y' = P(y = 1 \mid x)\text{：其中 } x \in \Re^{nx}$$

现在，我们看看如何在特征向量 x 中处理和组合不同的输入变量。下面将会更加详细地讨论如何使用数据处理管道来组装 x 的不同部分。

用数据处理管道实施特征工程

为选定的机器学习算法准备数据的过程称为**特征工程**，特征工程是机器学习生命周期中至关重要的一部分。特征工程在不同的阶段完成。用于处理数据的多阶段处理代码统称为**数据管道**。用标准处理步骤创建数据管道可以增强其可重用性，并减少训练模型所需的工作。通过使用经过测试的软件模块，代码的质量也可以有所提高。

下面讨论如何为分类器挑战性问题设计一个可重用的处理管道。如前所述，我们将一次性准备数据，然后应用于所有的分类器。

导入数据

该问题的历史数据用 .csv 格式存储在名为 dataset 的文件中。我们使用 pandas 的 `pd.read_csv` 函数来导入数据，并生成数据帧：

```
dataset = pd.read_csv('Social_Network_Ads.csv')
```

特征选择

选择与待求解问题相关的特征过程，这一过程称为**特征选择**。它是特征工程的重要组成部分。

文件导入后，我们删掉`User ID`列。该列用于标识各个用户，在训练模型时应该被排除在外：

```
dataset = dataset.drop(columns=['User ID'])
```

现在，预览数据集：

```
dataset.head(5)
```

数据集如图7-2所示。

	Gender	Age	EstimatedSalary	Purchased
0	Male	19	19000	0
1	Male	35	20000	0
2	Female	26	43000	0
3	Female	27	57000	0
4	Male	19	76000	0

图 7-2

接下来，我们讨论如何进一步处理输入数据。

独热编码

许多机器学习算法要求所有特征都是连续变量。这意味着，如果某些特征是类别变量，则需要找到一种策略将其转化为连续变量。独热编码（one-hot encoding）是完成这种转换最有效的方法之一。在分类器挑战性问题中，唯一一个类别变量是`Gender`，用独热编码将其转化为连续变量，如下所示：

```
enc = sklearn.preprocessing.OneHotEncoder()
enc.fit(dataset.iloc[:,[0]])
onehotlabels = enc.transform(dataset.iloc[:,[0]]).toarray()
genders = pd.DataFrame({'Female': onehotlabels[:, 0], 'Male':
onehotlabels[:, 1]})
result = pd.concat([genders,dataset.iloc[:,1:]], axis=1, sort=False)
result.head(5)
```

转化之后，我们再次查看数据集（见图7-3）。

	Female	Male	Age	EstimatedSalary	Purchased
0	0.0	1.0	19	19000	0
1	0.0	1.0	35	20000	0
2	1.0	0.0	26	43000	0
3	1.0	0.0	27	57000	0
4	0.0	1.0	19	76000	0

图 7-3

注意，将类别变量转化为连续变量时，独热编码将列 Gender 转化为两个单独的列——male 和 female。

指定特征和标签

现在，我们指定特征和标签。本书始终使用 y 表示标签，用 X 表示特征集。

```
y=result['Purchased']
X=result.drop(columns=['Purchased'])
```

X 代表特征向量，它包含了需要用于模型训练的所有输入变量。

划分数据集为测试数据集和训练数据集

现在，我们将数据集划分为 75% 的训练数据集和 25% 的测试数据集，如下所示：

```
#from sklearn.cross_validation import train_test_split
X_train, X_test, y_train, y_test = train_test_split(X, y, test_size = 0.25,
random_state = 0)
```

划分过程创建了以下数据结构：

- ❑ X_train：包括训练数据所有特征的数据结构
- ❑ X_test：包括测试数据所有特征的数据结构
- ❑ Y_train：包含训练数据集所有标签值的向量
- ❑ Y_test：包含测试数据集所有标签值的向量

缩放特征

很多机器学习算法需要将变量缩放到 0 ～ 1 之间，这个过程叫作**特征标准化**。我们用缩放函数来实现标准化：

```
from sklearn.preprocessing import StandardScaler
sc = StandardScaler()
X_train = sc.fit_transform(X_train)
X_test = sc.transform(X_test)
```

数据经过缩放之后就可以用于各种分类器了。后面，我们将会讨论这些分类器。

7.2.2 评估分类器

模型训练完成后，我们需要评估模型的性能。我们使用如下步骤来评估性能：

1. 标记数据集已被划分为训练数据集和测试数据集，我们使用测试数据集来评估训练过的模型。

2. 用模型为测试数据集的每行特征生成标签，得到预测标签集。

3. 比较预测标签和实际标签，评估模型。

> 除非要求解的问题是平凡的，否则，评估模型时会产生错误分类。我们如何解释这些错误分类以评估模型质量，取决于使用何种性能指标。

获得了实际标签和预测标签后，我们就可以使用一组性能指标来评估模型质量。量化评估模型质量的最佳指标取决于待求解的业务问题的需求和训练数据集的特征。

混淆矩阵

混淆矩阵用于总结分类器的评估结果。二分类器的混淆矩阵如图 7-4 所示。

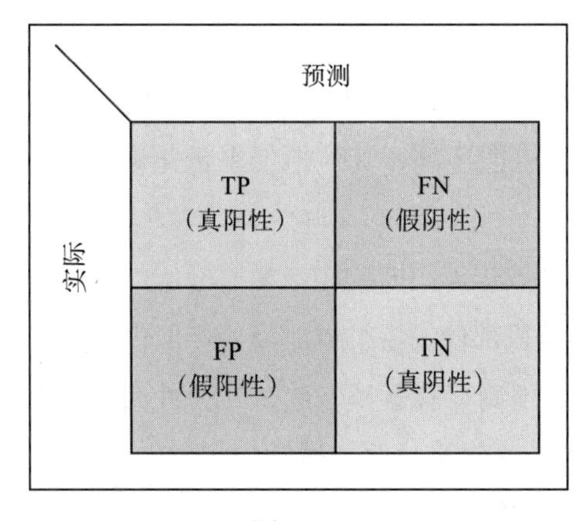

图 7-4

> 如果所训练的分类器只产生两个标签，则称之为**二分类器**。监督学习的首个关键性用例（一个二分类器）是在第一次世界大战期间用于区分飞机和飞鸟的分类器。

分类器的预测结果可以分为如下四类：

- **真阳性（True positives，TP）**：正确分类的正例。

- **真阴性（True Negatives，TN）**：正确分类的反例。
- **假阳性（False Positives，FP）**：错误分类的正例。
- **假阴性（False Negatives，FN）**：错误分类的反例。

我们讨论如何用这四类预测结果来建立各种性能指标。

性能指标

性能指标的作用是量化训练模型的性能。基于分类结果的类型，我们给出下面四种性能指标：

指　标	计算公式
准确度	$\dfrac{TP+TN}{TP+TN+FP+FN}$
召回率	$\dfrac{TP}{TP+FN}=\dfrac{\text{正确分类的正例总数}}{\text{正确分类的正例总数}+\text{错误分类的反例总数}}$
精度	$\dfrac{TP}{TP+FP}=\dfrac{\text{正确分类的正例总数}}{\text{正确分类的正例总数}+\text{错误分类的正例总数}}$
分数	$2\left(\dfrac{\text{精度}\times\text{召回率}}{\text{精度}+\text{召回率}}\right)$

准确度是所有预测中正确分类的比例。计算准确度时，我们不区分真阳性和真阴性。用准确度来评估模型是直截了当的，但是在某些情况下却不太有用。

除了准确度之外，我们可能还需要其他指标来量化模型性能。考虑用模型来预测稀有事件，比如：

- 用模型预测银行交易数据库中的欺诈交易
- 用模型预测飞机发动机部件发生机械故障的可能性

这两个例子都旨在尝试预测稀有事件。此时，另外两种衡量方法比准确度更重要，它们是召回率和精度。接下来依次讨论这两个指标：

- **召回率**：召回率计算的是命中率。在上面的第一个例子中，召回率是指被模型成功标记的欺诈交易占所有欺诈交易的比例。在我们的测试数据集中，如果有 100 万个交易，已知其中 100 个是欺诈性交易，模型标记出其中的 78 个，则在该例中召回率是 78/100。
- **精度**：精度衡量的是模型标记的正例交易中有多少交易确实属于正例。精度不关注模型未能正确标记的反例交易，而是想确定模型标记的正例交易中到底有多少是真正的正例交易。

注意，F1 分数将召回率和精度混合到一起。如果模型的召回率和精度都是完美的，则其 F1 分数同样是完美的。模型的 F1 分数高意味着我们训练得到了一个具有高召回率和高精度的模型。

理解过拟合

如果模型在机器学习开发环境中表现良好，相比之下在生产环境中却表现很差，则称该模型存在过拟合现象。这意味着训练模型过度地拟合了训练数据集，也表明模型捕获的规则包含了过多的细节。模型方差和模型偏差之间的权衡很好地体现了这一观点。我们逐一解析这些概念：

偏差

任何机器学习模型都是基于一定的假设训练得到的。一般来说，这些假设是对现实现象的简单近似。这些假设简化了特征和它们刻画的特性之间的实际关系，进而使模型更加容易训练。更多的假设则意味着更多的偏差。因此，训练模型时，更简单的假设 = 高偏差，更能代表实际现象的现实假设 = 低偏差。

> 线性回归忽略特征的非线性，继而将这种特征近似为线性变量。因此，线性回归模型本质上就容易出现高偏差。

方差

方差量化的是，用不同的数据集来训练模型时，模型所预测的目标变量的准确度会如何变化。它量化了模型的数学形式是不是数据集中潜在模式的良好泛化。

基于特定场景和情况的特定过拟合规则 = 高方差，适用于各种场景和情况的通用规则 = 低方差。

> 机器学习的目标是训练出低偏差和低方差的模型。实现这一目标并非易事，它常常使得数据科学家夜不能寐。

偏差 – 方差权衡

训练特定的机器学习模型时，很难为组成被训练模型的规则确定一个恰当的泛化水平。为了得到恰当的泛化水平，需要在偏差和方差之间进行权衡。

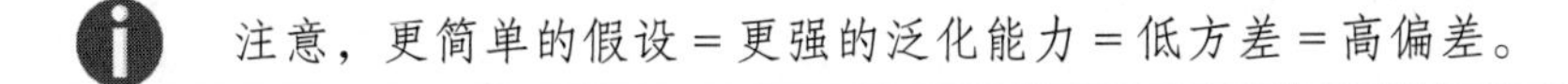

> 注意，更简单的假设 = 更强的泛化能力 = 低方差 = 高偏差。

偏差和方差之间的这种权衡取决于对算法的选择、对数据特征的选择和对各种超参数的选择。依据待求解问题的特定需求，在偏差和方差之间进行权衡是很重要的。

7.2.3 分类器的各个阶段

准备好标记数据之后，分类器的开发就会进入训练、评估和部署。这三个阶段在**数据挖掘跨行业标准流程**（CRISP-DM，参见第 6 章的详细介绍）生命周期中所处的位置如图 7-5 所示。

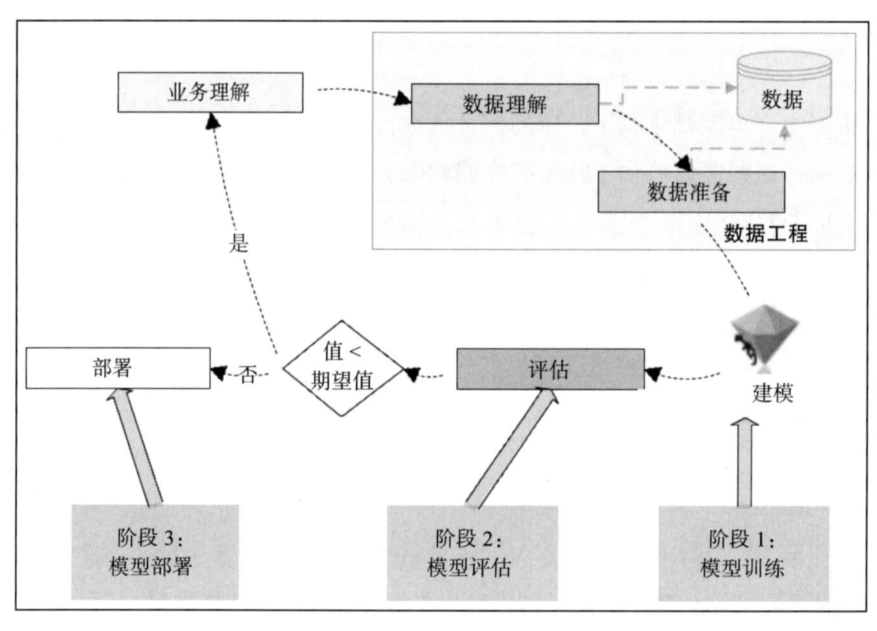

图 7-5

分类器实现时的前两个阶段（即测试阶段和训练阶段）会使用标记数据。标记数据被划分为两个部分，较大的部分称为训练数据集，较小的部分称为测试数据集。随机抽样技术可以用来将输入的标记数据划分为训练集和测试集，以确保两个数据子集包含一致的模式。注意，正如图 7-5 所示，在训练阶段，训练数据集被用于训练模型。训练阶段结束后，测试数据集被用来对模型进行评估，进而使用不同的性能指标来量化模型的性能。模型评估之后，我们就进入了模型部署阶段。在这个阶段，训练后的模型被用于部署和预测，通过预测未标记数据的标签来求解实际问题。

下面，我们讨论一些分类算法。

我们将在后面部分依次讨论下面的经典分类算法：

- ❑ 决策树算法
- ❑ XGBoot 算法
- ❑ 随机森林算法
- ❑ 逻辑回归算法
- ❑ **支持向量机**算法
- ❑ 朴素贝叶斯算法

我们先讨论决策树算法。

7.2.4 决策树分类算法

决策树算法基于递归分区这种分治方法，生成可用于预测标签的一组规则。算法从根节点开始，逐步分裂产生多个分支。内节点表示对某个属性进行测试，每种测试结果对应于从该节点到下一层节点的一个分支。决策树终止于叶节点，其中包含了具体的决策。如果节点的进一步划分无助于改善分类结果，则划分过程终止。

理解决策树分类算法

决策树分类的显著特征是它产生可解释的层状规则用于在运行时预测标签。算法本质上是递归，创建层状规则的步骤如下所示：

1. **找出最重要的特征**：算法需要从所有特征中识别出最好的特征，用于依据数据标签从训练数据集中区分数据点。计算过程依赖于**信息增益**（information gain）或**基尼系数**（Gini impurity）等指标。

2. **产生分叉**：找出最重要的特征之后，算法创建一个准则来将训练数据集划分为两个分支：

- ❑ 满足准则的数据
- ❑ 不满足准则的数据

3. **检查叶节点**：在分叉产生的两个分支节点中，如果任何节点只包含一个类的标签，则该节点结束划分，由此产生一个叶节点。

4. **检查终止条件并重复操作**：算法如果不满足给定的终止条件，则返回步骤 1 进行下一轮迭代。否则，将模型标记为训练完成，并将所得决策树的最底层每个节点标记为叶节点。终止条件可以是一些简单的规则。例如，终止条件可以定义为最大迭代次数或者叶节点到达的最大深度，后者是默认的终止条件。

决策树算法可以用图 7-6 来解释。

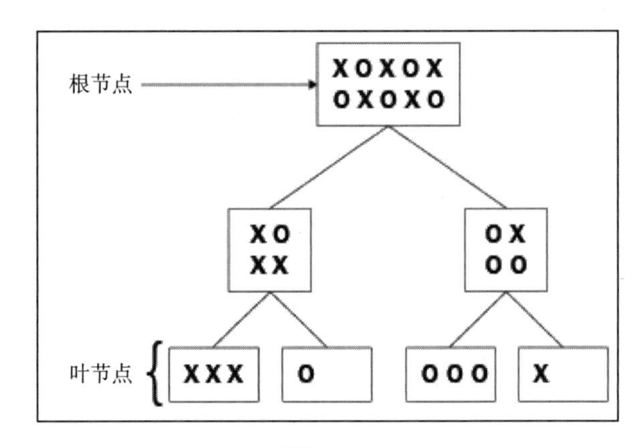

图 7-6

在图 7-6 中，根节点包含了一些圈和叉。算法旨在创建分类标准来分离圈和叉。决策树在每一层上都对数据进行划分。随着决策树层数的不断增长，各个节点内的数据的同质性越来越强。这个分类器是完美的，因为叶节点只包含圈或者叉。由于训练数据集固有的随机性，一般很难得到完美训练的分类器。

用决策树算法求解分类器挑战性问题

现在，我们用决策树分类算法来求解前面定义的公共问题，亦即预测顾客最终是否会购买某个商品。

1. 首先，我们需要实例化决策树分类算法，并用准备好的训练数据集来训练一个模型：

```
classifier = sklearn.tree.DecisionTreeClassifier(criterion =
'entropy', random_state = 100, max_depth=2)
classifier.fit(X_train, y_train)
```

2. 接下来，用训练后的模型来为测试数据集预测标签。我们用混淆矩阵来总结训练后的模型的性能。

```
import sklearn.metrics as metrics
y_pred = classifier.predict(X_test)
cm = metrics.confusion_matrix(y_test, y_pred)
cm
```

得到如图 7-7 所示的输出。

```
Out[22]: array([[64,  4],
                [ 2, 30]])
```

图 7-7

3. 接下来，我们对用决策树分类算法创建的分类器计算准确度、召回率和精度。

```
accuracy= metrics.accuracy_score(y_test,y_pred)
recall = metrics.recall_score(y_test,y_pred)
precision = metrics.precision_score(y_test,y_pred)
print(accuracy,recall,precision)
```

4. 运行上述代码将得到如图 7-8 所示的结果。

```
0.94 0.9375 0.8823529411764706
```

图　7-8

性能指标有助于比较不同技术得到的模型。

决策树分类器的优点和缺点

下面，我们讨论使用决策树分类算法的优缺点。

优点

决策树分类器的优点如下：

- 用决策树算法创建的模型，其规则可由人类解释。这种模型称为**白盒模型**。当需要透明地跟踪模型所做出的决策的细节和原因时，必须使用白盒模型。当我们在应用中需要防止偏差出现和保护弱势群体时，这种透明度非常重要。比如，白盒模型往往应用于政府的关键应用和保险行业。
- 决策树分类器用于从离散问题空间中提取信息。这意味着，如果问题的大部分特征都是类别特征，则用决策树训练模型是一个不错的选择。

缺点

决策树分类器的缺点如下：

- 决策树分类器生成的树，如果其深度过深，则模型捕获了训练数据集中过多的细节，这可能会导致模型过拟合。在使用决策树算法时，我们需要意识到决策树容易过拟合，因而在必要时需要对决策树进行修剪，以防止过拟合的发生。
- 所创建的规则不能捕获非线性关系。

使用实例

下面，我们给出决策树算法的一些用例。

分类记录

决策树分类器可用于对数据点进行分类，如下所示：

- **抵押贷款申请**：训练一个二分类器来判定申请人是否能获得贷款。

- **客户细分**：把客户细分成高价值、中价值、低价值用户，针对不同的用户制定不同的营销策略。
- **医学诊断**：训练一个分类器来判断肿瘤是良性生长还是恶性生长。
- **治疗效果分析**：训练一个分类器来判断病人对特定治疗方法是否有积极反应。

特征选择

决策树算法可用于选择特征的一个小子集来创建规则。当问题有大量特征时，特征选择可以用于给另一个机器学习算法选择特征。

7.2.5 理解集成方法

集成是机器学习中的一种算法。集成旨在用不同参数创建多个略有不同的模型，然后再将这些模型组合成一个聚合模型。要获得有效的聚合模型，在生成模型时需要找到聚合的标准。下面讨论一些集成算法。

用 XGBoost 算法实现梯度提升算法

XGBoost 算法创建于 2014 年，它是基于梯度提升的一种算法，已经成为当前最为流行的集成分类算法之一。该算法生成一些相互关联的树，利用梯度下降来最小化残差。这使得 XGBoost 算法非常适合于 Apache Spark 和云计算这样的分布式基础设施，比如说谷歌云和 AWS（Amazon Web Services）。

接下来，我们讨论如何用 XGBoost 算法来实现梯度提升：

1. 首先，我们实例化 XGBoost 分类器，并使用训练数据集来训练模型如图 7-9 所示。

```
In [20]: from xgboost import XGBClassifier
         classifier = XGBClassifier()
         classifier.fit(X_train, y_train)

Out[20]: XGBClassifier(base_score=0.5, booster='gbtree', colsample_bylevel=1,
                       colsample_bynode=1, colsample_bytree=1, gamma=0,
                       learning_rate=0.1, max_delta_step=0, max_depth=3,
                       min_child_weight=1, missing=None, n_estimators=100, n_jobs=1,
                       nthread=None, objective='binary:logistic', random_state=0,
                       reg_alpha=0, reg_lambda=1, scale_pos_weight=1, seed=None,
                       silent=None, subsample=1, verbosity=1)
```

图 7-9

2. 接下来，我们用训练后的模型来生成预测：

```
y_pred = classifier.predict(X_test)
cm = metrics.confusion_matrix(y_test, y_pred)
cm
```

上述过程得到如图 7-10 所示的输出。

```
Out[21]: array([[64,  4],
       [ 3, 29]])
```

图　7-10

3. 最后，对模型的性能进行量化：

```
accuracy= metrics.accuracy_score(y_test,y_pred)
recall = metrics.recall_score(y_test,y_pred)
precision = metrics.precision_score(y_test,y_pred)
print(accuracy,recall,precision)
```

这就得到如图 7-11 所示的输出。

```
0.93 0.90625 0.8787878787878788
```

图　7-11

接下来，我们讨论随机森林算法。

使用随机森林算法

随机森林是一种集成方法，它通过结合多棵决策树来减少偏差和方差。

训练随机森林算法

在训练中，该算法从训练数据中抽取 N 个样本，并创建总体数据的 m 个子集。这些子集通过随机选择输入数据的一些行和列来创建。该算法创建 m 棵独立的决策树，我们将这些分类树依次用 C_1 到 C_m 来标识。

使用随机森林进行预测

模型一旦被训练好，就可以用于标记新的数据，每棵独立的树生成一个标签。最后在所有预测标签上投票产生最终的预测结果，如图 7-12 所示。

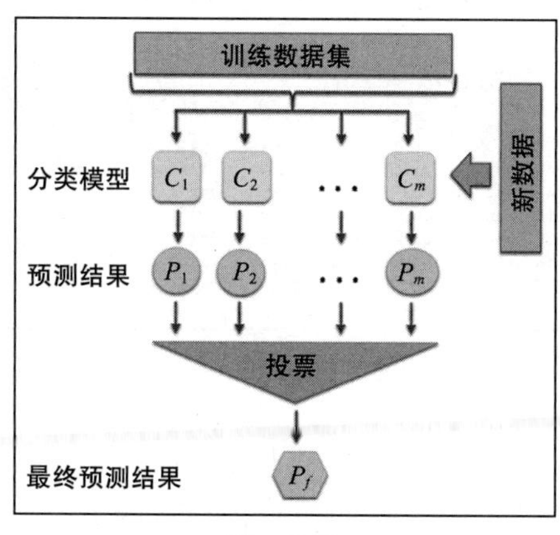

图　7-12

注意，在图7-12中，我们训练了 m 棵树，这些树依次用 C_1 到 C_m 标识。这个树集为 $\{C_1, \cdots, C_m\}$。

每棵树均对样本生成一个预测，所有树的预测结果用集合表示：独立预测集 = P = $\{P_1, \cdots, P_m\}$。

最终的预测结果表示为 P_f，它是独立预测集中占多数的预测结果。该结果可以用mode函数来找到（mode是重复次数最多的结果，亦即占多数的结果）。将各棵树的预测结果与最终预测结果联系起来，表示如下：

$$P_f = \text{mode}(P)$$

区分随机森林算法和集成提升算法

随机森林算法生成的每棵树都是完全独立的，互相之间不使用其他树的任何细节，这一点足以将它与梯度提升算法等其他算法区分开来。

用随机森林算法求解分类器挑战性问题

首先实例化随机森林算法，然后用训练数据集来训练我们的模型。

这里有两个关键的超参数，它们是：

- n_estimators
- max_depth

其中，n_estimators超参数控制了决策树的数量，max_depth超参数控制了每棵决策树的深度。

因此，换句话说，一棵决策树可以不断地分裂，直到其节点仅包含训练数据集中单个实例。我们设定参数max_depth就限制了决策树的最大深度，也就这控制了模型的复杂度，同时确定了模型和训练数据的吻合程度。在图7-13所示的代码中，n_estimators控制了随机森林模型的宽度，而max_depth则控制了模型的深度。

```
from sklearn.ensemble import RandomForestClassifier
classifier = RandomForestClassifier(n_estimators = 10, max_depth = 4,criterion = 'entropy', random_state = 0)
classifier.fit(X_train, y_train)

Out[9]: RandomForestClassifier(bootstrap=True, class_weight=None, criterion='entropy',
                       max_depth=4, max_features='auto', max_leaf_nodes=None,
                       min_impurity_decrease=0.0, min_impurity_split=None,
                       min_samples_leaf=1, min_samples_split=2,
                       min_weight_fraction_leaf=0.0, n_estimators=10,
                       n_jobs=None, oob_score=False, random_state=0, verbose=0,
                       warm_start=False)
```

图 7-13

随机森林模型训练完成后，我们用它来进行预测：

```
y_pred = classifier.predict(X_test)
cm = metrics.confusion_matrix(y_test, y_pred)
cm
```

得到如图 7-14 所示的输出。

```
Out[10]: array([[64,  4],
                [ 3, 29]])
```

图　7-14

接着，量化模型的性能：

```
accuracy= metrics.accuracy_score(y_test,y_pred)
recall = metrics.recall_score(y_test,y_pred)
precision = metrics.precision_score(y_test,y_pred)
print(accuracy,recall,precision)
```

得到如图 7-15 所示的输出。

```
0.93 0.90625 0.8787878787878788
```

图　7-15

接下来，我们讨论逻辑回归。

7.2.6　逻辑回归

逻辑回归是用于二分类的分类算法。该算法使用一个逻辑函数来刻画输入特征与目标变量之间的交互关系。逻辑回归是建模二分因变量的最简单的分类技术。

假设

逻辑回归有如下假设：

- 训练数据集没有缺失值。
- 标签是二分类标签。
- 标签是有序的，也就是说标签是取有序值的类别变量。
- 所有特征或输入变量都是相互独立的。

建立关系

逻辑回归计算预测值的方法如下：

$$y' = \sigma(wX + j)$$

我们假设 $z = wX + j$，于是，有

$$\sigma(z) = \frac{1}{1 + e^{-z}}$$

上述关系可以用图表示，如图 7-16 所示。

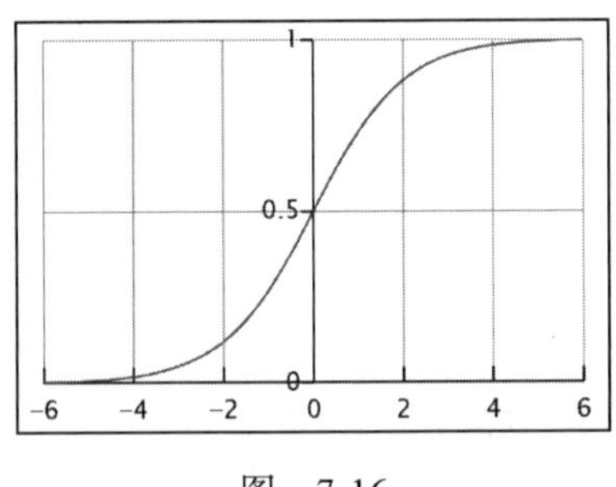

图 7-16

注意，如果 z 非常大，则 $\sigma(z)$ 就会等于 1。如果 z 非常小或者是一个绝对值很大的负数，则 $\sigma(z)$ 就会等于 0。因此，逻辑回归的目标最终变成寻找参数 W 和 j 的理想取值。

逻辑回归的命名源自该方法在形式化过程中采用的函数，亦即**逻辑函数**（logistic function）或者 **sigmoid 函数**。

损失函数和代价函数

损失函数定义了如何量化训练数据集中特定实例的误差。代价函数定义了如何最小化整个训练数据集上的误差。因此，损失函数用于训练数据集中的一个实例，而代价函数则用于量化实际值和预测值的总体偏差。函数值的大小取决于 w 和 j 的选择。

逻辑回归的损失函数如下：

$$\text{Loss}(y'^{(i)}, y^{(i)}) = -(y^{(i)}\log y'^{(i)} + (1 - y^{(i)})\log(1 - y'^{(i)}))$$

注意，如果 $y^{(i)} = 1$，则 $\text{Loss}(y'^{(i)}, y^{(i)}) = -\log y'^{(i)}$。最小化损失函数的取值，要求 $y'^{(i)}$ 取很大的值，它是 sigmoid 函数的函数值，其最大值至多为 1。

如果 $y^{(i)} = 0$，则 $\text{Loss}(y'^{(i)}, y^{(i)}) = -\log(1-y'^{(i)})$。最小化损失函数的取值，要求 $y'^{(i)}$ 取很小的值，它是 sigmoid 函数的函数值，其最小值至少为 0。

逻辑回归的代价函数是：

$$\text{Cost}(w, b) = \frac{1}{b}\sum \text{Loss}(y'^{(i)}, y^{(i)})$$

何时使用逻辑回归

逻辑回归在二分类器中很有用。但是，当数据量很大但数据质量不佳时，逻辑回归的效果不好。逻辑回归可以捕获到不太复杂的关系。逻辑回归虽然不会有很好的性能，但是可以作为一个很好的基准。

用逻辑回归求解分类器挑战性问题

下面，我们讨论如何用逻辑回归算法来求解分类器挑战性问题。

1. 首先，我们实例化逻辑回归模型，并用训练数据集进行训练。

```
from sklearn.linear_model import LogisticRegression
classifier = LogisticRegression(random_state = 0)
classifier.fit(X_train, y_train)
```

2. 接下来，用模型预测测试数据，并创建混淆矩阵：

```
y_pred = classifier.predict(X_test)
cm = metrics.confusion_matrix(y_test, y_pred)
cm
```

运行上述代码后，我们得到如图 7-17 所示的输出。

```
Out[11]: array([[65,  3],
                [ 6, 26]])
```

图　7-17

3. 接下来，查看各项性能指标：

```
accuracy= metrics.accuracy_score(y_test,y_pred)
recall = metrics.recall_score(y_test,y_pred)
precision = metrics.precision_score(y_test,y_pred)
print(accuracy,recall,precision)
```

4. 运行上述代码后，我们得到如图 7-18 所示的输出。

```
0.91 0.8125 0.896551724137931
```

图　7-18

下面，我们讨论**支持向量机**。

7.2.7　支持向量机算法

现在，我们讨论支持向量机。支持向量机是一种分类器，它通过找到最优超平面来使得两个类之间的间隙最大化。在支持向量机中，我们优化的目标是间隙最大化。间隙的定义为分离超平面（决策边界）和距离超平面最近的数据点（称为**支持向量**）之间的距离。我们从一个很基本的例子开始，该例子只有两个维度 x_1 和 x_2。我们想用一条线把圈和叉分开，如图 7-19 所示。

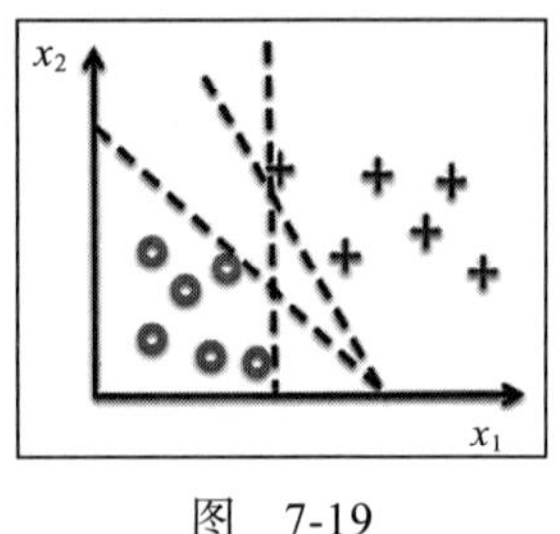

图 7-19

我们画了两条线，这两条线都能完美地把圈和叉分开。然而，存在一条最佳的线，或者决策边界，它除了能分离已经给出的圈和叉之外，还能正确地分类尽可能多的额外数据实例。一个合理的选择是，在这两个类之间的间隙中央画一条线，给每个类提供一点缓冲，如图 7-20 所示。

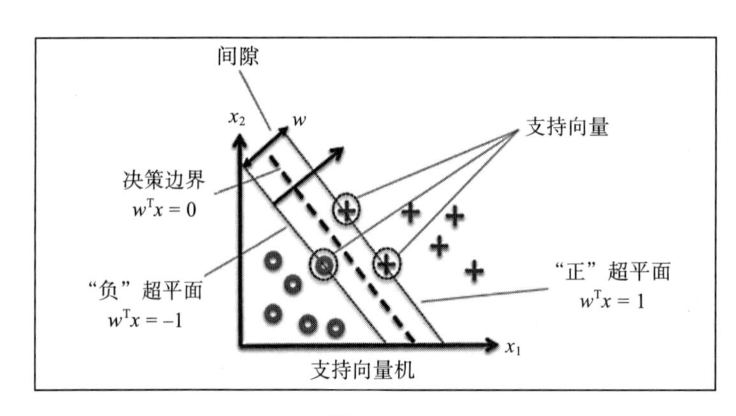

图 7-20

接下来，我们讨论如何用支持向量机来训练一个分类器，以求解分类器挑战性问题。

用支持向量机求解分类器挑战性问题

1. 首先，我们实例化支持向量机分类器，然后用标记数据中的训练数据集来训练它。超参数 Kennel 决定了应用于输入数据的转换方式，以使数据点线性可分：

```
from sklearn.svm import SVC
classifier = SVC(kernel = 'linear', random_state = 0)
classifier.fit(X_train, y_train)
```

2. 一旦训练完成，我们就用模型预测测试数据集，并计算混淆矩阵：

```
y_pred = classifier.predict(X_test)
cm = metrics.confusion_matrix(y_test, y_pred)
cm
```

3. 得到如图 7-21 所示的输出。

```
Out[9]: array([[66,  2],
               [ 9, 23]])
```

图　7-21

4. 现在，查看各项性能指标：

```
accuracy= metrics.accuracy_score(y_test,y_pred)
recall = metrics.recall_score(y_test,y_pred)
precision = metrics.precision_score(y_test,y_pred)
print(accuracy,recall,precision)
```

运行上述代码后，我们得到如图 7-22 所示的输出。

```
0.89 0.71875 0.92
```

图　7-22

7.2.8　理解朴素贝叶斯算法

朴素贝叶斯算法基于概率论，它是最简单的分类算法之一。如果使用得当，朴素贝叶斯算法可以产生准确的预测。朴素贝叶斯算法的命名源自两点：

- 算法基于一个朴素的假设，即特征和输入变量之间的相互独立性。
- 算法基于贝叶斯定理。

该算法在属性间完全独立的假设条件下基于属性或实例的概率来完成对实例的分类。

有三种不同类型的事件：

- **独立事件**指的是其中一个事件不影响另一个事件的发生（比如，收到电子邮件让你免费参加某个科技展这个事件和你们公司重组这个事件无关）。
- **相关事件**指的是一个事件影响另一个事件的发生，两个事件通过某种方式联系在一起（比如，你能否准时参加会议受到航班能否准时到达的影响）。
- **互斥事件**指的是不会同时发生的事件（比如，投一次骰子，得到 3 和得到 6 这两个事件之间是互斥的）。

贝叶斯定理

贝叶斯定理用于计算两个相关事件 A 和 B 之间的条件概率。事件 A 和事件 B 发生的概率分别用 P(A) 和 P(B) 表示。条件概率用 P(B|A) 表示，其含义是在事件 A 已经发生的情况下事件 B 发生的条件概率：

$$P(\mathrm{A}|\mathrm{B}) = \frac{P(\mathrm{B}|\mathrm{A})P(\mathrm{A})}{P(\mathrm{B})}$$

计算概率

朴素贝叶斯算法建立在概率基础上。单个事件发生的概率（观测概率）等于事件发生的次数除以可能诱导该事件的过程的总数。例如，呼叫中心每天会接到超过 100 个支持电话，一个月内会重复 50 次。基于电话以前在 3 分钟内得到支持响应的次数，你想知道一个呼叫在 3 分钟内得到支持响应的概率。如果呼叫中心的记录表明支持请求在 27 种情形下都能在期望事件内得到响应，则 100 个支持电话在 3 分钟内被响应的概率为：

$$P = 27/50 = 0.54(54\%)$$

于是，根据过去 50 次的呼叫记录，100 次呼叫中大概有一半的事件可以在 3 分钟之内得到响应。

AND 事件的乘法原则

要计算两个或多个事件同时发生的概率，需要考虑事件之间是独立的还是相互依赖的。如果它们是独立的，则可以使用简单乘法原则。

$$P(\text{结果 1 和结果 2}) = P(\text{结果 1}) \times P(\text{结果 2})$$

比如说，要计算收到电子邮件让你免费参加某个科技展这个事件和公司重组这个事件之间同时发生的概率，可以使用简单乘法原则。这两个事件是独立的，因为一个事件不影响另一个事件的发生。

如果电子邮件接收事件的概率为 31%，公司重组的概率为 82%，则二者同时发生的概率如下：

$$P(\text{电子邮件和公司重组}) = P(\text{电子邮件}) \times P(\text{公司重组}) = 0.31 \times 0.82 = 0.2542(25\%)$$

一般乘法原则

如果两个或多个事件之间相互依赖，则需要使用一般乘法原则。这个公式实际上在独立事件和依赖事件之间都有效：

$$P(\text{结果 1 和结果 2}) = P(\text{结果 1}) \times P(\text{结果 2 | 结果 1})$$

注意，P(结果 2| 结果 1) 是指在结果 1 已经发生的情况下结果 2 发生的概率。这个公式包含了事件之间的依赖关系。如果事件是独立的，那么条件概率中的条件是不相关的，因为一个结果不影响另一个的发生，于是 P(结果 2| 结果 1) 就简化为 P(结果 2)。注意，此时该公式就成了简单乘法原则。

OR 事件的加法原则

当计算一个事件或另一个事件发生（互斥事件）的概率时，使用如下加法原则：

$$P(\text{结果 1 或结果 2}) = P(\text{结果 1}) + P(\text{结果 2})$$

比如说，骰子出现 6 或 3 的概率是多少？为了回答这个问题，首先应该注意到两种结果不可能同时发生。骰子出现 6 的概率为 1/6，同样骰子出现 3 的概率也为 1/6。

$$P(6 \text{ 或 } 3) = 1/6 + 1/6 = 0.33(33\%)$$

如果事件不是互斥的而是可以同时发生，则使用如下一般加法原则，该公式在互斥和非互斥两种条件下均有效。

$$P(\text{结果 1 或结果 2}) = P(\text{结果 1}) + P(\text{结果 2})P(\text{结果 1 和结果 2})$$

用朴素贝叶斯算法求解分类器挑战性问题

下面，我们用朴素贝叶斯算法来求解分类器挑战性问题。

1. 首先，导入 `GaussianNB()` 函数，并用它训练模型：

```
from sklearn.naive_bayes import GaussianNB
classifier = GaussianNB()
classifier.fit(X_train, y_train)
```

2. 现在，我们用训练后的模型来预测结果，亦即用模型来预测测试集 `X_test` 的标签：

```
Predicting the Test set results
y_pred = classifier.predict(X_test)
cm = metrics.confusion_matrix(y_test, y_pred)
cm
```

3. 接下来，打印混淆矩阵（见图 7-23）。

```
Out[10]: array([[66,  2],
                [ 6, 26]])
```

图　7-23

4. 现在，打印各种性能指标来量化模型的质量：

```
accuracy= metrics.accuracy_score(y_test,y_pred)
recall = metrics.recall_score(y_test,y_pred)
precision = metrics.precision_score(y_test,y_pred)
print(accuracy,recall,precision)
```

得到的输出如图 7-24 所示。

```
0.92 0.8125 0.9285714285714286
```

图 7-24

7.2.9 各种分类算法的胜者

我们查看一下前面给出的各种算法的性能指标，如下表所示：

算 法	准确度	召回率	精 度
决策树	0.94	0.93	0.88
XGBoost	0.93	0.90	0.87
随机森林	0.93	0.90	0.87
逻辑回归	0.91	0.81	0.89
支持向量机	0.89	0.71	0.92
朴素贝叶斯	0.92	0.81	0.92

从上表可以看出，决策树的准确度和召回率均为最佳。如果寻求精度最高，则可以选择支持向量机或者是朴素贝叶斯，因为二者的精度是一样的。

7.3 理解回归算法

如果目标变量是连续变量，则监督机器学习模型会使用回归算法。此时，机器学习模型称为回归模型。

我们在此讨论可用于训练监督机器学习回归模型（简称回归器）的各种算法。我们在深入讨论这些算法之前，先引入一个挑战性问题，以便测试三种算法的性能、能力和有效性。

7.3.1 回归器挑战性问题

我们采用分类算法中类似的方法，先提出一个待解决的问题来作为所有回归算法需要解决的挑战性问题。我们将这个共同的问题称为回归器挑战性问题。然后，我们使用三种不同的回归算法来求解该问题。对不同回归算法采用同一个挑战性问题，这种做法有两个好处：

- 可以一次性准备数据，并将准备好的数据用于三种不同的回归算法。
- 可以用一种有意义的方式来比较三种回归算法的性能，因为这些算法求解了同一个问题。

下面，我们给出问题描述。

描述回归器挑战性问题

预测车辆的油耗量目前已变得非常重要。高效的交通工具不仅环保，而且经济实惠。车辆的油耗量可以通过发动机的功率和车辆的特性来估计。我们给分类器创建的挑战性问题是训练一个模型，使其能够依据车辆特性来预测**每加仑英里数**（Miles per Gallon，MPG）。

下面，我们讨论用于训练回归器的历史数据集。

了解历史数据集

我们采用的历史数据集具有下列不同特征：

名　称	类　型	描　述
NAME	类别值	识别特定车辆
CYLINDERS	连续值	气缸数量（介于 4 ～ 8 之间）
DISPLACEMENT	连续值	发动机的排气量，单位为立方英寸
HORSEPOWER	连续值	发动机的功率
ACCELERATION	连续值	从 0 加速到 60 英里每小时所需的时间（秒）

问题的预测目标 MPG 是一个连续变量，其数值指定了每辆车的每加仑英里数。

我们先为该问题设计数据处理管道。

用数据处理管道实施特征工程

我们讨论如何设计一个可重用的数据处理管道来求解回归器挑战性问题。同前面的做法一样，我们一次性地准备数据，然后在所有回归算法中使用它。我们遵循如下步骤：

1. 首先，导入数据集，如下所示：

```
dataset = pd.read_csv('auto.csv')
```

2. 接下来，预览数据：

```
dataset.head(5)
```

数据集如图 7-25 所示。

3. 接下来进行特征选择。删除品牌型号列 NAME，因为这只是汽车的标识符，用于标识数据集中各行的列与模型训练无关，因而删掉它：

```
dataset=dataset.drop(columns=['NAME'])
```

	NAME	CYLINDERS	DISPLACEMENT	HORSEPOWER	WEIGHT	ACCELERATION	MPG
0	chevrolet chevelle malibu	8	307.0	130	3504	12.0	18.0
1	buick skylark 320	8	350.0	165	3693	11.5	15.0
2	plymouth satellite	8	318.0	150	3436	11.0	18.0
3	amc rebel sst	8	304.0	150	3433	12.0	16.0
4	ford torino	8	302.0	140	3449	10.5	17.0

图 7-25

4. 接下来，对输入变量进行转换，并填充空值：

```
dataset=dataset.drop(columns=['NAME'])
dataset= dataset.apply(pd.to_numeric, errors='coerce')
dataset.fillna(0, inplace=True)
```

填充空值提高了数据的质量，为模型训练做好了准备。现在让我们完成最后一步。

5. 把数据划分为训练集和测试集：

```
from sklearn.model_selection import train_test_split
#from sklearn.cross_validation import train_test_split
X_train, X_test, y_train, y_test = train_test_split(X, y, test_size
= 0.25, random_state = 0)
```

这样就创建了以下四个数据结构：

- X_train：包括训练数据所有特征的数据结构
- X_test：包括测试数据所有特征的数据结构
- Y_train：包含训练数据集所有标签值的向量
- Y_test：包含测试数据集所有标签值的向量

现在，我们把准备的数据集应用到三个不同的回归器上，以便比较它们的性能。

7.3.2 线性回归

在所有的监督学习技术中，线性回归是最容易理解的。我们先讨论简单线性回归，然后将概念拓展到多元线性回归上。

简单线性回归

线性回归最简单的形式就是建立一个连续自变量和另一个连续自变量之间的关系。简单回归可以揭示因变量（y 轴变量）变化能够归因于解释变量（x 轴变量）变化的程度。简单线性回归可以表示为：

$$y' = (X)w + \alpha$$

该公式可以解释如下：

- y 是因变量
- X 是自变量
- w 是斜率，表示在 X 的每份增量上直线的上升量
- α 是 X=0 时 y 的截距

下面的例子展示了单个连续因变量和单个连续自变量之间的关系：

- 一个人的体重和卡路里摄入量
- 在某个社区中，一栋房子的价格和它的面积
- 空气的湿度和下雨的可能性

在线性回归中，输入变量（自变量）和目标变量（因变量）都必须是数值的。最小化每个点和目标直线之间的垂直距离平方和，可以找到最佳的关系。这里，假设预测变量和目标变量之间是线性关系。比如，投入在研发上的资金越多，销售额越高。

让我们看一个具体的例子。我们尝试建立特定产品的市场营销费用和销售额之间的关系。为了找出它们之间的直接关联关系，将营销费用和销售量绘制在二维图上，用菱形表示。这种关系可以用一条直线来近似表示，如图 7-26 所示。

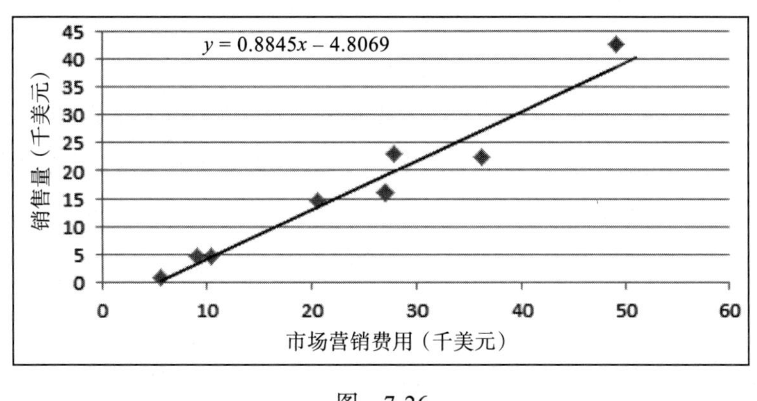

图　7-26

一旦画出这条直线，我们就可以看出营销支出和销售额之间的数学关系。

评估回归器

我们画的直线近似刻画了因变量和自变量之间的关系。然而，即便是最好的直线，也和实际数据点有所偏差，如图 7-27 所示。

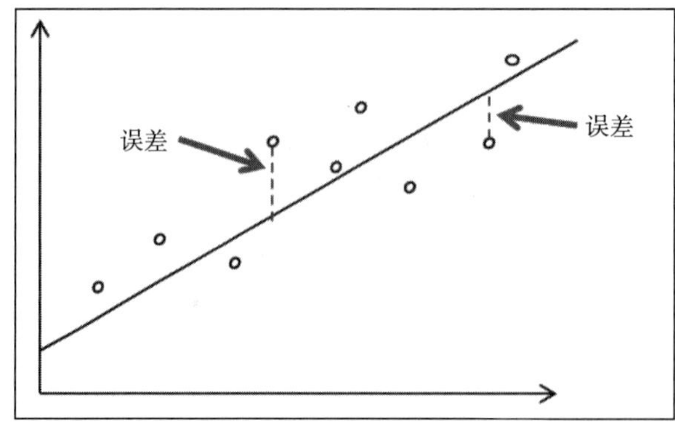

图 7-27

线性回归模型性能的一种典型量化方法是使用**均方根误差**（Root Mean Square Error，RMSE）。从数学上看，它计算了训练模型所产生的误差的标准差。在训练数据集的特定数据实例上，损失函数计算如下：

$$\mathrm{Loss}(y'^{(i)}, y^{(i)}) = 1/2(y'^{(i)} - y^{(i)})^2$$

这就得到了如下的代价函数，它旨在最小化训练集中所有数据实例的损失：

$$\sqrt{\frac{1}{n}\sum_{i=1}^{n}(y'^{(i)} - y^{(i)})^2}$$

我们尝试解释一下 RMSE。如果预测产品价格模型中的 RMSE 是 50 美元，则这意味着大约 68.2% 的预测值将落在真实价值的上下浮动 50 美元（也就是 a）的范围内，同时也意味着 95% 的预测值将落在实际价值的上下浮动 100 美元（2 倍的 a）的范围内。最后，99.7% 的预测值将在实际价值上下浮动 150 美元的范围内。

多元回归

事实上，现实世界中大部分分析都不止涉及一个自变量。多元回归是简单线性回归的一种拓展。关键区别是多元回归对额外的每个预测变量引入相应额外的 β 系数。训练模型的目标就是找到恰当的 β 系数来最小化线性方程的误差。我们尝试用数学公式来表达因变量和自变量（特征）之间的关系。

类似于简单线性回归，因变量 y 被量化为截距项加上 x 的任意第 i 个特征和对应系数 β_i 的乘积：

$$y = \alpha + \beta_1 x_1 + \beta_2 x_2 + \cdots + \beta_i x_i + \varepsilon$$

其中 ε 表示误差，它表明预测结果并不完美。

系数 β 表明每个特征对因变量 y 都有单独的影响，这是由于 x_i 每增加一个单位量，y 就会有大小为 β_i 的增量变化。此外，截距表示自变量均为 0 时 y 的期望值。

注意，上面方程中的所有变量可以用一组向量来表示。这样，目标变量和预测变量都是行向量，回归系数 β 和误差 ε 也都是向量。

用线性回归算法求解回归器挑战性问题

现在，我们用训练数据集来训练模型：

1. 首先，导入线性回归包：

```
from sklearn.linear_model import LinearRegression
```

2. 接下来，我们实例化线性回归模型，并用训练数据集进行训练：

```
regressor = LinearRegression()
regressor.fit(X_train, y_train)
```

3. 现在，利用模型对测试数据集进行预测：

```
y_pred = regressor.predict(X_test)
from sklearn.metrics import mean_squared_error
from math import sqrt
sqrt(mean_squared_error(y_test, y_pred))
```

4. 运行上述代码，生成如图 7-28 所示的结果。

```
Out[10]: 4.36214129677179
```

图 7-28

如前所述，RMSE 是误差的标准差。这表明，68.2% 的预测结果将位于目标值上下浮动 4.36 的范围内。

何时使用线性回归

线性回归可以用于解决许多现实问题，如下所示：

- 销量预测
- 预测最优的产品价格
- 在诸如临床药物实验、工程安全测试和市场研究领域中，量化事件和反应之间的因果关系
- 在已知的标准下，识别可用于预测未来行为的模式，比如说，预测保险索赔、自然灾害损失、选举结果和犯罪率等

线性回归的缺点

线性回归的缺点如下：

- 线性回归只对连续特征有效。
- 类别特征需要被预处理。
- 线性回归不能有效处理缺失数据。
- 线性回归对数据进行了假设。

7.3.3 回归树算法

回归树算法类似于分类树算法，只是回归树算法处理的目标变量是连续变量，而不是类别变量。

用回归树算法求解回归器挑战性问题

现在，我们讨论如何用回归树算法来求解回归器挑战性问题。

1. 首先，我们使用回归树算法来训练模型（如图 7-29 所示）。

```
In [43]: from sklearn.tree import DecisionTreeRegressor
         regressor = DecisionTreeRegressor(max_depth=3)
         regressor.fit(X_train, y_train)

Out[43]: DecisionTreeRegressor(criterion='mse', max_depth=4, max_features=None,
                               max_leaf_nodes=None, min_impurity_decrease=0.0,
                               min_impurity_split=None, min_samples_leaf=1,
                               min_samples_split=2, min_weight_fraction_leaf=0.0,
                               presort=False, random_state=None, splitter='best')
```

图 7-29

2. 一旦回归树模型训练完成，我们就用训练好的模型预测测试集：

```
y_pred = regressor.predict(X_test)
```

3. 接下来，我们通过计算 RMSE 来量化模型的性能：

```
from sklearn.metrics import mean_squared_error
from math import sqrt
sqrt(mean_squared_error(y_test, y_pred))
```

得到如图 7-30 所示的输出。

```
Out[45]: 5.2771702288377
```

图 7-30

7.3.4　梯度提升回归算法

我们现在讨论梯度提升回归算法，它集成决策树的集合来更好地描述数据的底层模式。

用梯度提升回归算法求解回归器挑战性问题

下面，我们讨论如何用梯度提升回归算法求解回归挑战性问题。

1. 首先，我们用梯度提升回归算法来训练模型（如图 7-31 所示）。

```
In [5]: from sklearn import ensemble
        params = {'n_estimators': 500, 'max_depth': 4, 'min_samples_split': 2,
                  'learning_rate': 0.01, 'loss': 'ls'}
        regressor = ensemble.GradientBoostingRegressor(**params)

        regressor.fit(X_train, y_train)

Out[5]: GradientBoostingRegressor(alpha=0.9, criterion='friedman_mse', init=None,
                                  learning_rate=0.01, loss='ls', max_depth=4,
                                  max_features=None, max_leaf_nodes=None,
                                  min_impurity_decrease=0.0, min_impurity_split=None,
                                  min_samples_leaf=1, min_samples_split=2,
                                  min_weight_fraction_leaf=0.0, n_estimators=500,
                                  n_iter_no_change=None, presort='auto',
                                  random_state=None, subsample=1.0, tol=0.0001,
                                  validation_fraction=0.1, verbose=0, warm_start=False)
```

图　7-31

2. 模型训练完成后，我们用模型对测试集进行预测：

```
y_pred = regressor.predict(X_test)
```

3. 最后，计算 RMSE 来量化模型的性能：

```
from sklearn.metrics import mean_squared_error
from math import sqrt
sqrt(mean_squared_error(y_test, y_pred))
```

4. 运行程序得到如图 7-32 所示的结果。

```
Out[7]:  4.034836373089085
```

图　7-32

7.3.5　各种回归算法的胜者

现在，我们查看一下在相同数据集和完全相同的测试用例上三种回归算法的性能：

算　法	RMSE
线性回归	4.36214129677179
决策树	5.2771702288377
梯度提升回归	4.034836373089085

从上面的表格可以看到，在三种回归算法中，梯度提升回归算法的均方根误差最低，性能最好。之后是线性回归算法，决策树算法在该问题上表现最差。

7.4 实例——预测天气

现在，我们讨论如何应用本章给出的概念来预测天气。假设我们需要根据一年多来收集到的某城市的数据来预测明天是否会下雨。

训练该模型可用的数据存储在名为 weather.csv 的 CSV 文件中。

1. 我们先以 pandas 数据帧的格式导入数据：

```
import numpy as np
import pandas as pd
df = pd.read_csv("weather.csv")
```

2. 我们查看数据帧的所有列（见图 7-33）。

```
In [63]: df.columns

Out[63]: Index(['Date', 'MinTemp', 'MaxTemp', 'Rainfall', 'Evaporation', 'Sunshine',
               'WindGustDir', 'WindGustSpeed', 'WindDir9am', 'WindDir3pm',
               'WindSpeed9am', 'WindSpeed3pm', 'Humidity9am', 'Humidity3pm',
               'Pressure9am', 'Pressure3pm', 'Cloud9am', 'Cloud3pm', 'Temp9am',
               'Temp3pm', 'RainToday', 'RISK_MM', 'RainTomorrow'],
              dtype='object')
```

图 7-33

3. 现在，我们看一下前 13 列的部分数据（见图 7-34）。

```
In [124]: df.iloc[:,0:12].head()
```

Out[124]:

	Date	MinTemp	MaxTemp	Rainfall	Evaporation	Sunshine	WindGustDir	WindGustSpeed	WindDir9am	WindDir3pm	WindSpeed9am	WindSpeed3pm
0	2007-11-01	8.0	24.3	0.0	3.4	6.3	7	30.0	12	7	6.0	20
1	2007-11-02	14.0	26.9	3.6	4.4	9.7	1	39.0	0	13	4.0	17
2	2007-11-03	13.7	23.4	3.6	5.8	3.3	7	85.0	3	5	6.0	6
3	2007-11-04	13.3	15.5	39.8	7.2	9.1	7	54.0	14	13	30.0	24
4	2007-11-05	7.6	16.1	2.8	5.6	10.6	10	50.0	10	2	20.0	28

图 7-34

4. 接下来，再看一看后 10 列的部分数据（见图 7-35）。

5. 我们用 x 表示所有输入特征，删除特征列表中的字段 Date，因为该字段在预测过程中无用。此外，我们删除标签 RainTomorrow。

```
x = df.drop(['Date','RainTomorrow'],axis=1)
```

```
In [127]: df.iloc[:,12:25].head()
Out[127]:
```

	Humidity9am	Humidity3pm	Pressure9am	Pressure3pm	Cloud9am	Cloud3pm	Temp9am	Temp3pm	RainToday	RISK_MM	RainTomorrow
0	68	29	1019.7	1015.0	7	7	14.4	23.6	0	3.6	1
1	80	36	1012.4	1008.4	5	3	17.5	25.7	1	3.6	1
2	82	69	1009.5	1007.2	8	7	15.4	20.2	1	39.8	1
3	62	56	1005.5	1007.0	2	7	13.5	14.1	1	2.8	1
4	68	49	1018.3	1018.5	7	7	11.1	15.4	1	0.0	0

图 7-35

6. 用 y 来表示标签值：

```
y = df['RainTomorrow']
```

7. 利用 train_test_split 划分数据：

```
from sklearn.model_selection import train_test_split
train_x , train_y ,test_x , test_y = train_test_split(x,y ,
test_size = 0.2,random_state = 2)
```

8. 由于标签是二分变量，因此我们训练一个分类器。利用逻辑回归方法实现。首先，我们实例化逻辑回归模型：

```
model = LogisticRegression()
```

9. 我们用 train_x 和 train_y 训练模型：

```
model.fit(train_x , test_x)
```

10. 模型训练完毕后，用于预测：

```
predict = model.predict(train_y)
```

11. 现在，我们计算训练后的模型的准确性（见图 7-36）。

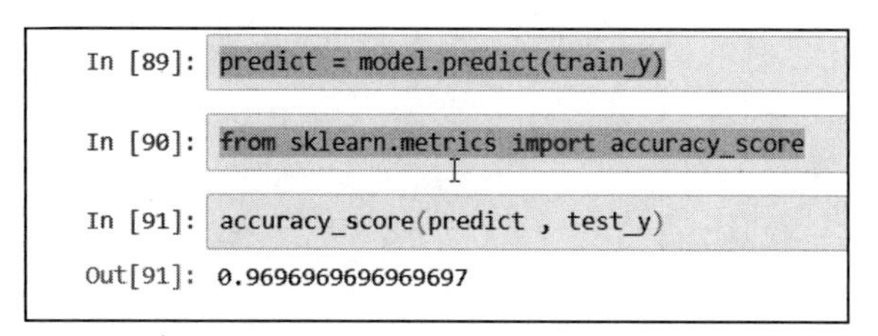

图 7-36

至此，这个二分类器可以用于预测明天是否会下雨。

7.5 小结

本章先讨论了监督机器学习的基础知识，然后详细讨论了各种分类算法，后面又给出了评估各种分类器性能的方法，最后讨论了各种回归算法和评估这些算法性能的方法。

在下一章，我们讨论神经网络和深度学习算法。我们讨论用于训练神经网络的方法，还会介绍用于评估和部署神经网络的各种工具和框架。

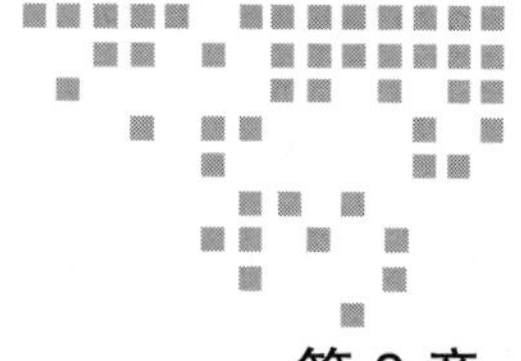

第8章 Chapter 8

神经网络算法

多种因素的结合使得**人工神经网络**（ANN）成为当今非常重要的机器学习技术之一。这些因素包括解决日益复杂的问题的需要、数据量的激增以及新技术的涌现。例如，廉价可得的集群为设计非常复杂的算法提供了所需的计算能力。

人工神经网络事实上是一个正在高速发展的研究领域，也是一些前沿技术领域（如机器人技术、自然语言处理技术和自动驾驶汽车技术）取得进展的主要原因。

在人工神经网络的结构中，基本单元是神经元。人工神经网络能够将神经元组织成一个分层结构，以充分发挥多个神经元的能力。人工神经网络通过将不同层次的神经元链接在一起，创建一个分层的结构。信号通过各个层，并在每一层以不同的方式进行处理，直到产生最终所需的输出。本章将让读者看到人工神经网络将隐藏层作为抽象层，进而进行深度学习的能力，它可以广泛用于实现功能强大的应用，比如，亚马逊的Alexa、谷歌的图像搜索和谷歌相册。

本章首先介绍典型神经网络的主要概念和主要组成部分。之后，讨论各种类型的神经网络，并阐述在这些网络中使用的激活函数。然后，详细讨论反向传播算法，它是在训练神经网络时使用最广泛的算法。接下来，阐述迁移学习技术，它可以大大简化模型训练并部分地使其自动化。最后，给出一个真实实例，讨论如何使用深度学习标记欺诈性文档。

我们先讨论人工神经网络的基础知识。

8.1 理解人工神经网络

神经网络的概念是 Frank Rosenblatt 于 1957 年提出的，其灵感源于人脑中神经元工作方式的启发。简单地了解人脑中神经元的分层结构有助于了充分理解人工神经网络的结构。（请参考图 8-1 来理解人脑中的神经元是如何链接在一起的。）

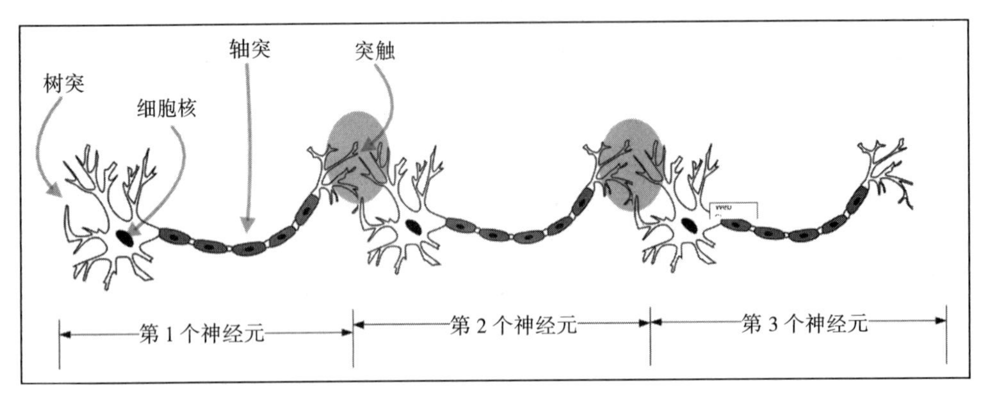

图 8-1

在人脑中，**树突**就像传感器一样检测信号。然后，信号被传递到**轴突**，它是一种又长又细的神经细胞的组织。轴突的功能是将信号传递给肌肉、腺体和其他神经元。信号需要通过称为**突触**的组织才能传递到其他神经元。注意，通过突触这个器官通道，信号会一直传递，直到到达目标肌肉或者腺体，在那里引发需要完成的动作。信号通过神经元链到达目的地通常需要 7 ～ 8 毫秒。

受到这种自然结构杰作中信号处理过程的启发，Frank Rosenblatt 提出了一种对数字信息进行分层处理，进而求解复杂的数学问题的技术。他设计神经网络的初衷非常简单，看起来类似于线性回归模型。这种简单的神经网络称为感知机，它不包含任何隐藏层，如图 8-2 所示。

我们尝试用数学公式来表达这种感知机。在图 8-2 中，输入信号位于左侧，输出信号则是所有输入的加权和，即输入 $(x_1, x_2, \cdots, x_n)$ 的每一项乘上 $(w_1, w_2, \cdots, w_n)$ 中相应的系数再求和：

$$\left(b+\sum_{i=1}^{n} w_i x_i\right) > 0?$$

注意，感知机实际上是一个二分类器，因为它输出的结果是真（true）或者假（false）取决于聚合器（在图中由 Σ 标记）的输出。如果聚合器能够从至少一个输入信号中检测到有效信号，它就会产生一个取值为真的信号。

现在，我们讨论神经网络的演变。

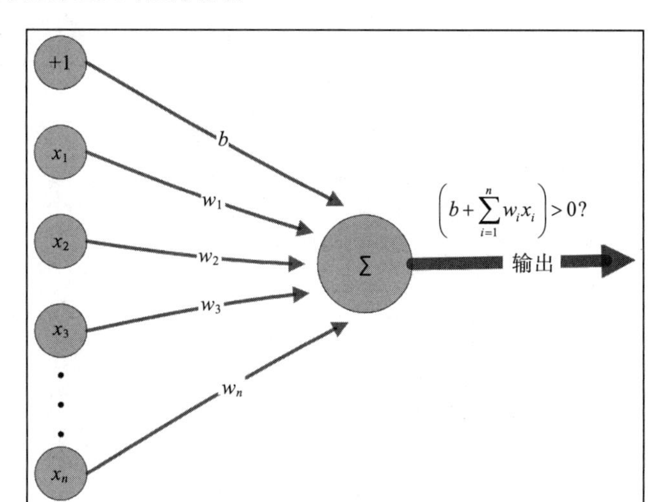

图 8-2

8.2 人工神经网络的演化

前面我们讨论了感知机这种不包含任何层的简单神经网络。感知机存在严重的局限性。1969 年，Marvin Minsky 和 Seymour Papert 得出感知机不能学习任何复杂的逻辑的结论。

事实上，他们的研究成果表明，即使是 XOR 这样的简单逻辑函数，单层感知机学习起来也很困难。这导致人们对机器学习尤其是神经网络的兴趣普遍降低，进入了一个现在被称为**人工智能之冬**的时代。世界各地的研究人员不再认真对待人工智能，认为它无法解决任何复杂的问题。

当时之所以进入所谓的人工智能之冬，一个重要原因是受限于当时可用的硬件能力。当时，硬件要么是不具备所需的计算能力，要么是价格过于昂贵。直到 20 世纪 90 年代末，分布式计算的发展提供了易于使用且廉价的基础设施，这才使得人工智能的冬天结束。解冻后，人工智能的研究重获活力。在这之后，**人工智能之春**来临，在这个时代，人们对人工智能（尤其是神经网络）的研究兴趣非常浓厚。

对于更复杂的问题，研究人员开发了一种多层神经网络，称为**多层感知机**。与之相比，多层神经网络有几个不同的层（如图 8-3 所示）：

- 输入层
- （多个）隐藏层
- 输出层

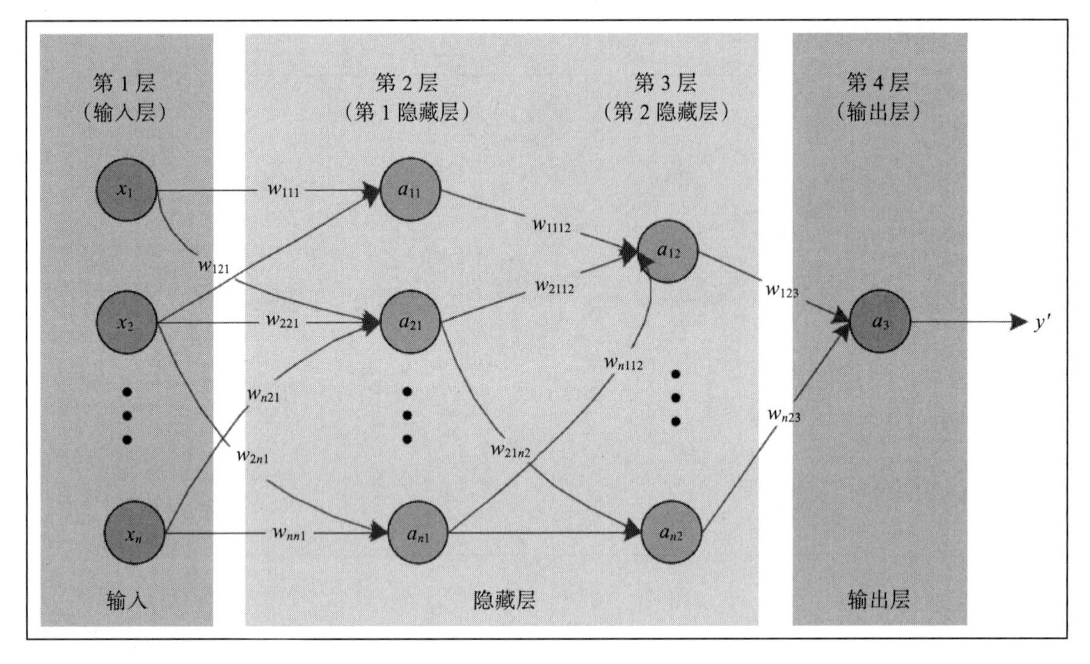

图 8-3

> 深度神经网络是具有一个或多个隐藏层结构的神经网络。深度学习指的是训练人工神经网络的过程。

注意，神经元是这个网络中的基本单元，每一层的神经元都与下一层的所有神经元相连。对于复杂网络来说，这些互联的数量会激增。我们后面会讨论减少互连而不降低太多网络质量的各种方法。

首先，我们把待求解问题形式化地表述出来。

输入是 n 维的特征向量 x。我们希望神经网络能够给出预测值，预测值表示为 y'。从数学上讲，我们希望在给定特定输入的情况下，确定交易欺诈的概率。也就是说，给定一个特定的 x 值，预测 y=1 的概率是多少。在数学上，我们可以表示如下：

$$y' = P(y = 1|x)\text{: 其中 } x \in \Re^{n_x}$$

注意，x 为一个 n_x 维的向量，其中 n_x 是输入变量的个数。

该神经网络有 4 层，输入层和输出层之间是隐藏层。$n_h^{[l]}$ 表示第 l 个隐藏层的神经元个数。各个节点之间链接的数据需要乘以相应的参数系数，这个参数称为权重。训练神经网络就是要找到权重的正确值。

下面我们讨论如何训练神经网络。

8.3　训练神经网络

用给定的数据集构建神经网络这一过程称为训练神经网络。我们解析一个典型的神经网络。我们谈到训练一个神经网络时，指的是计算所有权重的最佳取值。训练过程需要迭代地使用由训练数据集给定的一组数据实例。训练数据中的实例给出了各种不同组合输入值的期望输出值。神经网络的训练过程不同于传统模型（相关讨论请参见第 7 章）的训练方式。

8.3.1　解析神经网络结构

下面给出了神经网络的构成：

- **层**：层是神经网络的核心构建模块，每个层如同过滤器一样进行数据处理。每一层接收一个或多个输入，以特定方式处理它，然后得到一个或多个输出。数据通过每一层时都会经过一个处理阶段，并且揭示出与我们试图回答的业务问题相关的模式。
- **损失函数**：损失函数提供反馈信号，用于学习过程的各次迭代。损失函数描述单个实例上的偏差。
- **代价函数**：代价函数指所有数据实例上的损失函数之和。
- **优化器**：优化器决定如何解释由损失函数给出的反馈信号。
- **输入数据**：输入数据是用于训练神经网络的数据，这些数据都带有相应的目标变量取值。
- **权重**：权重通过训练网络得到，其大致相当于每个输入的重要性。例如，如果一个特定的输入比其他输入更重要，则网络训练后，这个输入将被赋予一个较大的权重作为乘数。于是，即使这个输入的信号较为微弱，也能从较大的（用作乘数的）权重值中获得强度。因此，权重最终依据重要性来调节各个输入信号。
- **激活函数**：输入值乘以不同的权重，然后聚合。聚合操作如何确切地实施，以及聚合后的值如何进行翻译，都将取决于激活函数的选择。

现在，我们讨论神经网络训练过程中的一个重要方面。

训练神经网络时，我们会逐一处理每个数据实例。在处理每个实例时，我们用正受训练的模型为其生成输出，然后计算它与预期输出之间的差值，这个差值称为该数据实例上的**损失**。损失在整个训练数据集上的累积结果称为**代价**。在不断地训练模型的过程中，我们的目标是找到正确的权重值，使得损失最小。在整个训练过程中，我们不断调整权重的值，直到找到权重的一组值使得总代价最小。得到最小代价后，模型训练完成。

8.3.2 定义梯度下降

训练神经网络模型旨在找到权重的正确取值。训练开始时，神经网络的权重值可以取为随机值或者默认值。接下来，迭代地使用优化器算法（如梯度下降算法）调整权重值，以改进预测结果。

梯度下降算法旨在优化权重的取值。开始时，它将所有权重赋予随机取值。随后，在每轮迭代中，算法以最小化代价为目标逐步调整权重的取值。

图 8-4 展示了梯度下降算法的逻辑。

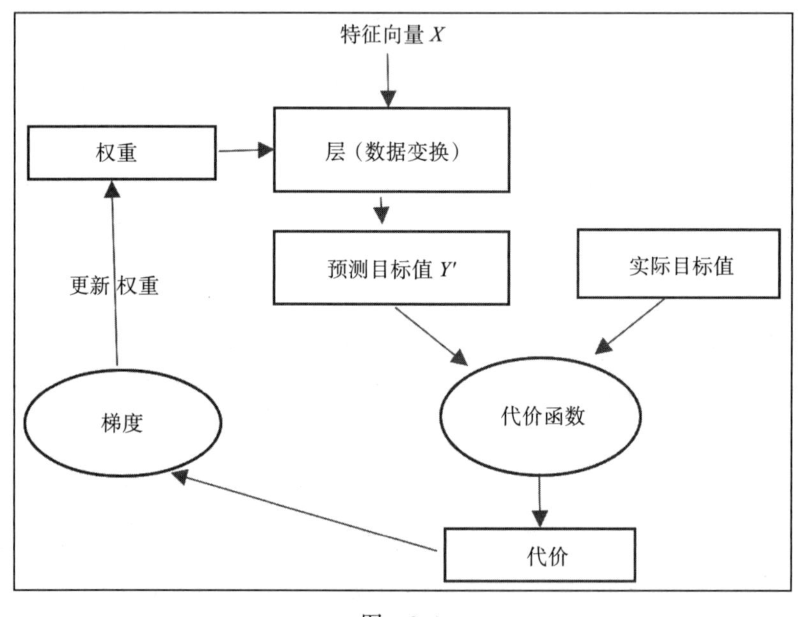

图 8-4

在图 8-4 中，输入是特征向量 X，目标变量的实际值是 Y，目标变量的预测值是 Y'。梯度下降算法计算实际值和预测值之间的差值，再更新权重并重复这些步骤，直到代价被最小化。

算法在每次迭代过程中如何改变权重取决于以下两个因素：

- **方向**：向哪个方向前进才能得到损失函数的最小值。
- **学习率**：在选定的方向上应该变化多少。

一个简单的迭代过程如图 8-5 所示。

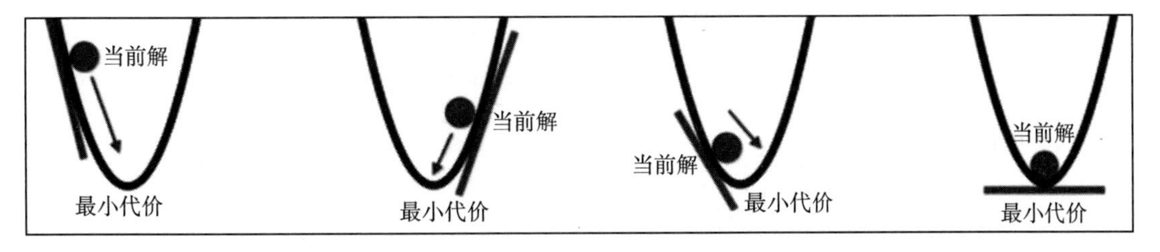

图　8-5

图 8-5 展示了梯度下降算法如何通过改变权重找到最小代价。算法选中的下一个取值点取决于移动方向的选择和学习率的选择。

> 学习率的恰当选择十分重要。如果学习率太小，则训练过程需要很长时间才能收敛。如果学习率太大，则训练过程很难收敛。例如，在图 8-5 中，如果学习率过大，则圆点表示的当前解将会在相对的两条直线之间来回振荡。

现在，我们讨论如何利用梯度来实现最小化。只考虑两个变量 x 和 y 的梯度，可以如下计算：

$$\text{梯度} = \frac{\Delta y}{\Delta x}$$

最小化梯度可以使用如下方法：

```
while(gradient!=0):
    if (gradient < 0); move right
    if (gradient > 0); move left
```

梯度下降算法同样也能找到神经网络的最优或者接近最优的权重。

注意，梯度下降算法的计算过程在整个网络中是从后向前逐步推进的。算法先计算最后一层的梯度，然后是倒数第二层的梯度，类似地逐步向前一层推进，直到到达第一层。这个计算过程称为**反向传播**，是由 Hinton、Williams 和 Rumelhart 三人在 1985 年提出的。

接下来，我们讨论激活函数。

8.3.3　激活函数

激活函数形式化地描述特定神经元如何处理其输入，以产生输出。

神经网络中的每个神经元都有一个激活函数，它决定了输入将如何被处理，如图 8-6 所示。

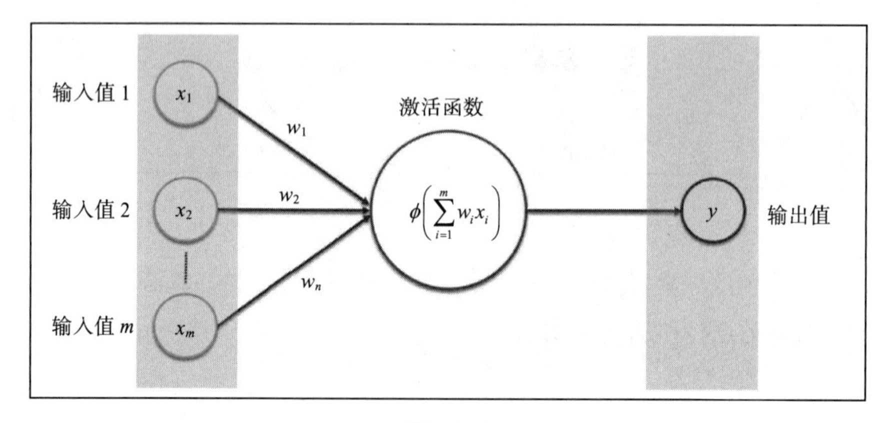

图 8-6

从图 8-6 中可以看到，激活函数生成的结果被传递到输出。激活函数设定了如何根据输入值来生成输出值。

对于完全相同的输入值，不同的激活函数将产生不同的输出结果。我们在使用神经网络时需要知道如何正确选择激活函数。

阈值函数

阈值函数（threshold function）是最简单的激活函数，它的输出是二进制值 0 或 1。如果输入大于 0，则阈值函数生成 1 作为输出。如图 8-7 所示。

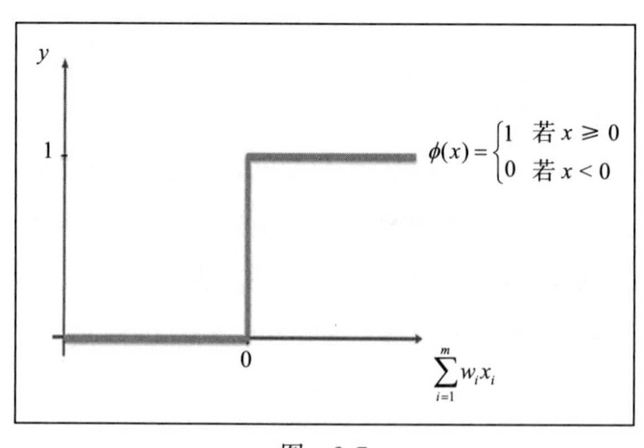

图 8-7

注意，阈值函数无论在其输入值的加权和上检测到多么小的正数，其输出 y 都会变成 1。这使得阈值激活函数非常敏感。因而，阈值函数很容易由于输入信号中的一些小故障或者噪声而被错误地触发。

sigmod 函数

sigmod 函数（sigmod function）可以被视为对阈值函数的改进，其中激活函数的敏感度得到了控制（如图 8-8 所示）。

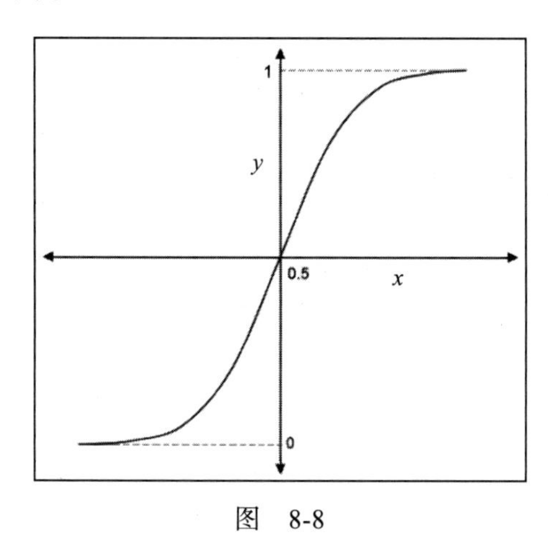

图　8-8

sigmod 函数 y 的定义如下：

$$y = f(x) = \frac{1}{1+e^{-x}}$$

用 Python 可以实现如下：

```
def sigmoidFunction(z):
      return 1/ (1+np.exp(-z))
```

注意，sigmod 函数降低了激活函数的敏感度，可以减少输入值中噪声的干扰。sigmod 函数的输出仍然是二进制值，即 0 或 1。

线性整流函数

前面给出了两个激活函数，它们的输出都是二进制值。这意味着它们会把一组输入变量转换成二进制输出。线性整流函数（Rectified Linear Unit，ReLU）也是一个激活函数，它接收一组输入变量作为输入，将它们转换为单个连续输出。在神经网络中，线性整流函数是最常用的激活函数，通常用于不希望将连续变量转换为类别变量的隐藏层中。

线性整流函数如图 8-9 所示。

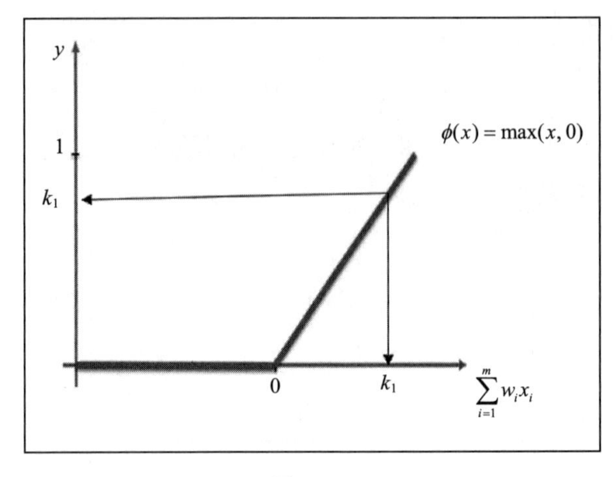

图 8-9

注意，当 $x \leqslant 0$ 时，$y = 0$。这意味着任何小于等于 0 的输入都会被转化为输出值 0。

$$y = f(x) = 0 \quad x<0$$

$$y = f(x) = x \quad x \geqslant 0$$

当 x 大于 0 时，其输出就是 x。

线性整流函数是神经网络中非常常用的激活函数之一。它可以用 Python 实现，如下所示：

```
def ReLU(x):
if x<0:
    return 0
else:
    return x
```

带修正的线性整流函数

在线性整流函数中，x 是负值时 y 取值为 0。这意味着在这个过程中丢失了一些信息，这使得神经网络的训练周期变长，尤其是训练刚开始的时候。带修正的线性整流函数 (Leaky ReLU) 解决了这个问题，其计算过程如下所示：

$$y = f(x) = \beta x \quad x<0$$

$$y = f(x) = x \quad x \geqslant 0$$

图示如图 8-10 所示。其中，参数 β 小于 1。

带修正的线性整流函数可以用 Python 实现如下：

```
def leakyReLU(x,beta=0.01):
    if x<0:
        return (beta*x)
    else:
        return x
```

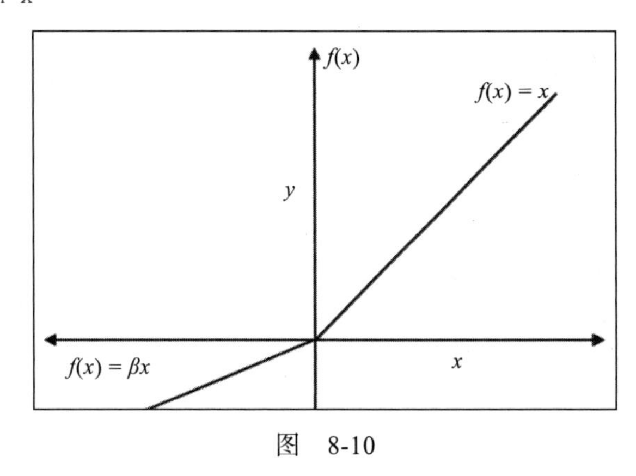

图　8-10

设定 β 值的三种不同方法如下：

- 将 β 设定为默认值。
- 将 β 视为神经网络的一个参数，由网络训练过程得到其取值，这种做法称为**参数化线性整流函数**（parametric ReLU）。
- 将 β 设定为随机值，这种做法称为**随机化线性整流函数**（randomized ReLU）。

双曲正切函数

双曲正切函数（hyperbolic tangent）类似于 sigmoid 函数，但它能够产生取值为负的输出信号。图 8-11 展示了这一特征。

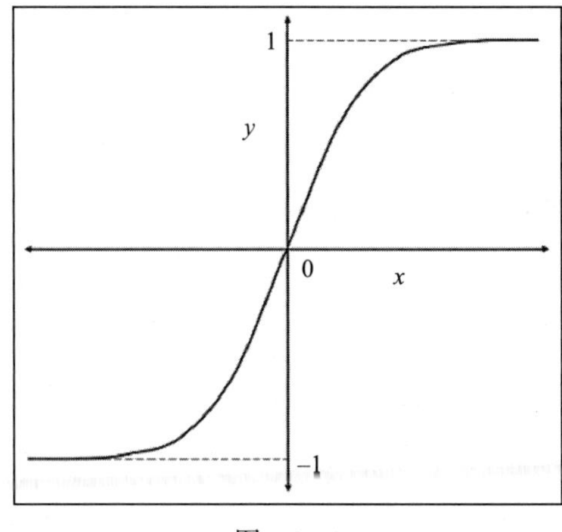

图　8-11

双曲正切函数y的计算过程如下所示：

$$y = f(x) = \frac{1-\mathrm{e}^{-2x}}{1+\mathrm{e}^{-2x}}$$

双曲正切函数可以用 Python 实现如下：

```
def tanh(x):
    numerator = 1-np.exp(-2*x)
    denominator = 1+np.exp(-2*x)
    return numerator/denominator
```

接下来，我们讨论 softmax 函数。

softmax 函数

有时激活函数的输出需要有两个或两个以上不同的值。softmax 激活函数能够产生多个输出。softmax 函数适于多分类问题。假设有n个类，则输入值可以如下映射到不同的类：

$$x = \{x^{(1)}, x^{(2)}, \cdots, x^{(n)}\}$$

softmax 应用在概率论中，计算某一类的输出概率如下：

$$\mathrm{prob}^{(s)} = \frac{\mathrm{e}^{x^s}}{\sum_{i=1}^{n} \mathrm{e}^{x^i}}$$

二分类问题的神经网络，最后一层的激活函数为 sigmoid 函数。多分类问题的神经网络，最后一层的激活函数为 softmax 函数。

8.4 工具和框架

下面我们详细地介绍用于实现神经网络的框架和工具。

长时间以来，人们开发了许多不同的框架来实现神经网络，各种框架各有优缺点。在此，我们重点讨论 Keras 框架，其后端是 Tensorflow。

8.4.1 Keras

Keras 是最流行、最容易使用的神经网络框架，该框架利用 Python 实现，其实现过程考虑了框架的易用性，并提供了实现深度学习的最快方式。Keras 只提供高级模块，在模型的级别上进行编程实现。

Keras 的后端引擎

Keras 需要一个较低层的深度学习库来执行张量操作，这种低层的深度学习库称为*后端引擎*。Keras 可使用的后端引擎包括：

- TensorFlow（www.tensorflow.org）：这是同类框架中最流行的框架，由谷歌开发。
- Theona（deeplearning.net/software/theano）：该框架由蒙特利尔大学的 MILA 实验室开发。
- Microsoft Cognitive Toolkit（CNTK）：由微软开发。

图 8-12 展示了模块化深度学习技术栈的构成。

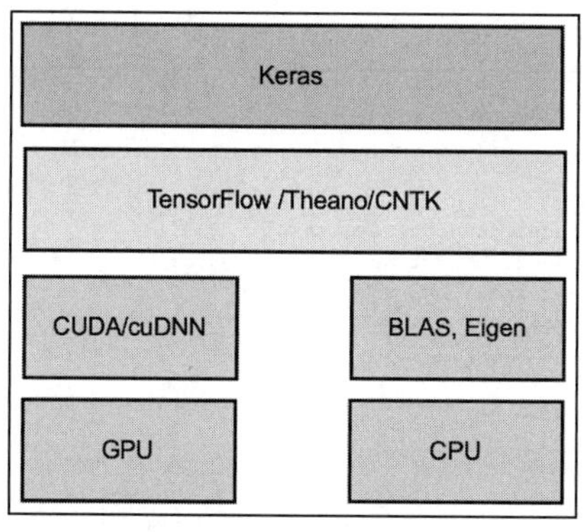

图 8-12

这种模块化的深度学习框架的优点是可以更改 Keras 的后端，而无须重写任何代码。比如说，如果我们发现 Tensorflow 比 Theona 更适合于某个特定任务，则可以简单地改变后端而无须重写任何代码。

深度学习技术栈的底层

前面给出的三个后端引擎都可以通过技术栈底层的选择同时运行于 CPU 和 GPU 之上。对于 CPU，使用的是一个称为 Eigen 的低级张量操作库；对于 GPU，TensorFlow 使用的是 NVIDIA 的 **CUDA 深度神经网络**（cuDNN）库。

定义超参数

第 6 章曾经介绍过，超参数是指在学习过程开始之前就选定值的参数。通常，我们先尝试使用常识值设定超参数，然后逐步优化其取值。对于神经网络，重要的超参数包括：

- 激活函数
- 学习率
- 隐藏层数量

❑ 各个隐藏层中神经元的数量

我们下面讨论如何用 Keras 定义模型。

定义 Keras 模型

定义一个完整的 Keras 模型需要三个步骤：

1. **定义层：**

有两种方式使用 Keras 构建模型。

❑ **顺序性 API：**这种方式允许用一系列线性层来构建模型。它用于相对简单的模型，这是构建模型的通常选择（如图 8-13 所示）。

Import Packages

```
[ ] import tensorflow as tf
    from tensorflow.keras.models import Sequential
    from tensorflow.keras.layers import Dense, Activation, Dropout
    from tensorflow.keras.datasets import mnist
```

Load Data

Let us load the mnist dataset

```
[ ] (x_train, y_train), (x_test, y_test) = mnist.load_data()

    Downloading data from https://storage.googleapis.com/tensorflow/tf-keras-datasets/mnist.npz
    11493376/11490434 [==============================] - 0s 0us/step
```

```
[ ] model = tf.keras.models.Sequential([
            tf.keras.layers.Flatten(),
            tf.keras.layers.Dense(128, activation='relu'),
            tf.keras.layers.Dropout(0.15),
            tf.keras.layers.Dense(128, activation='relu'),
            tf.keras.layers.Dropout(0.15),
            tf.keras.layers.Dense(10, activation='softmax'),
            ])
```

图 8-13

注意，我们用上面的代码创建了三个层，前两个层使用 ReLU 激活函数，第三个层使用 softmax 激活函数。

❑ **功能性 API：**这种方式可以将神经网络中的各个层组织为无环图，使用它可以创建更复杂的模型（见图 8-14）。

注意，可以用这两种不同的 API 来定义同一个神经网络。从性能的角度来看，采用哪种方法定义模型没有任何区别。

```
inputs = tf.keras.Input(shape=(128,128))
x = tf.keras.layers.Flatten()(inputs)
x = tf.keras.layers.Dense(512, activation='relu',name='d1')(x)
x = tf.keras.layers.Dropout(0.2)(x)
predictions = tf.keras.layers.Dense(10,activation=tf.nn.softmax, name='d2')(x)
model = tf.keras.Model(inputs=inputs, outputs=predictions)
```

图 8-14

2. **定义学习过程：**

在这一步中，我们定义了三种东西（见图 8-15）：

- ❑ 优化器
- ❑ 损失函数
- ❑ 量化模型质量的指标

```
optimiser = tf.keras.optimizers.RMSprop
model.compile (optimizer= optimiser, loss='mse', metrics = ['accuracy'])
```

图 8-15

注意，在这里我们用 `model.compile` 函数来定义优化器、损失函数和指标。

3. **训练模型：**

模型结构定义好之后，就可以开始训练了（见图 8-16）。

```
model.fit(x_train, y_train, batch_size=128, epochs=10)
```

图 8-16

注意，`batch_size` 和 `epochs` 等参数是可以配置的，因为它们是超参数。

顺序性模型和功能性模型

顺序性模型将人工神经网络创建为各个层的简单顺序堆叠。顺序性模型易于理解和实现，但其简单结构也是它的一个主要局限性。这种模型的每一层都恰好连接到一个输入张量和一个输出张量。这意味着，如果在输入层、输出层或者任意隐藏层有多个输入张量或者多个输出张量，则不能采用顺序性模型。此时，需要采用功能性模型。

8.4.2 理解 TensorFlow

TensorFlow 是处理神经网络非常流行的库之一。前面我们已经看到它可以作为 Keras

的后端引擎。TensorFlow 是一个高性能的开源库，它实际上可以用于任何数值计算。如果我们对其技术栈稍加了解，就会发现可以用 Python 或 C++ 等高级语言来编写 TensorFlow 代码，继而由 TensorFlow 分布式执行引擎来解释执行。为此，TensorFlow 对开发者非常有用，并且广受开发者的欢迎。

使用 TensorFlow 来完成计算任务，需要先将计算任务表示为一个**有向图**（directed graph），其中顶点表示数据列表，而连接顶点的边则表示从输入到输出需要完成的数学操作。

TensorFlow 的基本概念

我们简要地讨论一下 TensorFlow 的基本概念，包括标量、向量和矩阵。我们知道，简单数字（如 3 或 5）在传统数学中称为**标量**。而在物理学中，同时具有大小和方向的量则称为**向量**。但是，在 TensorFlow 中，向量指的是一维数组。将这个概念拓展之后，二维数组称为**矩阵**，三维数组则称为**三维张量**。数据结构的维数称为**阶**。因此，**标量**的阶是 0，**向量**的阶是 1，**矩阵**的阶是 2。我们将这种多维结构统称为**张量**，如图 8-17 所示。

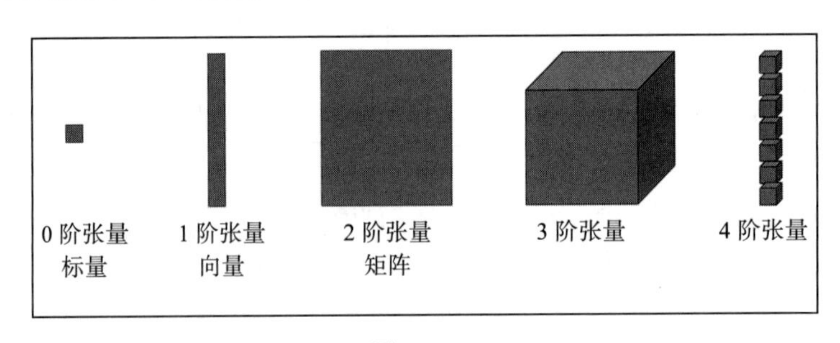

图 8-17

正如前面所讲，阶指的是张量的维数。

下面讨论另外一个参数——构形（shape）。构形是由整数构成的一个元组，它规定了张量在每个维度上的长度。图 8-18 解释了构形这个概念。

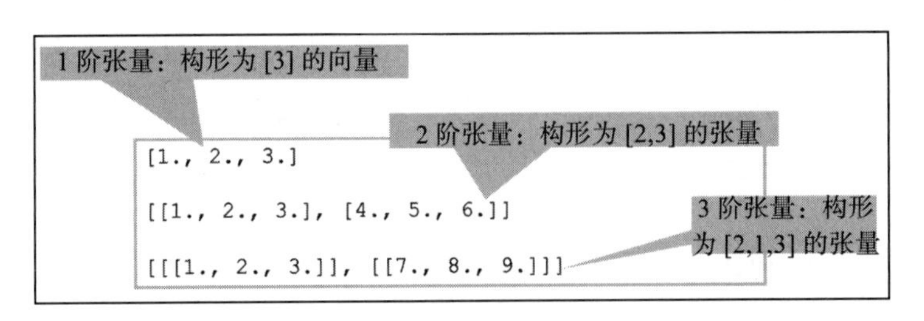

图 8-18

利用构形和阶，我们可以深入研究张量。

利用张量实现数学计算

现在，我们利用张量实现各种数学计算。

- 定义两个标量（见图 8-19）。

```
In [13]: print("Define constant tensors")
         a = tf.constant(2)
         print("a = %i" % a)
         b = tf.constant(3)
         print("b = %i" % b)

         Define constant tensors
         a = 2
         b = 3
```

图　8-19

- 计算加法和乘法，显示结果如图 8-20 所示。

```
In [14]: print("Running operations, without tf.Session")
         c = a + b
         print("a + b = %i" % c)
         d = a * b
         print("a * b = %i" % d)

         Running operations, without tf.Session
         a + b = 5
         a * b = 6
```

图　8-20

- 可以将两个标量张量相加来创建一个新的标量张量（见图 8-21）。

```
In [16]: c = a + b
         print("a + b = %s" % c)

         a + b = Tensor("add:0", shape=(2, 2), dtype=float32)
```

图　8-21

- 此外，还可以执行复杂的张量运算，如图 8-22 所示。

```
In [17]: d = tf.matmul(a, b)
         print("a * b = %s" % d)

         a * b = Tensor("MatMul:0", shape=(2, 2), dtype=float32)
```

图　8-22

8.4.3　理解神经网络的类型

建立神经网络的方法不止一种，如果每一层的每个神经元都与另一层的每个神经元相连，则称之为密神经网络或全连接神经网络。下面我们讨论其他形式的神经网络。

卷积神经网络

卷积神经网络（Convolution Neural Network，CNN）是一种用于分析多媒体数据的典型神经网络。为了更好地了解 CNN 是如何分析图像数据的，我们需要掌握以下两个过程。

- 卷积
- 池化

接下来我们逐一地讨论它们。

卷积

卷积运算用一幅小图像（称为**过滤器**，也称为**卷积核**）来处理给定图像，以便找出图像中的某种模式。例如，如果我们想从图像中找出物体的边缘，则可以采用一个特定过滤器对图像进行卷积操作。这样的边缘检测有助于我们实现对象检测、对象分类以及其他一些应用。总之，，卷积运算能够找出图像的特征。

模式搜寻方法旨在找出可以在不同数据上重用的模式。可重用模式称为过滤器或者卷积核。

池化

为了达到机器学习的目的，多媒体数据处理的一个重要组成部分就是降采样。降采样有下面两种好处：

- 降采样能够降低问题的维度，减少了训练主模型所需的时间。
- 通过聚合，将多媒体数据中不必要的细节抽象出来，使其更具通用性，更具类似问题的代表性。

降采样过程如图 8-23 所示。

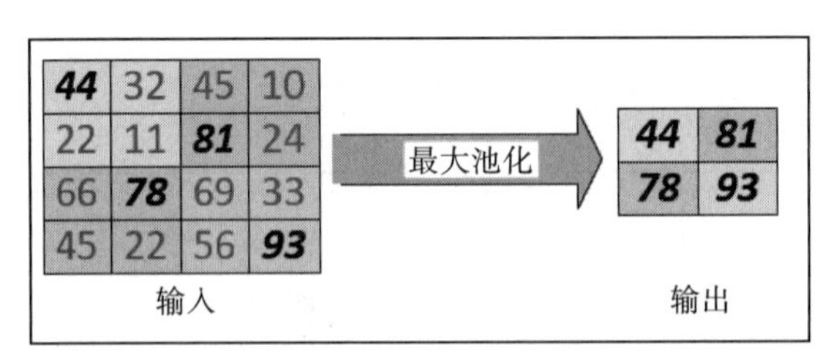

图 8-23

注意，我们用一个像素代替了每个块中的四个像素，并选择了四个像素中的最大值作为新像素的值。这意味着降采样的因子是 4。由于我们选择各个块中四个像素中的最大值，所以这个过程被称为**最大池化**。我们也可以选择平均值，在这种情况下，池化过程称为平均池化。

循环神经网络

循环神经网络（Recurrent Neural Network，RNN）是一种基于循环结构的特殊神经网络，这也正是将它称为**循环**网络的原因。值得注意的是，循环神经网络具有记忆性。这意味着循环神经网络能够存储最近迭代产生的信息。循环神经网络可以用于分析句子结构，以预测句子中的下一个单词。

生成对抗网络

生成对抗网络（Generative Adversarial Network，GAN）是一种生成合成数据的神经网络。该网络模型是在 2014 年由 Ian Goodfellow 和他的同事创建的。该网络能够生成从未存在过的人的照片。更重要的是，该网络能够生成合成数据，用来扩大训练数据集的规模。

接下来，我们讨论迁移学习。

8.5　迁移学习

多年来，开源社区中的许多组织、研究小组和个人使用大量的开源数据完善了一些复杂的模型，以方便人们出于一般性目的而使用它们。其中一些开源程序可以用于以下应用程序中：

- 视频目标检测
- 图像目标检测
- 音频转录
- 文本情感分析

当开始训练新的机器学习模型时，应该首先问自己：除了从头开始训练新模型，能否利用现有的已经训练好的模型，通过再定制来建立适合我们自己任务的模型呢？换句话说，能否将现有的已训练好的模型的学习转移到定制模型中，以便回答我们自身的业务问题呢？如果能做到这一点，将有以下几点好处：

- 模型的训练工作有了跳跃式的起步。
- 通过利用经过良好测试和完善的模型，模型的整体质量可能会得到改善。
- 如果没有足够的数据来解决我们的问题，则通过迁移学习的方式使用预训练的模型可能有帮助。

下面给出两个实际的例子，迁移学习在其中都发挥了作用：

- 在训练机器人时，可以先用模拟游戏的方式训练一个神经网络模型。在模拟过程中，可以创造出那些在现实世界中很难发现的罕见事件。一旦训练完成，就可以利用迁移学习的方法来训练模型，以适应现实世界。

- 假设要训练一种模型，该模型可以通过视频信息对苹果和 Windows 笔记本电脑进行分类。现在已经有成熟的开源代码检测模型，其可以准确地分类视频中提到的各种对象。可以使用这些模型作为起点，将对象识别为笔记本电脑。我们一旦确定对象是笔记本电脑，就可以进一步训练模型将笔记本电脑区分为苹果笔记本电脑和 Windows 笔记本电脑。

下面我们应用本章讨论的概念构建一个用于欺诈文档分类的神经网络。

8.6 实例——用深度学习实现欺诈检测

利用**机器学习**（ML）技术识别虚假文档是一个活跃而具有挑战性的研究领域。研究人员正在研究神经网络的模式识别能力可以在这个任务上发挥多大的作用。这种方法不再手工地抽取特征，而是直接将原始像素作为特征用于多个深度学习架构。

实现方法

我们采用一种称为**孪生神经网络**的网络结构，它有共享相同架构和参数的两个分支。利用孪生神经网络来标记欺诈文档的过程如图 8-24 所示。

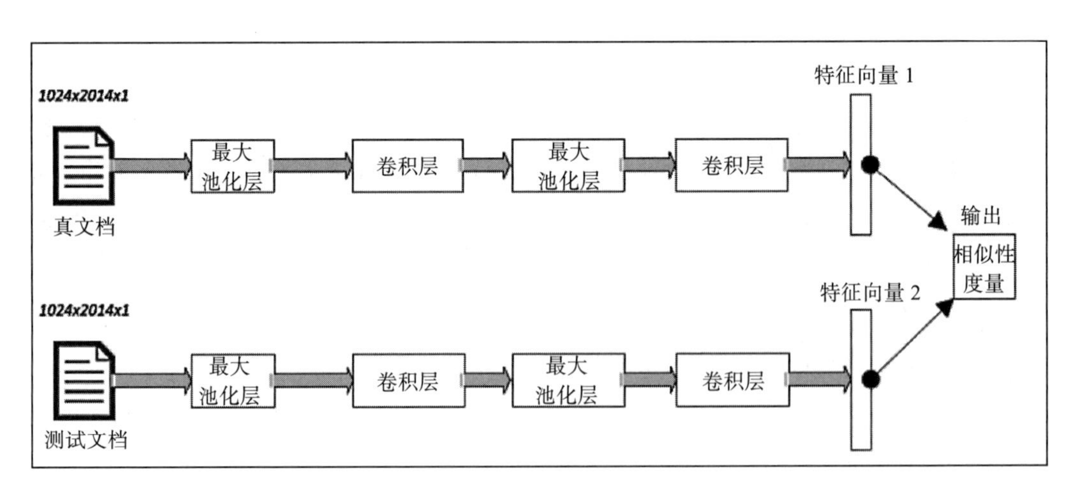

图 8-24

当需要验证特定文档的真实性时，我们首先根据文档的布局和类型对文档进行分类，然后将其与预期模板和模式进行比较。如果比较结果超出了某个阈值，则该文档会被标记为虚假文档；否则，它被认为是真文档。对于某些关键用例，可以将算法无法判定真伪的文档进行手动分类。

为了比较文档和预期模板，我们在孪生神经网络中使用两个相同的卷积神经网络。卷积神经网络的优势在于它学习得到的局部特征检测器具有最优的位移不变性，这使得它可以对输入图像的几何畸变构建鲁棒性的表达。该一特点适用于我们的问题，因为我们的目标是将真实文档和测试文档通过同一个网络，然后比较它们结果的相似性。为了实现这个目标，我们执行下面的步骤。

假设要测试文档，对于每一类文档，我们执行下面的步骤：

1. 获取真实文档的存储映像，我们称之为**真文档**。测试文档应当看起来像真文档。

2. 真文档通过神经网络创建一个特征向量，该特征向量是真文档模式的数学表达。我们称之为**特征向量 1**，如图 8-24 所示。

3. 需要测试的文档称为**测试文档**。我们将这个文档传入神经网络，该神经网络和用来为真文档创建特征向量的神经网络类似。测试文档的特征向量称为**特征向量 2**。

4. 我们用特征向量 1 和特征向量 2 之间的欧氏距离来计算真文档和测试文档之间的相似性得分。这种相似性评分称为**相似性度量**（MOS）。相似性度量是一个介于 0 和 1 之间的数。数字越大，表示文档之间的距离越小，文档相似的可能性越高。

5. 如果神经网络计算出的相似性得分低于预先设定的阈值，我们将其标记为欺诈文档。

下面讨论如何用 Python 来实现孪生神经网络。

1. 首先，导入需要的 Python 包：

```
import random
import numpy as np
import tensorflow as tf
```

2. 接下来，定义神经网络用于处理孪生网络的每个分支：

```
def createTemplate():
      return tf.keras.models.Sequential([
        tf.keras.layers.Flatten(),
        tf.keras.layers.Dense(128, activation='relu'),
        tf.keras.layers.Dropout(0.15),
        tf.keras.layers.Dense(128, activation='relu'),
        tf.keras.layers.Dropout(0.15),
        tf.keras.layers.Dense(64, activation='relu'),
        ])
```

注意，为了减轻过拟合，我们设定参数 dropout 为 0.15。

3. 为了实现孪生网络，我们将使用 MNIST 图像，它是测试我们的方法有效性的理想选择。我们需要在准备数据过程中保证每个样本有两幅图像和一个二分类标记，该标记表明两幅图像是否来自同一个类。现在实现名为 prepareData 的函数，它为我们准备数据：

```
def prepareData(inputs: np.ndarray, labels: np.ndarray):
      classesNumbers = 10
      digitalIdx = [np.where(labels == i)[0] for i in
range(classesNumbers)]
      pairs = list()
      labels = list()
      n = min([len(digitalIdx[d]) for d in range(classesNumbers)])
- 1
      for d in range(classesNumbers):
        for i in range(n):
            z1, z2 = digitalIdx[d][i], digitalIdx[d][i + 1]
            pairs += [[inputs[z1], inputs[z2]]]
            inc = random.randrange(1, classesNumbers)
            dn = (d + inc) % classesNumbers
            z1, z2 = digitalIdx[d][i], digitalIdx[dn][i]
            pairs += [[inputs[z1], inputs[z2]]]
            labels += [1, 0]
      return np.array(pairs), np.array(labels, dtype=np.float32)
```

注意，prepareData() 将在所有的数字上产生相同数量的样本。

4. 现在，我们准备训练数据集和测试数据集：

```
(x_train, y_train), (x_test, y_test) =
tf.keras.datasets.mnist.load_data()
x_train = x_train.astype(np.float32)
x_test = x_test.astype(np.float32)
x_train /= 255
x_test /= 255
input_shape = x_train.shape[1:]
train_pairs, tr_labels = prepareData(x_train, y_train)
test_pairs, test_labels = prepareData(x_test, y_test)
```

5. 接下来，创建孪生系统的两个分支：

```
input_a = tf.keras.layers.Input(shape=input_shape)
enconder1 = base_network(input_a)
input_b = tf.keras.layers.Input(shape=input_shape)
enconder2 = base_network(input_b)
```

6. 实现相似性度量，它量化我们想要比较的两个文档之间的距离：

```
distance = tf.keras.layers.Lambda(
    lambda embeddings: tf.keras.backend.abs(embeddings[0] -
embeddings[1])) ([enconder1, enconder2])
measureOfSimilarity = tf.keras.layers.Dense(1,
activation='sigmoid') (distance)
```

现在，我们训练这个模型。设定参数 epochs 等于 10，如图 8-25 所示。

```
[10] # Build the model
     model = tf.keras.models.Model([input_a, input_b], measureOfSimilarity)
     # Train
     model.compile(loss='binary_crossentropy',optimizer=tf.keras.optimizers.Adam(),metrics=['accuracy'])

     model.fit([train_pairs[:, 0], train_pairs[:, 1]], tr_labels,
               batch_size=128,epochs=10,validation_data=([test_pairs[:, 0], test_pairs[:, 1]], test_labels))

     Epoch 1/10
     847/847 [==============================] - 6s 7ms/step - loss: 0.3459 - accuracy: 0.8500 - val_loss: 0.2652 - val_accuracy: 0.9105
     Epoch 2/10
     847/847 [==============================] - 6s 7ms/step - loss: 0.1773 - accuracy: 0.9337 - val_loss: 0.1685 - val_accuracy: 0.9508
     Epoch 3/10
     847/847 [==============================] - 6s 7ms/step - loss: 0.1215 - accuracy: 0.9563 - val_loss: 0.1301 - val_accuracy: 0.9610
     Epoch 4/10
     847/847 [==============================] - 6s 7ms/step - loss: 0.0956 - accuracy: 0.9665 - val_loss: 0.1087 - val_accuracy: 0.9685
     Epoch 5/10
     847/847 [==============================] - 6s 7ms/step - loss: 0.0790 - accuracy: 0.9724 - val_loss: 0.1104 - val_accuracy: 0.9669
     Epoch 6/10
     847/847 [==============================] - 6s 7ms/step - loss: 0.0649 - accuracy: 0.9770 - val_loss: 0.0949 - val_accuracy: 0.9715
     Epoch 7/10
     847/847 [==============================] - 6s 7ms/step - loss: 0.0568 - accuracy: 0.9803 - val_loss: 0.0895 - val_accuracy: 0.9722
     Epoch 8/10
     847/847 [==============================] - 6s 7ms/step - loss: 0.0513 - accuracy: 0.9823 - val_loss: 0.0807 - val_accuracy: 0.9770
     Epoch 9/10
     847/847 [==============================] - 6s 7ms/step - loss: 0.0439 - accuracy: 0.9847 - val_loss: 0.0916 - val_accuracy: 0.9737
     Epoch 10/10
     847/847 [==============================] - 6s 7ms/step - loss: 0.0417 - accuracy: 0.9853 - val_loss: 0.0835 - val_accuracy: 0.9749
     <tensorflow.python.keras.callbacks.History at 0x7ff1218297b8>
```

图　8-25

注意，我们使用了 10 个 Epoch 达到了 97.49% 的精度。增大 epochs 会进一步提高准确度。

8.7　小结

本章详细讨论了神经网络。我们先讨论了多年来网络结构的演变过程和各种神经网络，介绍了神经网络的各种构建模块。然后，深入讨论了用于训练神经网络的梯度下降方法，介绍了各种激活函数，并研究了激活函数在神经网络中的应用，还学习了迁移学习的概念。最后，讨论了一个实例，该例子说明了如何使用神经网络来训练机器学习模型，以便在部署后用于标记欺诈文档。

下一章将讨论如何用这些算法进行自然语言处理，还将介绍词嵌入的概念，并讨论如何在自然语言处理中使用循环神经网络。最后，我们还将探讨如何实现情感分析。

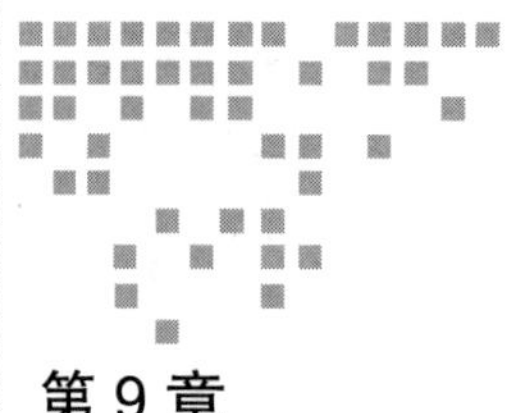

Chapter 9 第9章

自然语言处理算法

本章将介绍**自然语言处理**算法。这一章从理论到实践循序渐进展开。首先介绍自然语言处理的基本原理，然后介绍基本算法。接下来，介绍一种最流行的神经网络，该网络广泛应用于设计和实现文本数据上的重要设计用例。最后，讨论自然语言处理算法的局限性，并学习如何在自然语言处理领域训练机器学习来进行电影评论情感分析。

通过学习本章，你将理解用于自然语言处理的基本技术，可以利用自然语言处理算法来解决一些有意义的现实问题。

我们从基本概念开始。

9.1 自然语言处理简介

自然语言处理是形式化表述计算机和人类（自然）语言之间的交互过程的所有方法的统称。自然语言处理是一个综合性的学科，涉及使用计算机语言算法和人机交互技术来处理复杂的非结构化数据。自然语言处理可以应用到很多情景，比如说：

- **主题标识**：在文本数据库中发现主题，并根据发现的主题对数据库中的文档分类。
- **情感分析**：根据文本中的积极情绪和消极情绪对文本分类。
- **机器翻译**：把文字从一种语言翻译成另一种语言。
- **文本－语音转换**：把说出来的话转换为文本。
- **主观翻译**：智能地解释问题，并根据现有信息回答问题。

- **实体识别**：从文本中识别实体（如人、地方或事物）。
- **假新闻检测**：根据新闻内容标记假新闻。

我们先讨论自然语言处理时使用的一些术语。

9.1.1　理解自然语言处理术语

自然语言处理是一个综合性学科。我们注意到，在围绕某一个领域的文献中，不同的术语有时用于指代同一事物。我们了解一些与自然语言处理相关的基本术语。首先从标准化开始，它通常用于对输入数据进行处理，这是自然语言处理的基本过程之一。

标准化

在训练机器学习模型时，标准化用于对输入文本数据进行处理，以提高输入数据的质量。标准化通常包括以下步骤：

- 将所有文本转换为大写或小写
- 删除标点符号
- 删除数字

注意，虽然说上面给出的处理步骤通常是必需的，但实际处理步骤却取决于待求解问题。具体要实施的步骤因用例不同而有所区别。例如，如果文本中的数字在待求解问题中表示有价值的内容，则我们就不需要在标准化阶段从文本中删除这些数字。

语料库

用于求解问题的输入文档集称为**语料库**。语料库是自然语言处理问题的输入数据。

符号化

我们在进行自然语言处理时，第一项工作就是将文本划分为符号序列，这个过程称为**符号化**（tokenization）。在符号化所得的结果中，符号字（token）的粒度将会根据实现目标而变化。每个符号字可以如下构成：

- 单词
- 单词组合
- 句子
- 段落

命名实体识别

在自然语言处理中，很多情况下我们需要从非结构化数据中识别出属于预定义类别的某些单词和数字，比如电话号码、邮政编码、姓名、地点或者国家。这样做可以给非结构化数据提供结构。这个过程称为**命名实体识别**（Named Entity Recognition，NER）。

省略词

经过单词级的序列化后，我们就得到了由文本所用单词构成的列表，其中一些单词是几乎会出现在每篇文档中的常见单词。这些词并不能提供文档的补充含义。这些词称为**省略词**。它们常常需要在数据处理阶段被删除。省略词的例子包括 was、we 和 the 等。

情感分析

情感分析（也称观点挖掘）是指从文本中提取积极情感或者消极情感的过程。

词干提取和词形还原

在文本数据中，大多数单词可能以略微不同的形式出现。将每个单词简化为其词干或者词源，称为**词干提取**。该步骤根据相似的含义组合单词，以减少需要分析的单词总数。本质上词干提取降低了问题的复杂性。

例如，{use, used, using, uses} => {use}。

词干提取在英语中最常用的算法为波特算法（Porter algorithm）。词干提取是一个粗糙的过程，该过程可能需要截断单词的结尾。这可能导致单词的拼写错误。在很多情况下，每个单词只是问题空间中某个级别的标识符，拼写错误的单词并不重要。如果需要确保单词拼写正确，则应该使用词形还原，而不是使用词干提取。

算法是缺乏常识的。人脑将相似单词处理为同一单词的过程十分简单。但对于算法而言，我们必须对其进行指导，给算法完成同样过程提供分组标准。

基本上，有三种不同方式用于实现自然语言处理，它们在技术复杂性上有所不同。这三种方法如下所示：

- 基于**词袋**的自然语言处理
- 传统自然语言处理分类器
- 用深度学习进行自然语言处理

9.1.2 自然语言工具包

自然语言工具包（NLTK）是 Python 中处理 NLP 任务时使用最广泛的包。NLTK 是用于自然语言处理的最古老和最流行的 Python 库之一。NLTK 是有用的工具包，该工具包基本上提供了构建任何自然语言处理过程的快速入门方法，它给开发者提供了基本工具，开发者可以将这些工具链接在一起实现目标，避免了造轮子的过程。NLTK 中有很多工具，后面我们将会下载这个包，并使用其中的一些工具。

接下来，我们讨论基于词袋的自然语言处理。

9.2　基于词袋的自然语言处理

将输入文本表示为词袋称为**词袋化处理**。这种方法的缺点在于，它抛弃了大部分的语法和符号化过程，导致单词出现的上下文消失。在基于词袋的方法中，我们需要量化每个单词在其出现的文档中的重要性。

基本上来说，有三种方法量化单词在每个文档中的重要性：

- **二元法**：如果单词出现在文档中，则对应特征取值为 1，否则特征取值为 0。
- **计数**：将单词在文本中出现的次数作为特征的取值，未出现时特征取值为 0。
- **词频 / 倒排文档词频（TF-IDF）**：特征的取值是单词在文档中的出现次数和该单词在整个语料库中的出现次数的比值。显然，the、on、in 等常用单词的 TF-IDF 值会非常低。反之，文档中特有单词的 TF-IDF 值会较高。

注意，采用基于词袋的方法就意味着抛弃部分信息。也就是说，我们忽略了文本中单词的顺序。在很多情况下，这种方法有效，但可能会降低准度。

我们来看一个具体的例子。比如，我们要训练一个模型来将饭店的评价分为正面评价和负面评价。输入文件是标记后的文件，其中每条评价都已经被划分为正面和负面。

首先，我们处理输入数据。

处理过程如图 9-1 所示。

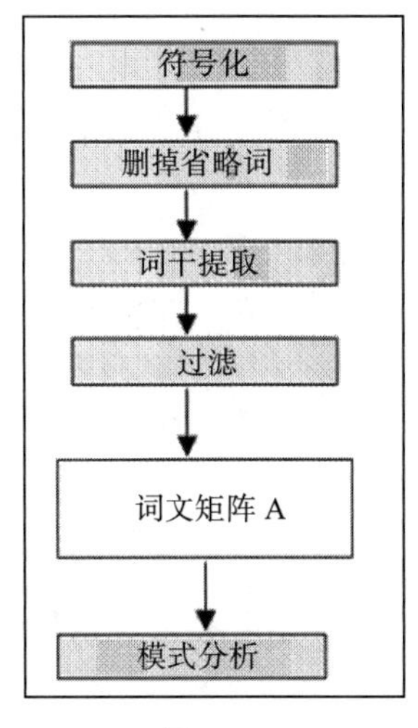

图　9-1

通过下面的步骤实现图 9-1 所示的处理管道：

1. 先导入需要的包：

```
import numpy as np
import pandas as pd
```

2. 从 CSV 文件中导入数据集（见图 9-2）。

3. 我们对数据进行清洗：

```
# Cleaning the texts
import re
```

```
import nltk
nltk.download('stopwords')
from nltk.corpus import stopwords
from nltk.stem.porter import PorterStemmer
corpus = []
for i in range(0, 1000):
    review = re.sub('[^a-zA-Z]', ' ', dataset['Review'][i])
    review = review.lower()
    review = review.split()
    ps = PorterStemmer()
    review = [ps.stem(word) for word in review if not word in
set(stopwords.words('english'))]
    review = ' '.join(review)
    corpus.append(review)
```

```
In [2]: # Importing the dataset
        dataset = pd.read_csv('Restaurant_Reviews.tsv', delimiter = '\t', quoting = 3)
        dataset.head()
Out[2]:
```

	Review	Liked
0	Wow... Loved this place.	1
1	Crust is not good.	0
2	Not tasty and the texture was just nasty.	0
3	Stopped by during the late May bank holiday of...	1
4	The selection on the menu was great and so wer...	1

图 9-2

4. 接下来，给出数据集的特征（X）和对应标签（y）：

```
from sklearn.feature_extraction.text import CountVectorizer
cv = CountVectorizer(max_features = 1500)
X = cv.fit_transform(corpus).toarray()
y = dataset.iloc[:, 1].values
```

5. 将数据划分为测试数据和训练数据：

```
from sklearn.model_selection import train_test_split
X_train, X_test, y_train, y_test = train_test_split(X, y, test_size
= 0.20, random_state = 0)
```

6. 我们使用朴素贝叶斯算法训练模型：

```
from sklearn.naive_bayes import GaussianNB
classifier = GaussianNB()
classifier.fit(X_train, y_train)
```

7. 预测测试集的标签：

```
y_pred = classifier.predict(X_test)
```

8. 查看混淆矩阵（见图 9-3）。

通过混淆矩阵，对误差进行分析。

```
In [18]: # Making the Confusion Matrix
         from sklearn.metrics import confusion_matrix
         cm = confusion_matrix(y_test, y_pred)

In [19]: cm

Out[19]: array([[55, 42],
                [12, 91]])
```

图　9-3

9.3　词嵌入简介

前面，我们讨论了如何将输入文本数据抽象为基于词袋来解决自然语言处理任务。自然语言处理的主要进步之一是，我们能够以密集向量的形式给单词创建有意义的数字表示。这种技术称为词嵌入。尤溪瓦·本吉奥（Yoshua Bengio）首先在其论文“神经概率语言模型”中引入了这个术语。自然语言处理中的每个词都可以看成是离散类别的对象。将每个单词映射到一个数字向量的过程称为词嵌入。换句话说，将单词转换为一列实数的方法称为词嵌入。嵌入过程的一个显著特征是使用密集向量而不是使用传统的稀疏矩阵向量。

在自然语言处理中，使用基于词袋的技术时存在两个问题：

- **上下文丢失**：当我们把语句拆分成符号字时，符号字的上下文就丢失了。根据语句中的上下文，一个单词可能有不同的含义。这在解释幽默、讽刺等人类复杂情感时显得非常重要。
- **稀疏输入**：在符号化时，每个词都会变成一个特征。在我们之前讨论的例子中可以看到，每个单词都是一个特征。这就产生了稀疏的数据结构。

9.3.1　词的邻域

如何将文本数据（某个单词或者词汇）呈现给算法，一个关键思想来自语言学。词嵌入之后，我们可以关注每个单词的邻域，并使用邻域来确定单词的意义和重要性。词的邻域是该单词周围的一组词。词的上下文由它的邻域确定。

注意，在使用基于词袋的方法时，单词失去了它的上下文信息，因为单词的上下文信息来自它的邻域。

9.3.2　词嵌入的性质

良好的词嵌入会展现出以下性质：

- **向量密集**：实际上，嵌入的本质是因子模型。嵌入向量中每个维度都代表了一个潜在的特征。尽管我们通常不知道这个特征具体表示什么，但是嵌入向量中零的个数会很少。注意，向量中 0 的个数多就意味着向量是稀疏的。
- **向量维度低**：嵌入向量有预定义的维度（超参数）。在前面讨论的基于词袋的方法中，每个单词需要的维度是 $|V|$，继而输入的总规模是 $|V|*n$，其中 n 是输入数据用到的单词数。但是，词嵌入后，输入的总规模是 $d*n$，其中 d 通常介于 50 ～ 300 之间。注意，大型语料库用到的单词数通常远大于 300。这意味着词嵌入大幅度地节省了输入规模，而且在数据实例更少的情况下可以实现更好的准确度。
- **语义嵌入**：嵌入向量中嵌入了上下文语义。这个性质最令人惊讶，同时也是最有用的。通过适当训练，嵌入向量中会融入单词所在上下文的语义。
- **易于泛化**：最后，词嵌入能够选用泛化能力强的抽象模式。例如，我们可以对猫、鹿、狗等进行嵌入训练，然后模型会理解我们指的是动物。注意，该模型没有用“羊”进行任何训练，但是这个模型仍然能够把“羊”分类出来。通过嵌入技术，我们可以得到正确答案。

接下来，我们讨论如何使用循环神经网络进行自然语言处理。

9.4 用循环神经网络实现自然语言处理

循环神经网络是一种传统的带反馈的前馈网络。简单而言，循环神经网络是一种有状态的神经网络，它适于在任何类型的数据上生成和预测数据序列。训练循环神经网络就是用模型表达序列数据的信息。循环神经网络能够应用于文本数据，因为句子就是单词的序列。我们在将循环神经网络应用于自然语言处理时，可以将其用于如下所示的任务：

- 打字时预测下一个单词。
- 遵照训练文本中的样式生成新的文本（见图 9-4）。

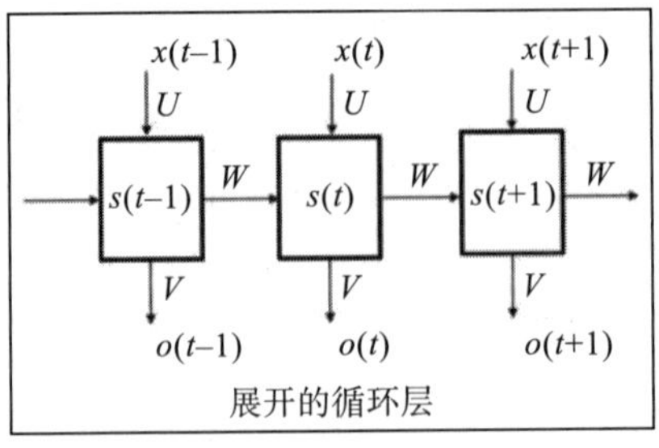

图 9-4

记住单词组合就能够正确预测单词吗？神经网络的学习过程以语料库中的文本为基础，通过减少预测的下一个单词和实际的下一个单词之间的误差来训练网络。

9.5　用自然语言处理实现情感分析

我们在此讨论一个用例，亦即用自然语言处理算法来对高速产生的推文进行情感分类。要解决的任务是，从特定主题的推文中提取情感。情感分类任务旨在实时地量化每条推文的情感倾向，然后从所有推文的情感极性中聚合得出捕获到的整体情感倾向。为了解决推文流数据中内容和行为的挑战，并有效地展开实时分析，我们通过选用一个训练好的分类器来使用自然语言处理技术。用训练后的分类器处理推文数据流，确定每条推文的情感倾向（积极、消极、中立），最后在特定主题的所有推文中聚合情感极性并确定整体情感倾向。下面，我们一步一步地完成整个过程。

首先，我们训练分类器。为此，我们需要准备好的推文历史数据集，其中应包含历史实时数据的情感模式和情感倾向。我们使用的历史数据集是 www.sentiment140.com 网站上的数据，这是一个带有人工标记的语料库（含有情感分析结果的大型文本集），其中包含了 160 万条推文。该数据集中的每条推特被标记为三个标签之一，其中 0 表示消极情绪，2 表示中立情绪，4 表示积极情绪。该数据集除了给出推文文本之外，还提供了推文 ID、日期、标签和推者。现在，我们来看实时推文到达训练好的分类器之前所执行的每一个操作：

1. 推文被分解为单词，每个单词都是一个符号字（这一步就是符号化）。

2. 用符号化的结果来创建词袋，它是推文文本中出现的单词构成的集合。

3. 删除数字、标点和省略词，将推文进一步过滤 (这一步是删除省略词)。省略词是那些非常常见的词，比如 is、am、are 和 the。由于这些词不包含额外的信息，删除它们。

4. 此外，通过模式匹配删除非字母字符。这种字符包括 #、@ 和数字等，删除它们是因为它们与情感分析无关。正则表达式用来匹配字母字符，而其余字符则被忽略。这个过程有助于减少推文信息流中的混乱。

5. 在前一步的结果上进行词干提取。在这个阶段，派生词被还原为词根。例如，类似于 fish、fishing 和 fishes 的词都具有相同的词根。为实现词干提取，我们使用标准自然语言处理库，该库提供了各种算法（包括波特词干提取算法）。

6. 数据被处理后，它就被转换成一种称为**词文矩阵**（TDM）的结构。TDM 表示每个符号字在过滤后的语料库的每篇文档中出现的频率。

7. 经过 TDM 之后，推文就可以交给分类器处理了。由于分类器已经经过训练，它可以直接处理推文数据。分类器计算每个词的**情感倾向重要性**（SPI），结果是介于 –5 ～ +5 之间的一个数值，其中正号和负号代表了词所代表的情绪类型，而数值大小代表了情绪的强度。这意味着推文可以被划分为积极和消极（如图 9-5 所示）。我们计算单条推文的情感倾向之后，将所有推文的 SPI 值相加，进而得到整体的推文源的情感倾向。例如，如果整体的 SPI 值大于 1，则表明在观察时间段内聚合情感是积极的。

> 为了获取实时的原始推文，需要使用 Scala 库的 Twitter4J 包。它是一个 Java 库，它为获取实时推文流提供了 API。该 API 需要用户在推特上注册一个开发人员账户，并填写一些身份验证参数。借助这个 API，我们既可以获取随机推文，也可以通过指定关键字来获取需要的推文。我们使用过滤器来检索与所选关键字相关的推文。

整体的机制如图 9-5 所示。

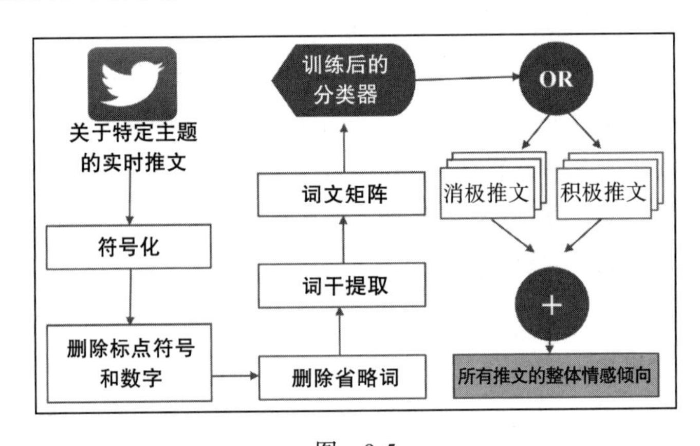

图 9-5

情感分析有多种应用。它可以用于对顾客的反馈进行分类。社交媒体上的情感分析可以被政府用于发现其政策的有效性。它还可以量化各种广告活动的成功程度。

下面，我们学习如何用情感分析来预测电影评论的情感。

9.6 实例——电影评论情感分析

我们使用自然语言处理来实现电影评论情感分析，为此，我们使用一些开源的电影评论数据：http://www.cs.cornell.edu/people/pabo/movie-review-data/。

1. 首先，我们导入包含电影评论的数据集：

```
import numpy as np
import pandas as pd
```

2. 现在，我们加载电影数据并打印前几行，观察数据的结构（见图 9-6）。

	label	review
0	neg	how do films like mouse hunt get into theatres...
1	neg	some talented actresses are blessed with a dem...
2	pos	this has been an extraordinary year for austra...
3	pos	according to hollywood movies made in last few...
4	neg	my first press screening of 1998 and already i...

```
In [2]: len(df)
Out[2]: 2000
```

图　9-6

注意，该数据集有 2000 条电影评论，其中一半是消极的，一半是积极的。

3. 现在，我们准备用于训练模型的数据集。首先，删除数据中所有的缺失值。

```
df.dropna(inplace=True)
```

4. 接下来，我们需要删除空格。因为空格非空，需要删除。为此，我们需要遍历输入数据帧的每一行，我们用 `.itertuples()` 访问每个字段。

```
blanks=[]

for i,lb,rv in df.itertuples():
    if rv.isspace():
        blanks.append(i)
df.drop(blanks,inplace=True)
```

注意，我们使用 `i`、`lb`、`rv` 来分别代表索引列、标签列和评论列。

将数据划分为测试集和训练集：

1. 第一步是指定特征和标签，然后将数据划分为训练集和测试集。

```
X = df['review']
y = df['label']

X_train, X_test, y_train, y_test = train_test_split(X, y,
test_size=0.3, random_state=42)
```

由此，我们得到训练集和测试集。

2. 接着，用数据管道处理数据：

```
from sklearn.pipeline import Pipeline
from sklearn.feature_extraction.text import TfidfVectorizer
from sklearn.naive_bayes import MultinomialNB

# Naïve Bayes:
text_clf_nb = Pipeline([('tfidf', TfidfVectorizer()),
                        ('clf', MultinomialNB()),
])
```

我们使用 tfidf 来量化集合中数据点的重要性。

接下来，使用朴素贝叶斯算法来训练模型，然后对训练后的模型进行测试。

按照以下步骤训练模型：

1. 现在使用我们创建的训练数据集来训练该模型：

```
text_clf_nb.fit(X_train, y_train)
```

2. 我们进行预测和分析结果：

```
# Form a prediction set
predictions = text_clf_nb.predict(X_test)
```

现在，我们通过打印混淆矩阵来查看模型的性能。注意观察精度、召回率、F1 分数和准确度（如图 9-7 所示）。

```
In [23]: from sklearn.metrics import confusion_matrix,classification_report,accuracy_score

In [24]: print(confusion_matrix(y_test,predictions))
         [[259  23]
          [102 198]]

In [25]: print(classification_report(y_test,predictions))
                       precision    recall  f1-score   support

                  neg       0.72      0.92      0.81       282
                  pos       0.90      0.66      0.76       300

             accuracy                           0.79       582
            macro avg       0.81      0.79      0.78       582
         weighted avg       0.81      0.79      0.78       582

In [26]: print(accuracy_score(y_test,predictions))
         0.7852233676975945
```

图 9-7

这些性能指标给出了预测模型的质量。准确度为 0.78，表明我们已经成功训练了一个模型，该模型可以预测针对某一个电影评论的情感倾向。

9.7 小结

本章介绍了与自然语言处理相关的算法。首先，我们给出了自然语言处理的相关术语。接下来，我们讨论了实现自然语言处理策略的词袋方法。然后，我们学习了词嵌入和神经网络在自然语言处理中的应用。最后，我们讨论了一个实例，其中使用了本章的概念来预测基于文本的影评情绪。

通过本章学习，用户应该能够使用自然语言处理进行文本分类和情感分析。

下一章讨论推荐引擎。我们将学习各种推荐引擎，并介绍如何用这些引擎来解决某些实际问题。

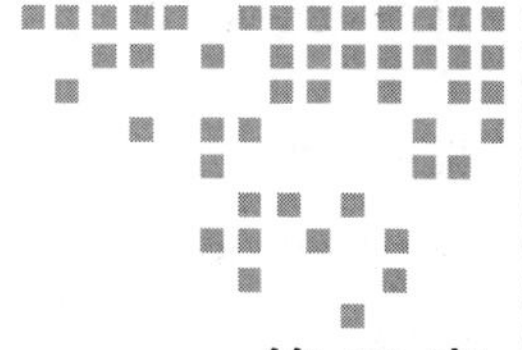

第 10 章 Chapter 10

推荐引擎

推荐引擎是利用用户偏好和产品细节等可用信息来提供推荐的方法，其目的是理解多个商品和（或）多个用户之间的相似性模式进而形式化地描述用户和商品之间的交互。

本章从介绍推荐引擎的基础知识开始，之后介绍各种类型的推荐引擎。接下来，本章将讨论如何使用推荐引擎向不同用户推荐商品，然后给出各种推荐引擎的局限性。最后，我们利用推荐引擎解决一个实际问题。

通过本章学习，你将能够理解如何使用推荐引擎根据用户偏好推荐不同的商品。

我们先了解推荐引擎的背景。

10.1 推荐系统简介

推荐系统表示研究人员最初开发用于预测用户最有可能感兴趣的商品的方法。推荐系统能够对商品提供个性化建议，这使得它成为在线购物中最重要的技术。

在电子商务应用中，推荐引擎使用复杂的算法来改善购物者的购物体验，并允许服务提供商根据用户的偏好定制产品。

2009 年，奈飞公司 (Netflix) 提供 100 万美元奖金，用于奖励为其设计算法，将该公司现有推荐引擎 (Cinematch) 的效果提升超过 10% 以上的人或团队。该奖项最终被贝尔科的 Pragmatic Chaos 团队获得。

10.2 推荐引擎的类型

一般来说，推荐引擎有三种不同的类型：

- 基于内容的推荐引擎
- 协同过滤引擎
- 混合推荐引擎

10.2.1 基于内容的推荐引擎

基于内容的推荐引擎的基本思想是推荐和用户之前感兴趣的商品相似的商品。基于内容的推荐引擎的有效性取决于量化一个商品和其他商品之间相似性的能力。

如图 10-1 所示，如果**用户 1** 已经读了 Doc1，我们可以将 Doc2 推荐给该用户，因为 Doc2 和 Doc1 相似。

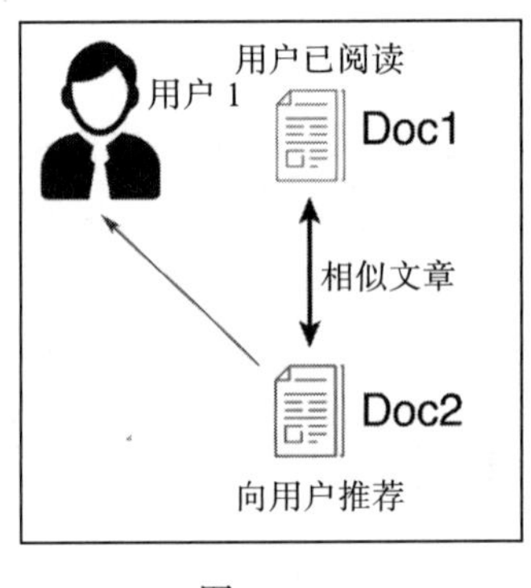

图 10-1

现在，问题变成了如何确定商品之间的相似性。我们给出计算不同商品之间相似性的几种方法。

非结构化文档之间的相似性

确定不同文档的相似性，一种方法是处理输入文档。处理非结构化文档得到的数据结构是**词文矩阵**（Term Document Matrix，TDM），如图 10-2 所示。

词文矩阵将词汇表作为行，所有文档作为列。选择恰当的距离测度，就可以确定哪些文档和其他文档相似。例如，谷歌新闻根据用户已经表示感兴趣的新闻来推荐相似的新闻。

我们一旦有了词文矩阵，就可以用两种算法来量化文档之间的相似性：

- **使用频率计数**：该方法意味着单词的重要性和每个单词的出现频率成正比。这是计算重要性的最简单方法。

- **使用词频率–倒排文档频率（TF-IDF）**：它是计算每个词在待求解问题上下文中的重要性的数值，它是下面两项的乘积：
- **词频（TF）**：这是单词在文档中出现的次数。词频与该词的重要性直接相关。
- **倒排文档频率（IDF）**：首先，**文档频率**是包含待搜索词的文档数量。IDF是DF的倒数，它衡量了单词在所有文档中的唯一性程度，并建立了这种唯一性程度和词的重要性之间的联系。
- 由于词频和倒排文档频率在待求解问题的上下文中都量化了单词的重要性，因此TF-IDF这个组合就是衡量每个单词重要性的好方法，该方法比简单频率计数更加复杂。

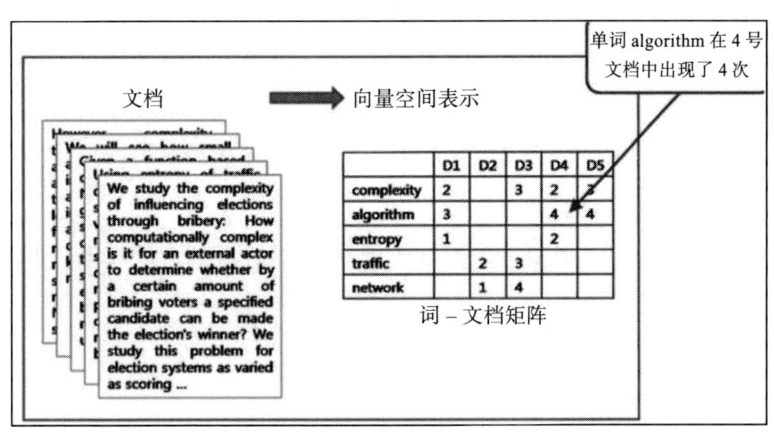

图 10-2

共现矩阵

该方法基于这样的假设：如果两件商品大部分时间是被一起购买的，则它们很有可能是相似的，或者至少属于通常被一起购买的同一类商品。

例如，如果人们经常同时购买剃须胶和剃须刀，那么如果有人购买了剃须刀，则向其推荐购买剃须胶就是合理的。

我们分析四位用户的历史购买模式：

	Razor	Apple	Shaving cream	Bike	Hummus
Mike	1	1	1	0	1
Taylor	1	0	1	1	1
Elena	0	0	0	1	0
Amine	1	0	1	0	0

得到如下共现矩阵：

	Razor	Apple	Shaving cream	Bike	Hummus
Razor	—	1	3	1	1
Apple	1	—	1	0	1
Shaving cream	3	1	—	1	2
Bike	1	0	1	—	1
Hummus	1	1	2	1	—

上面的共现矩阵总结了同时购买两件商品的可能性。我们来看看如何使用它。

10.2.2 协同过滤推荐引擎

协同过滤的基础是对用户历史购买模式进行分析。基本假设是，如果两个用户对几乎相同的商品表现出兴趣，则我们可以将这两个用户归为相似用户。换句话说，我们可以假设：

- 如果两个用户的购买历史的重叠超过了阈值，则将二者归类为相似用户。
- 查看相似用户的历史记录，购买历史中不重叠的商品通过协同过滤成为未来推荐的选择。

我们看一个特定的例子。比如我们有两个用户，Mike 和 Elena，如图 10-3 所示。

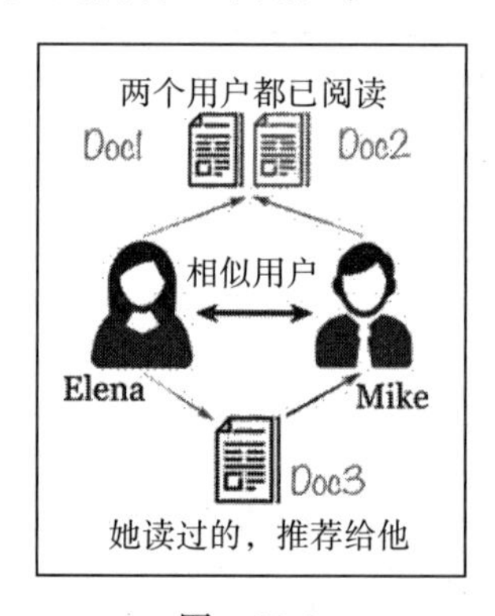

图 10-3

注意以下：

- Mike 和 Elena 都对同样的文档 Doc1 和 Doc2 感兴趣。
- 基于二者的历史数据，判断两个人为相似用户。
- 如果 Elena 读了 Doc3，则可以向 Mike 推荐 Doc3。

注意，这种基于用户历史记录向用户推荐的策略并不总是有效的。

我们假设 Elena 和 Mike 都对 Doc1 感兴趣，Doc1 是关于摄影的（因为他们都热爱摄影）。另外，他们都对关于云计算的 Doc2 感兴趣，因为他们都对这个主题感兴趣。基于协同过滤，我们将其归类为相似用户。现在 Elena 开始阅读女性时尚杂志 Doc3，我们根据协同过滤算法，我们会推荐 Mike 阅读它，但是他可能对 Doc3 根本不感兴趣。

早在 2012 年，美国塔格特超市（Target）曾实验性地尝试使用协同过滤向买家推荐商品。根据用户的个人信息，他们将一位父亲和其十几岁的女儿归类为相似用户。塔格特超市最终给这位父亲寄去了一张尿布、婴儿配方奶粉和婴儿床的优惠券。尴尬的是，这位父亲根本不知道他女儿怀孕的事情。

注意，协同过滤算法并不依赖于任何其他信息，是一个独立的算法，并且其协同推荐过程能够适应用户行为的变化。

10.2.3　混合推荐引擎

到目前为止，我们已经讨论了基于内容和基于协同过滤的推荐引擎。这两种类型的推荐引擎可以组合起来创建混合推荐引擎。为此，我们遵循以下步骤：

- 生成商品相似性矩阵
- 生成用户偏好矩阵
- 生成用户推荐

我们逐一讨论这些步骤。

生成商品相似性矩阵

混合推荐需要先用基于内容的方法来创建商品相似性矩阵。这既可以使用共现矩阵来完成，也可以用任何距离度量来量化商品之间的相似性。

我们假设当前有 5 件商品。用基于内容的推荐后，我们生成了一个矩阵来捕获商品之间的相似性，如图 10-4 所示。

	商品 1	商品 2	商品 3	商品 4	商品 5
商品 1	10	5	3	2	1
商品 2	5	10	6	5	3
商品 3	3	6	10	1	5
商品 4	2	5	1	10	3
商品 5	1	3	5	3	10

图　10-4

我们看看如何将这个相似性矩阵和偏好矩阵结合起来生成推荐。

生成用户偏好向量

基于系统中每个用户的历史，我们生成一个偏好向量来捕获这些用户的兴趣。

我们假设给一家名为 KentStreetOnline 的在线商店生成推荐。假设这家商店销售 100 种不同的商品，商店很受欢迎，有 100 万订货用户。此时，我们需要生成一个维数为 100 × 100 的相似性矩阵。我们还要给每个用户生成一个偏好向量。这意味着，我们需要生成 100 万个偏好向量。

偏好向量中的每个数据项表示用户对某个商品的偏好。第一行的值表示用户对**商品 1** 的偏好权重是 4。例如，第二行的值意味着该用户对**商品 2** 没有兴趣，如图 10-5 所示。

商品	偏好
商品 1	4
商品 2	0
商品 3	0
商品 4	5
商品 5	0

图 10-5

接下来，我们讨论如何基于相似矩阵 S 和用户偏好矩阵 U 来生成推荐。

生成推荐

为了提供推荐，我们可以将矩阵相乘。用户更有可能感兴趣的商品是那些与用户高分评价的商品一起出现的商品：

$$\text{Matrix}[S] \times \text{Matrix}[U] = \text{Matrix}[R]$$

计算结果如图 10-6 所示。

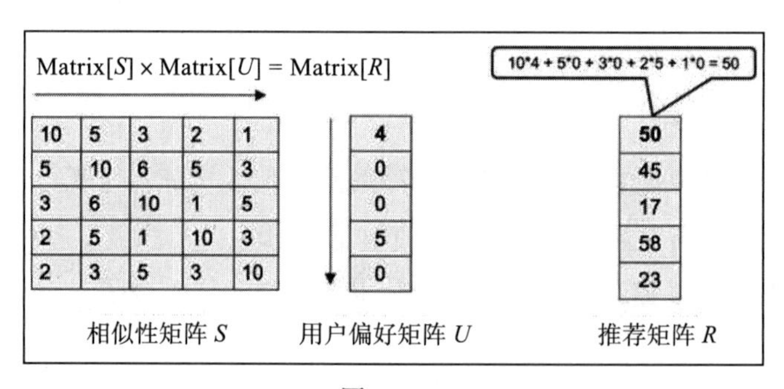

图 10-6

为每个用户生成一个单独的结果矩阵。推荐矩阵中 Matrix[R] 的数字量化了用户对每件商品的预期兴趣。比如说，在结果矩阵中，第四项的数字最大，为 58，于是可以强烈地向这个用户推荐该商品。

接下来，我们讨论各种推荐系统的局限性。

10.3 理解推荐系统的局限性

推荐引擎使用预测式算法向一群用户提出推荐。这是一种强大的技术，但是我们应该理解其局限性。让我们看一看推荐系统有哪些局限性：

10.3.1 冷启动问题

显然，协同过滤要发挥作用，需要我们收集关于用户偏好的历史数据。对于新用户，我们可能没有他的任何数据。因此，用户相似性算法需要假设信息可能是不准确的。对于基于内容的推荐，我们可能不会马上得到关于新商品的详细信息。这种需要相关商品和用户数据才能生成高质量推荐的问题称为**冷启动问题**。

10.3.2 元数据需求

基于内容的方法需要明确的商品信息来衡量商品之间的相似性。商品的明确信息可能无法得到，从而影响预测的质量。

10.3.3 数据稀疏性问题

在大量的商品中，用户只会给少部分商品进行评级，导致用户 / 商品评级矩阵非常稀疏。

亚马逊大约有 10 亿个用户和 10 亿件商品。可以说，亚马逊的推荐引擎拥有世界上的所有推荐引擎中最稀疏的数据。

10.3.4 由社会影响产生的偏差

社会关系在推荐系统中发挥着重要作用。社会关系可以看成影响用户偏好的重要因素。朋友之间倾向于购买相似的物品，并给出相似的评级。

10.3.5 有限的数据

数量有限的评论使得推荐系统很难准确地衡量用户之间的相似度。

10.4 实际应用领域

我们来看一看推荐系统在现实世界中的一些应用：

- 2/3 的奈飞（Netflix）电影是被推荐的。
- 亚马逊上 35% 的商品销售来自推荐。
- 在谷歌新闻中，推荐导致点击量增加 38%。
- 预测用户对某件商品的偏好源于用户过去对其他商品的评级。
- 推荐系统能根据大学生的需要和偏好向他们推荐课程。
- 推荐系统可以用于匹配求职者简历和在线求职网站上的工作。

现在，我们尝试使用推荐引擎来解决一个实际问题。

10.5 实例——创建推荐引擎

我们创建一个推荐引擎来向不同用户推荐电影。我们使用明尼苏达大学 GroupLens 研究小组收集的数据。

按照以下步骤：

1. 首先，导入相关包：

```
import pandas as pd
import numpy as np
```

2. 导入 `user_id` 和 `item_id` 数据集：

```
df_reviews = pd.read_csv('reviews.csv')
df_movie_titles = pd.read_csv('movies.csv',index_col=False)
```

3. 我们使用电影 ID 合并这两个数据帧：

```
df = pd.merge(df_users, df_movie_titles, on='movieId')
```

在运行完上述代码后，数据帧的头几行数据如图 10-7 所示。

Out[5]:

	userId	movieId	rating	timestamp	title	genres
0	1	1	4.0	964982703	Toy Story (1995)	Adventure|Animation|Children|Comedy|Fantasy
1	5	1	4.0	847434962	Toy Story (1995)	Adventure|Animation|Children|Comedy|Fantasy
2	7	1	4.5	1106635946	Toy Story (1995)	Adventure|Animation|Children|Comedy|Fantasy
3	15	1	2.5	1510577970	Toy Story (1995)	Adventure|Animation|Children|Comedy|Fantasy
4	17	1	4.5	1305696483	Toy Story (1995)	Adventure|Animation|Children|Comedy|Fantasy

图 10-7

各列的详细信息如下：

- userid：每个用户的唯一 ID
- movieid：每个电影的唯一 ID
- rating：每个电影的评分，从 1 到 5
- timestamp：电影评分的时间戳
- title：电影的标题
- genres：电影的类型

4. 查看输入数据的整体趋势。我们使用 groupby 函数根据 title 和 rating 计算每部电影的评分平均值和计数（如图 10-8 所示）。

Out[6]:

title	rating	number_of_ratings
'71 (2014)	4.0	1
'Hellboy': The Seeds of Creation (2004)	4.0	1
'Round Midnight (1986)	3.5	2
'Salem's Lot (2004)	5.0	1
'Til There Was You (1997)	4.0	2

图　10-8

5. 现在，我们给推荐引擎准备数据。为此，我们将数据集转化为一个矩阵，该矩阵有如下特征：

- Movie titles 构成矩阵的各个列
- User_id 索引矩阵的各个行
- Ratings 是矩阵中各个元素的值

我们使用数据帧的 pivot_table 函数来完成这项任务：

```
movie_matrix = df.pivot_table(index='userId', columns='title',
values='rating')
```

注意上面的代码生成一个非常稀疏的矩阵。

6. 现在，我们用刚才创建的推荐矩阵来推荐电影。我们考虑给一个看过《阿凡达》（2009）的用户推荐电影。首先找到所有对《阿凡达》感兴趣的用户：

```
Avatar_user_rating = movie_matrix['Avatar (2009)']
Avatar_user_rating = Avatar_user_rating.dropna()
Avatar_user_rating.head()
```

7. 接下来，我们试图找到和《阿凡达》相关的电影。为此，我们计算 Ava_user_

rating 和 movie_matrix 的相关性，如下所示：

```
similar_to_Avatar=movie_matrix.corrwith(Avatar_user_rating)
corr_Avatar = pd.DataFrame(similar_to_Avatar,
columns=['correlation'])
corr_Avatar.dropna(inplace=True)
corr_Avatar = corr_Avatar.join(df_ratings['number_of_ratings'])
corr_Avatar.head()
```

得到如图 10-9 所示的输出。

Out[12]:

title	correlation	number_of_ratings
'burbs, The (1989)	0.353553	17
(500) Days of Summer (2009)	0.131120	42
*batteries not included (1987)	0.785714	7
10 Things I Hate About You (1999)	0.265637	54
10,000 BC (2008)	-0.075431	17

图 10-9

这意味着我们可以将图 10-9 中的电影推荐给用户。

10.6 小结

本章学习了推荐引擎。我们讨论了如何基于要解决的问题来选择最合适的推荐引擎，还介绍了如何为推荐引擎准备数据，以创建相似矩阵。我们还学习了如何使用推荐引擎来解决实际问题，例如，根据用户过去的行为模式向他们推荐电影。

下一章将重点讨论用于理解和处理数据的算法。

第三部分　Part 3

高级主题

顾名思义，这部分讨论更高级的算法概念。密码算法和大规模算法是这部分的重点。这一部分的最后一章，也是本书的最后一章，探讨在算法实现时应该牢记的实际因素。这个部分包含如下各章：

- 第 11 章　数据算法
- 第 12 章　密码算法
- 第 13 章　大规模算法
- 第 14 章　实践中要考虑的要素

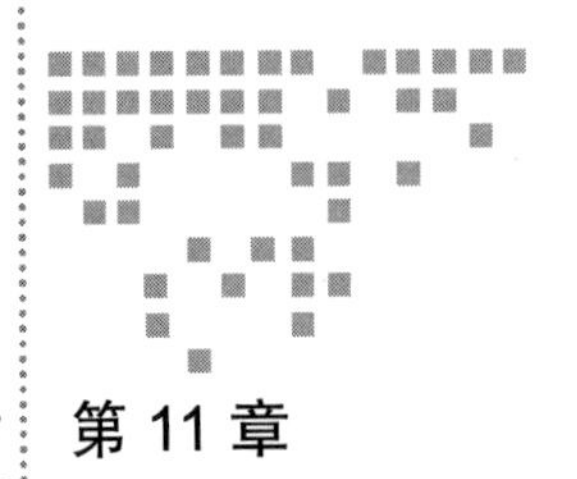

Chapter 11 第11章

数据算法

本章讨论以数据为中心的算法，重点讨论以数据为中心的算法的三个方面：数据存储、流数据和数据压缩。本章先简要概述以数据为中心的算法，然后讨论用于数据存储的各种策略。接下来介绍如何应用算法处理流数据，然后讨论压缩数据的各种方法。最后，介绍如何使用本章建立的概念，借助最先进的传感器网络来监测高速公路上行驶的汽车的速度。

通过学习本章，你将能够理解各种以数据为中心的算法的设计概念和相关的各种权衡。

下面先介绍基本概念。

11.1 数据算法简介

无论我们是否已经意识到，我们都已生活在大数据时代。只需查看一下谷歌2019年公布的数据，就能大致了解目前源源不断产生的数据量。众所周知，谷歌相册（Google Photos）是谷歌创建的用于存储照片的多媒体存储库。2019年，平均每天上传到谷歌相册的照片和视频高达12亿个。此外，平均每天有400小时的视频（相当于1PB的数据）被上传到YouTube上。可以有把握地说，数据量正在爆炸式增长。

当前对数据驱动算法的兴趣源于数据包含了有价值的信息和模式这一事实。如果数据得以恰当使用，则它可以为决策、营销、治理和趋势分析奠定基础。

显而易见，处理数据的算法变得越来越重要。设计能够处理数据的算法也成为活跃的研究领域。毫无疑问，世界各地的各种组织、企业和政府也在关注利用数据提供可量化利益的最佳方法。但原始数据几乎都是没有用的，要从原始数据中挖掘信息，需要对其进行处理、准备和分析。

为此，数据需要先存储起来。有效的数据存储方法变得越来越重要。注意，由于单节点系统的物理存储限制，大数据只能存储在由多个节点组成的分布式存储系统中，节点之间通过高速通信链路连接。因此，学习数据算法具有现实意义。我们先学习不同的数据存储算法。

我们先将数据分类。

数据分类

我们从数据算法设计的角度对数据进行分类。正如第 2 章所讨论的那样，数据可以从体积、多样性和速度等三个方面进行量化和分类。由于数据算法对数据进行存储和处理，这种分类可以为数据算法设计奠定基础。

下面以数据算法为背景，依次讨论数据的这些特征：

- **体积**量化了算法要存储和处理的数据量。由于体积逐渐增加，计算任务逐渐转变成数据密集型任务，这就需要配置足够的资源来存储、缓存和处理数据。大数据这一术语被模糊地定义为单个计算节点无法处理的大量数据。
- **速度**定义为新数据产生的速率。通常，高速数据称为"热数据"或"热流"，而低速数据则称为"冷数据"或"冷流"。在许多应用程序中，数据是热流和冷流的混合体，这些数据需要先经过预处理并且合并到一个表中，之后才能在算法中使用。
- **多样性**指各种结构化和非结构化数据需要先合并到一个表中，之后才能被算法使用。

下面的内容有助于理解这几个量化特征之间的权衡，并给出设计数据存储算法时的各种选择。

11.2　数据存储算法简介

高效、可靠的数据存储库是分布式系统的核心。如果数据存储库是为分析而创建的，则称之为数据湖。数据存储库将源自不同域的数据汇集到同一个位置。我们先了解一下在分布式存储库中存储数据会出现的一些问题。

理解数据存储策略

在早年的数字计算中，数据存储库通常设计为使用单节点体系结构。数据集规模不断扩大，数据分布式存储也逐渐成为主流。在分布式环境中存储数据的正确策略取决于数据的类型、预期的使用模式和非功能性需求。要进一步分析分布式数据存储的需求，需要先理解 CAP（Consistency Availability Partition-Tolerance）定理，这是分布式系统中设计数据存储策略的基础。

CAP 定理简介

1998 年，埃里克·布鲁尔（Eric Brewer）提出了著名的 CAP 定理。它强调了在设计分布式存储系统时要做出的各种权衡。

要理解 CAP 定理，需要先定义分布式存储系统的以下三个特性：一致性（Consistency）、可用性（Availability）和分区容错性（Partition Tolerance）。CAP 实际上就是这三个特性的首字母构成的缩略词：

- **一致性（缩写为 C）**：分布式存储由不同的节点组成，其中任何节点都可以用于读取、写入或更新数据存储库中的记录。一致性确保在任意时刻 t_1，无论由哪个节点读取数据，都将得到同样的操作结果。每个读取操作要么返回与分布式存储库中一致的最新数据，要么给出错误消息。[⊖]
- **可用性（缩写为 A）**：可用性确保分布式存储系统中的任何节点都能够即刻处理请求，无论是否一致。
- **分区容错性（缩写为 P）**：分布式系统中的多个节点通过通信网络连接。分区容错性确保在小部分节点（一个或多个）之间发生通信故障的情况下，系统仍然可以运行。注意，要保障分区容错性，数据必须有足够数量的备份分布在不同节点上。

利用这三个特性，CAP 定理细致地总结了分布式系统的体系结构及其设计之间需要做出的权衡。具体地，CAP 定理指出，任何存储系统均只能确保下列特性中的两个：一致性 C、可用性 A 和分区容错性 P。

上述结果可以表示为图 11-1。

CAP 定理表明，存在三种不同的分布式存储系统：

- CA 系统（实现了一致性和可用性）
- AP 系统（实现了可用性和分区容错性）
- CP 系统（实现了一致性和分区容错性）

下面逐一介绍这三种系统。

⊖ 也就是说，任意数据读取操作要么返回一致地分布于分布式数据存储库中的最新数据，要么返回错误信息。——译者注

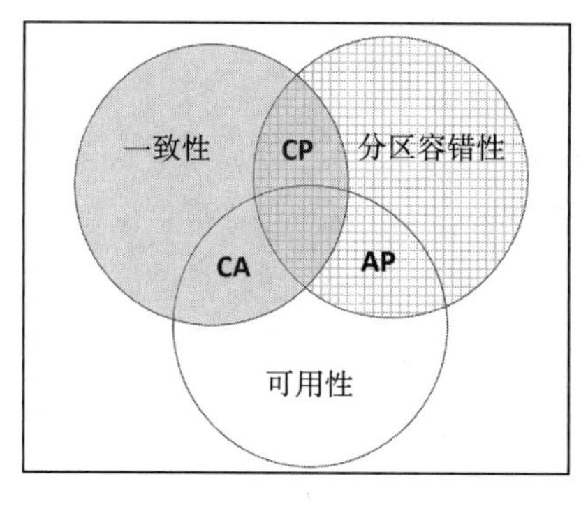

图 11-1

CA 系统

传统的单节点系统都是 CA 系统，因为在非分布式系统中不需要考虑分区容错性。反之，在分布式系统中，CA 系统就是同时实现了一致性和可用性的系统。

Oracle 和 MySQL 之类的传统单节点数据库都是 CA 系统的实例。

AP 系统

AP 系统是面向可用性进行调整的分布式存储系统，它被设计为快速响应系统，甚至在必要时以牺牲一致性来容纳高速数据。这意味着 AP 分布式存储系统旨在即刻处理来自用户的请求。用户典型的请求是读取或写入快速变化的数据。典型的 AP 系统用于传感器网络等实时监控系统。

Cassandra 之类的高速分布式系统是 AP 系统的优秀实例。

我们看看 AP 系统可用于何处。如果加拿大交通部希望通过安装在公路不同位置的传感器网络来监测渥太华一条高速公路上的交通情况，则建议使用 AP 系统来实现分布式数据存储。

CP 系统

CP 系统兼有一致性和分区容错性。这意味着 CP 分布式存储系统在读取值的操作之前需要经过调整，以保证一致性。

CP 系统的一个典型用例是用于存储 JSON 格式的文件。MongoDB 之类的文档数据存储库就是分布式环境下面向一致性调整的 CP 系统。

分布式数据存储正日益成为现代 IT 基础设施中最重要的部分。分布式数据存储应该依据数据的特点和待求解问题的需求仔细进行设计。将数据存储划分为 CA 系统、AP 系统和 CP 系统有助于我们在设计数据存储系统时理解相关的各种权衡。

下面讨论流数据算法。

11.3 流数据算法简介

数据可以分为有界数据和无界数据。有界数据是静态数据，通常用批处理方式来处理。流处理大体上就是对无界数据的处理。例如，在分析一家银行的欺诈交易时，如果要查找7天前的所有欺诈交易，则必须查看静态数据。这就是批处理过程的实例。

另一方面，实时欺诈检测则是流处理的实例。继而，流数据算法就是处理数据流的算法，其基本思想是将输入数据流划分为若干批，然后交给处理节点进行处理。流算法既要有容错能力，其处理速度又要能够匹配数据的到达速度。目前，实时趋势分析的需求正在不断增加，相应地，流处理的需求也与日俱增。注意，流算法要有效就必须快速处理数据，在设计算法时需要始终牢记这一点。

流数据的应用

流数据有很多应用，其使用都有明确意义。

下面列举了一些应用：

- 欺诈检测
- 系统监控
- 智能顺序路由
- 实时仪表板
- 高速公路交通传感网
- 信用卡交易
- 在线多人游戏用户行为

下面讨论如何用 Python 实现流数据算法。

11.4 数据压缩算法简介

数据压缩算法旨在通过数据处理削减数据规模。

本章仅讨论一种具体的数据压缩算法，即无损数据压缩算法。

无损压缩算法

无损压缩算法产生的压缩数据能够在不丢失任何信息的情况下被解压缩。如果解压缩后需要在原始文件上执行精确检索，则需使用无损压缩算法，其典型用途如下：

- 压缩文档
- 压缩和封装源代码或可执行文件
- 将大量小规模文件转换成少量大规模文件

理解无损压缩基础技术

数据压缩的原理是，大多数数据所使用的比特数都多于数据信息熵给出的最优值。注意，熵这一术语用于刻画数据所携带的信息量。这意味着，将数据表示为更优的比特串是可能的。因而，压缩算法设计的基础性工作就是探索和制定更有效的比特串表示。无损数据压缩利用数据冗余来压缩数据而不丢失任何信息。在20世纪80年代末，Ziv和Lempel提出了基于字典的数据压缩技术，它们都可以用来实现无损数据压缩，速度快且压缩率高，致使它们当时一炮走红。这些技术曾用于创建面向Unix的流行压缩工具。此外，无处不在的gif图像格式也使用了这些压缩技术。字典压缩技术广受欢迎，因为它们可以用更少的比特数表示相同的信息，从而节省空间和通信带宽。这些技术后来成为开发zip实用程序及其变体的基础。锚（Modem）采用的压缩标准V.44也基于这些技术。

后续部分逐次讨论这些技术。

哈夫曼编码

哈夫曼编码是最早的数据压缩方法之一，它基于创建的哈夫曼树来实现编码和解码。哈夫曼编码依据某些数据（例如字母表中的某些字符）在数据流中出现的频率较高这一事实来将数据表示为更紧凑的形式，通过使用不同长度的编码（频繁字符用较短编码而不频繁字符用较长编码）来降低空间开销。

下面列举了哈夫曼编码中的一些术语：

- **编码（coding）**：编码就是将数据从一种形式转变为另一种形式的方法。我们希望编码结果在形式上具有简洁性。
- **码字（codeword）**：编码后的一个字符就是一个码字。
- **定长编码（fixed-length coding）**：每个被编码的字符（即码字）均使用相同数量的比特。
- **变长编码（variable-length coding）**：码字允许使用不同数量的比特。
- **码值（evaluation of code）**：码字中比特数的平均值。
- **无前缀编码（prefix free codes）**：任意码字都不是其他码字的前缀。
- **解码（decoding）**：要求变长编码是无前缀编码。

要理解最后两个术语，可以参考如下表格：

字 符	频 率	定长编码	变长编码
L	0.45	000	0
M	0.13	001	101
N	0.12	010	100
X	0.16	011	111
Y	0.09	100	1101
Z	0.05	101	1100

现在，我们可以得到如下结果：

- **定长编码**：表格中定长编码的长度是 3。
- **变长编码**：表格中变长编码的码值是 45(1) + 0.13(3) +0.12(3) + 0.16(3) + 0.09(4) + 0.05(4) = 2.24。

图 11-2 给出了一棵哈夫曼树，它是用前面例子中的数据创建出来的。

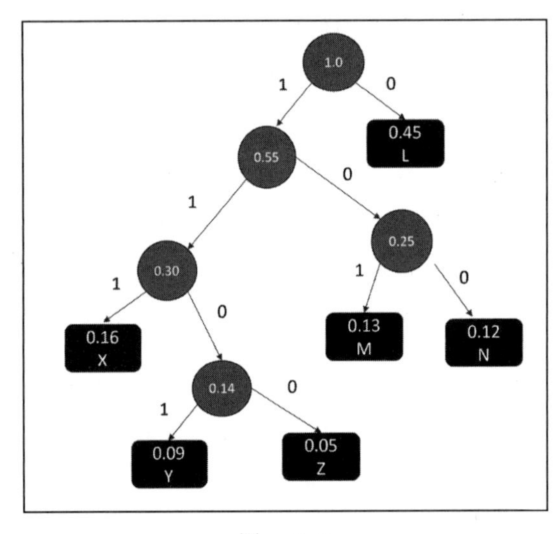

图 11-2

注意，哈夫曼编码是将数据转换为哈夫曼树，由此压缩数据。解码或解压缩则是将数据恢复为原始格式。

11.5 实例——推文实时情感分析

据说推特每秒产生近 7000 条关于各种各样话题的推文。下面尝试构建一个情感分析器，它可以实时捕获来自不同新闻源的新闻情绪。我们将从导入所需的包开始：

1. 导入所有需要的包：

```
import tweepy,json,time
import numpy as np
import pandas as pd
import matplotlib.pyplot as plt
from vaderSentiment.vaderSentiment import
SentimentIntensityAnalyzer
analyzer = SentimentIntensityAnalyzer()
```

我们还需要如下两个包：

2. 用于情感分析的包 VADER（Valence Aware Dictionary and Sentiment Reasoner），它是面向社交媒体开发的基于规则的情感分析工具之一。如果你以前从未使用过它，则必须先运行以下命令：

```
pip install vaderSentiment
```

3. Tweepy 包，这是访问推特需要的基于 Python 的 API。同样，如果你以前从未使用过它，则需要先运行以下命令：

```
pip install Tweepy
```

4. 这一步有点麻烦。你需要先在推特上申请创建一个开发人员账户，以便访问推特的实时推文流。一旦有了 API 键，就可以将它表示为如下变量：

```
twitter_access_token = <your_twitter_access_token>
twitter_access_token_secret = <your_twitter_access_token_secret>
twitter_consumer_key = <your_consumer_key>
twitter_consumer_secret = <your_twitter_consumer_secret>
```

5. 现在配置 Tweepy API 认证。为此，需要提供前面创建的变量：

```
auth = tweepy.OAuthHandler(twitter_consumer_key,
twitter_consumer_secret)
auth.set_access_token(twitter_access_token,
twitter_access_token_secret)
api = tweepy.API(auth, parser=tweepy.parsers.JSONParser())
```

6. 接下来的部分就比较有趣了。先选择想要监控的新闻源的推特句柄，以便后面分析这些新闻源中的情感。例如，我们选择如下新闻源：

```
news_sources = ("@BBC", "@ctvnews", "@CNN","@FoxNews", "@dawn_com")
```

7. 现在创建主循环。先初始化一个名为 array_emotions 的空数组，以保存情感。然后，通过循环浏览五个新闻源，从每个新闻源收集 100 条推文。接下来，对于每个推文计算其倾向，如图 11-3 所示。

```
In [12]: # We start extracting 100 tweets from each of the news sources
         print("...STARTING..... collecting tweets from sources")

         # Let us define an array to hold the sentiments
         array_sentiments = []

         for user in news_sources:
             count_tweet=100  # Setting the twitter count at 100
             print("Start tweets from %s"%user)
             for x in range(5):     # Extracting 5 pages of tweets
                 public_tweets=api.user_timeline(user,page=x)
                 # For each tweet
                 for tweet in public_tweets:
                     #Calculating the compound,+ive,-ive and neutral value for each tweet
                     compound = analyzer.polarity_scores(tweet["text"])["compound"]
                     pos = analyzer.polarity_scores(tweet["text"])["pos"]
                     neu = analyzer.polarity_scores(tweet["text"])["neu"]
                     neg = analyzer.polarity_scores(tweet["text"])["neg"]

                     array_sentiments.append({"Media":user,
                                         "Tweet Text":tweet["text"],
                                         "Compound":compound,
                                         "Positive":pos,
                                         "Negative":neg,
                                         "Neutral":neu,
                                         "Date":tweet["created_at"],
                                         "Tweets Ago":count_tweet})

                     count_tweet-=1

         print("DONE with extracting tweets")

         ...STARTING..... collecting tweets from sources
         Start tweets from @BBC
         Start tweets from @ctvnews
         Start tweets from @CNN
         Start tweets from @FoxNews
         Start tweets from @dawn_com
         DONE with extracting tweets
```

图 11-3

8. 现在创建图 11-4 来显示来自这些个体新闻源的新闻倾向。

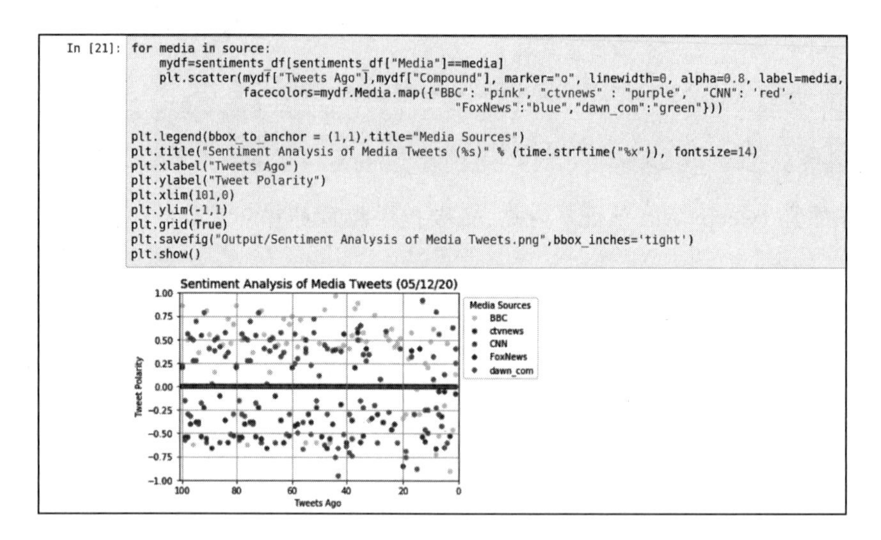

```
In [21]: for media in source:
             mydf=sentiments_df[sentiments_df["Media"]==media]
             plt.scatter(mydf["Tweets Ago"],mydf["Compound"], marker="o", linewidth=0, alpha=0.8, label=media,
                         facecolors=mydf.Media.map({"BBC": "pink", "ctvnews" : "purple",  "CNN": 'red',
                                                    "FoxNews":"blue","dawn_com":"green"}))

         plt.legend(bbox_to_anchor = (1,1),title="Media Sources")
         plt.title("Sentiment Analysis of Media Tweets (%s)" % (time.strftime("%x")), fontsize=14)
         plt.xlabel("Tweets Ago")
         plt.ylabel("Tweet Polarity")
         plt.xlim(101,0)
         plt.ylim(-1,1)
         plt.grid(True)
         plt.savefig("Output/Sentiment Analysis of Media Tweets.png",bbox_inches='tight')
         plt.show()
```


图 11-4

9. 现在查看概括性统计数据，如图 11-5 所示。

上面的数字概括了情感趋势。例如，英国广播公司 BBC 的情感被发现是最积极的，而加拿大新闻频道 CTVnews 似乎携带着最消极的情绪。

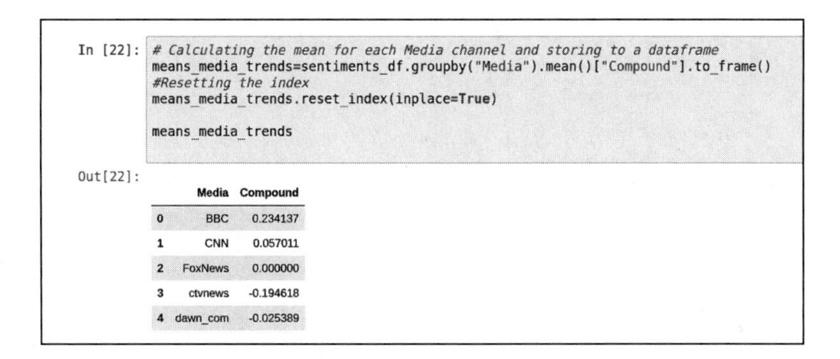

```
In [22]: # Calculating the mean for each Media channel and storing to a dataframe
         means_media_trends=sentiments_df.groupby("Media").mean()["Compound"].to_frame()
         #Resetting the index
         means_media_trends.reset_index(inplace=True)

         means_media_trends

Out[22]:
```

	Media	Compound
0	BBC	0.234137
1	CNN	0.057011
2	FoxNews	0.000000
3	ctvnews	-0.194618
4	dawn_com	-0.025389

图　11-5

11.6　小结

本章讨论了以数据为中心的算法的设计，着重讨论了这种算法的三个方面：数据存储、数据压缩和数据流。

我们先讨论了数据的特性如何决定数据存储设计。随后，讨论了两种不同类型的数据压缩算法。最后，讨论了如何使用数据流算法从文本数据流中计算单词的实例。

下一章讨论密码算法，关注如何使用这些算法安全地实现数据交换和数据存储。

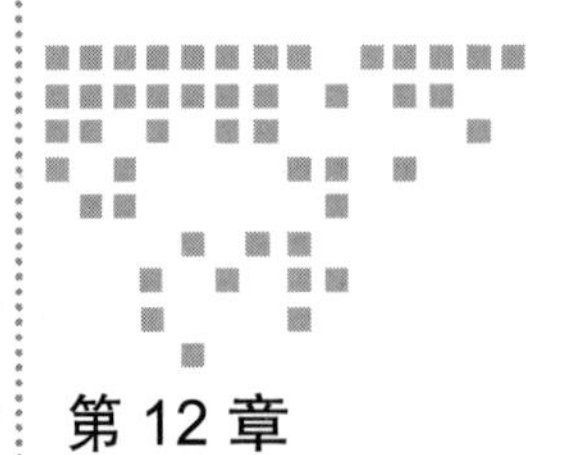

Chapter 12 第12章

密码算法

本章讨论与密码学相关的算法。我们先介绍背景知识，之后讨论对称加密算法；然后，阐述消息摘要算法MD5（Message-Digest 5）和安全散列算法SHA（Secure Hash Algorithm），并给出实现对称加密算法的局限性和不足；接下来，讨论非对称加密算法和如何使用它们创建数字证书；最后用一个实例总结所有这些技术。

通过本章学习，你将基本了解与密码学相关的各种问题。

我们从基本概念开始。

12.1 密码算法简介

保护秘密的技术已经存在了几个世纪。最早的保护和隐藏数据的尝试可以追溯到埃及古迹上发现的铭文，在那里，只有少数受信任的人才知晓和使用一个特别的字母表。这种早期的安全形式称为**隐藏**，现在仍以不同的形式被使用。要使这种方法起作用，关键是要保护秘密，对埃及字母表而言就是要保密字母的含义。后来，在第一次世界大战和第二次世界大战中，找到保护重要信息的万无一失的方法变得非常重要。自20世纪末以来，随着电子和计算机的引入，复杂的算法被开发出来，以保护数据，从而产生了一个全新的领域，称为**密码学**。本章讨论密码学中的算法方面，这些密码算法的目的是允许在两个进程或用户之间安全地交换数据。密码算法是数学函数的某种应用策略，以确保实现规定的安全目标。

12.1.1 理解最薄弱环节的重要性

有时，在构建数字基础设施的安全性时，我们过于强调单个实体的安全性，而没有对端到端的安全性给予必要的关注。这可能导致我们忽略了系统中的一些漏洞和弱点，这些漏洞和弱点可能会被黑客用以获取敏感数据。需要记住的重要一点是，数字基础设施作为一个整体，其强度取决于**最薄弱的环节**。对于黑客来说，这种最薄弱的环节可能给他们提供了后门，以访问数字基础设施中的敏感数据。在一定程度上讲，如果不关闭所有后门，则加强前门防卫就毫无意义。

数字基础设施的防卫算法和技术越来越复杂，攻击者的技术也随之日新月异。一定要记住，攻击者入侵数字基础设施获取敏感信息的最简单方法之一就是利用数字基础设施的最薄弱环节。

2014 年，加拿大联邦研究机构——**国家研究委员会**（NRC）遭到网络攻击，据估计造成了数百万美元的损失。攻击者窃取了数十年的研究数据和知识产权材料。他们利用网络服务器上的 Apache 软件漏洞来获取敏感数据。

本章将强调各种密码算法的漏洞。

下面先给出一些基本术语。

12.1.2 基本术语

让我们看看与密码学相关的基本术语：

- **密码**：执行特定密码功能的算法。
- **明文**：明文可以是文本文件、视频、位图或数字化的声音。本章用 P 来表示明文。
- **密文**：明文经密码学处理后得到的加密形式。本章用 C 表示密文。
- **密钥套件**：一组加密软件组件。当两个独立节点要用密码算法交换消息时，它们首先需要就一组密码达成一致。这对于确保所有参与方使用完全相同的加密函数实现加解密非常重要。
- **加密**：将明文 P 转换成密文 C 的过程称为加密。

数学上，它表示为 encrypt(P) = C。

- **解密**：将密文变回明文的过程。数学上，它表示为 decrypt(C) = P。
- **密码分析**：用来分析加密算法强度的方法。分析人员在不知晓密码的情况下尝试恢复明文。

- **个人身份信息（PII）**：PII 是单独使用或与其他相关数据一起使用时可用于跟踪个人身份的信息。例如，典型的 PII 包括社会保险号、出生日期或母亲的婚前姓名等受保护的信息。

12.1.3 理解安全性需求

先理解系统确切的安全需求非常重要，这将有助于我们采用正确的加密技术，并发现系统存在的潜在漏洞。为此，需要事先更好地理解系统需求。要理解安全性需求，需要执行以下三个步骤：

- 明确实体
- 树立安全目标
- 理解数据敏感度

下面依次讨论这些步骤。

明确实体

明确实体的方法之一从回答以下四个问题开始，这将有助于我们从安全性角度来理解系统需求：

- 哪些应用程序需要保护？
- 保护应用程序是为了不受谁的影响？
- 应该在何处保护这些应用？
- 为什么要保护这些应用？

更好地理解了这些需求，就可以建立数字系统的安全目标。

树立安全目标

密码算法通常用于保障下列的一个或多个安全目标：

- **身份验证**：简单地说，身份验证就是如何证明用户是他自称的那个人。通过身份验证过程，我们确保用户的身份得到验证。身份验证过程要先让用户提供其身份，然后再提供仅限用户自己知晓且只能由用户自己提供的信息。
- **机密性**：需要保护的数据称为**敏感数据**。机密性是指敏感数据被限制为只能提供给授权用户。为了在传输或存储期间保护敏感数据的机密性，需要对数据做转换，使其除授权用户外无法读取。这就要使用加密算法来完成，本章后面将就此展开讨论。

- **完整性**：完整性确保数据在传输或存储过程中未以任何方式被更改。例如，传输控制协议 / 互联网协议 TCP/IP（Transmission Control Protocol/Internet Protocol）使用校验和算法或循环冗余检查算法 CRC（Cyclic Redundancy Check）来验证数据完整性。
- **不可否认性**：不可否认性是指信息发送方接收到数据已被接收的确认消息，数据接收方接收到发送方身份的确认消息。这就为发送消息或接收消息提供了不可辩驳的证据，可以在后续过程中用于证明数据的接收和通信中的故障点。

理解数据敏感度

理解数据的敏感度分级非常重要。此外，还要考虑，一旦数据被泄露，后果会有多严重。数据敏感度分级有助于选择正确的加密算法。根据数据所含信息的敏感程度，将数据划分为不同级别的方法不止一种。下面给出了典型的数据敏感度分级：

- **公共数据或无密级数据**：任何可供公众使用的数据。例如，在公司网站或政府信息门户上发现的信息。
- **内部数据或秘密数据**：不供公众使用，但公开后不会产生破坏性后果。例如，如果员工抱怨其领导的邮件被曝光，则可能会让公司感到尴尬，但这不会带来破坏性的后果。
- **敏感数据或机密数据**：不应该供公众使用的数据，且公开后会给个人或组织造成破坏性后果。例如，泄露未来 iPhone 的细节可能会损害苹果公司的商业目标，因为这可能被三星公司之类的竞争对手利用。
- **高度敏感数据或绝密数据**：这种信息一旦被泄露，将给组织造成极大的损害。例如，客户的社会安全号码、信用卡号码或其他非常敏感的信息都可能是高度敏感的数据。绝密数据用多层安全机制来保护，需要特别许可才能访问。

> 一般来说，相比于简单的安全算法，较复杂的安全机制设计会使系统慢得多。在系统安全性和性能之间取得恰当的平衡也很重要。

12.1.4 理解密码基本设计

设计密码就是要构造一种算法来将敏感数据置乱，使恶意进程或未经授权的用户无法访问这些数据。尽管随着时间的推移，密码变得越来越复杂，但密码所基于的基本原理没有改变。

下面从一些相对简单的密码开始讨论，这些密码有助于我们理解在加密算法设计中使用的基本原则。

替换密码

替换密码已经以各种形式被使用了数百年。顾名思义，替换密码基于一个简单概念——以预先确定的、有组织的方式将明文字符替换为其他字符。

下面给出了替换密码的具体步骤：

1. 先将每个字符映射到一个替换字符。

2. 然后，用替换映射将明文中的每个字符替换为密文中的另一个字符，由此对明文进行编码，并将其转换为密文。

3. 解码时再使用替换映射将密文变回明文。

让我们来看一些实例：

- **恺撒密码**：

恺撒密码将每个字符替换为其右侧的第三个字符来创建替换映射，如图 12-1 所示。

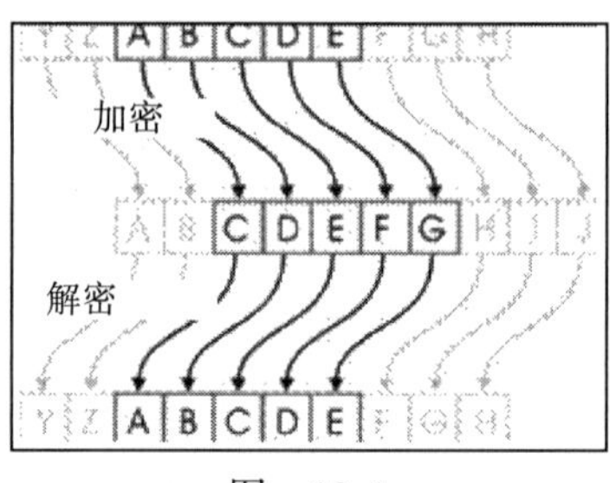

图 12-1

让我们看看用 Python 如何实现恺撒密码：

```
import string
rotation = 3
P = 'CALM'; C=''
for letter in P:
   C = C+ (chr(ord(letter) + rotation))
```

可以看到，我们在明文 CALM 上应用了恺撒密码。

用恺撒密码加密后，打印密文（见图 12-2）。

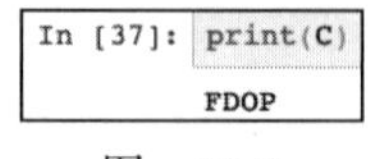

图 12-2

据说恺撒密码最早被尤利乌斯·恺撒用来与他的顾问互通消息。

- 旋转 13 密码（ROT13）：

ROT13 是另一种基于替换的密码。ROT13 的替换映射将每个字符替换为其右侧第 13 个字符，如图 12-3 所示。

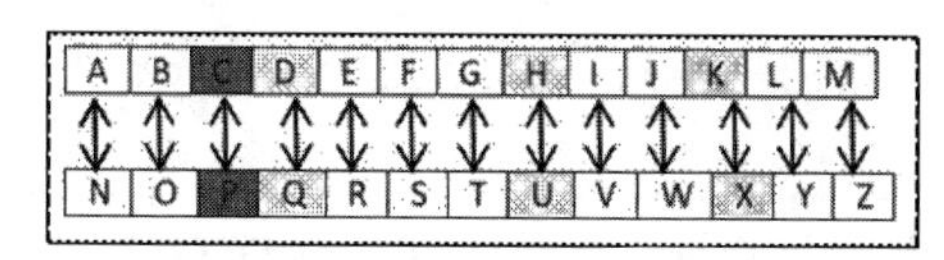

图 12-3

这意味着，如果 ROT13() 是实现 ROT13 的函数，则它可以用于加密如下：

```
import codecs
P = 'CALM'
C=''
C=codecs.encode(P, 'rot_13')
```

现在，让我们打印编码结果 C（见图 12-4）。

```
In [2]: print(C)
        PNYZ
```

图 12-4

- 替换密码的密码分析：

替换密码很容易理解和实现。不幸的是，它们也很容易被破解。对替换密码展开简单密码分析表明，在使用英语字母表时，只需确定密码旋转了多大的值即可破解密码。这样，我们可以依次尝试每个英文字母，直到能够解密文本。这意味着重构明文仅需大约 25 次尝试。

现在讨论另一类简单密码——换位密码。

理解换位密码

换位密码将明文的字符换位。下面是换位密码的步骤：

1. 创建矩阵并选择变换矩阵的大小。它应该足够大，以适合明文字符串的长度。
2. 逐行水平地书写明文字符串来填充矩阵。
3. 逐列垂直读取矩阵各列字符串，形成密文。

我们看一个例子。

假设给定的明文（*P*）是 `Ottawa Rocks`。

首先，我们用 3 × 4 的矩阵对 *P* 编码，亦即在明文中水平写入矩阵，得到：

O	t	t	a
w	a	R	o
c	k	s	

依次垂直地读取各列形成的字符串，从而产生密文 `OwctaktRsao`。

德国人在第一次世界大战中使用了一种名为 ADFGVX 的密码，它既使用了换位密码，又使用了替换密码。几年后，它被乔治·潘文 (George Painvin) 破解。

上面给出了几类典型的密码。下面讨论一些目前仍在使用的加密技术。

12.2 理解加密技术类型

不同类型的加密技术使用不同类型的算法，且适用于不同的情况。

广义上讲，密码技术可分为以下三种类型：

- 哈希加密
- 对称加密
- 非对称加密

我们逐个讨论它们。

12.2.1 加密哈希函数

加密哈希函数是一种数学算法，用于为消息创建唯一的数字指纹。它使用明文创建一个固定大小的输出，输出结果也称为**散列**。

在数学上可表示如下：

$$C_1 = \text{hashFunction}\ (P_1)$$

具体解释如下：

- P_1 表示输入数据的明文。
- C_1 是由加密哈希函数生成的长度固定的散列。

如图 12-5 所示，可变长度数据由单向哈希函数转换为固定长度的散列值。

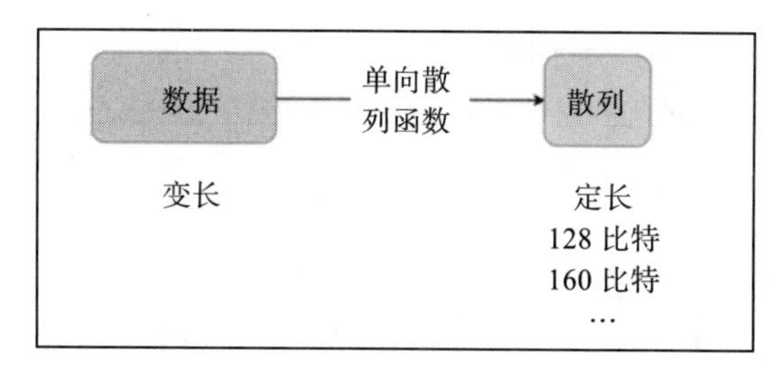

图　12-5

哈希函数有以下五个特点：

- 它是确定性的，亦即相同明文生成相同散列。
- 唯一的输入字符串应该生成唯一的输出散列值。
- 不管输入消息是什么，其输出结果都有固定的长度。
- 即使明文中仅有微小变化，也会生成一个新的散列。
- 它是单向函数，亦即不能从密文 C_1 反向生成明文 P_1。

如果遇到每个唯一消息都有对应唯一散列，则称之为**碰撞**。也就是说，碰撞中有两个文本 P_1 和 P_2，使得 hashFunction (P_1) = hashFunction (P_2)。

不管采用何种哈希算法，碰撞都应该是罕见的。否则，哈希就没有用了。然而，某些应用程序却不能容忍出现碰撞。此时，需要使用更复杂且不太可能产生碰撞散列的哈希算法。

实现加密哈希函数

加密哈希函数可以用不同算法来实现。下面，我们讨论其中两个算法。

理解 MD5- 容忍碰撞

MD5 是保尔 – 亨宁 · 卡普（Poul-Henning Kamp）于 1994 年设计用于取代 MD4 的加密哈希算法，它生成 128 位的散列值。MD5 是相对简单的算法，容易发生碰撞。因此，不能容忍碰撞的应用程序要避免使用 MD5。

我们看一个例子。要在 Python 中生成 MD5 散列，可以使用 `passlib` 包，它是最流行的开源库之一，其中实现了 30 多种加密散列算法。如果你的设备上还没有安装这个包，请在 Jupyter notebook 中使用以下代码安装它：

```
!pip install passlib
```

在 Python 中，可以如下生成 MD5 散列（见图 12-6）。

```
In [36]: myHash
Out[36]: '$1$a6sQqHlF$j5iHhbCzmOzVwrxWDxnUu.'
```

图 12-6

注意，MD5 生成 128 位的散列。

如前所述，我们可以用生成的这个散列值作为原始文本（即 `myPassword`）的数字指纹。我们看看如何用 Python 来完成这件事：

注意，字符串 `myPassword` 生成的散列与原始散列相匹配，算法返回 `True`。但是，当明文更改为 `myPassword2` 后，它立即返回 `False`。

现在，我们讨论另一个哈希算法——**安全散列算法**（SHA）。

理解 SHA

SHA 是由**美国国家标准与技术研究院**（National Institute of Standards and Technology，NIST）开发的。下面讨论用 Python 如何由 SHA 算法产生散列值：

```
from passlib.hash import sha512_crypt
sha512_crypt.using(salt = "qIo0foX5",rounds=5000).hash("myPassword")
```

注意，我们用到了一个名为 `salt` 的参数。加盐（salting）是在对明文执行哈希操作之前向明文添加随机字符的过程。

运行这段代码会得到图 12-7 所示的结果。

```
In [37]: md5_crypt.verify("myPassword", myHash)
Out[37]: True

In [38]: md5_crypt.verify("myPassword2", myHash)
Out[38]: False
```

图 12-7

注意，当我们使用 SHA 算法时，生成的散列有 512 字节（见图 12-8）。

```
In [13]: myHash
Out[13]: '$6$qIo0foX5$a.RA/OyedLnLEnWovzqngCqhyy3EfqRtwacvWKsIoYSvYgRxCRetM3XSwrgMxwdPqZt4KfbXzCp6y
         NyxI5j6o/'
```

图 12-8

加密哈希函数的应用

哈希函数用于在复制文件后检查文件的完整性。为了实现这一点，当文件从源位置被复制到目标位置时（例如，从 Web 服务器下载时），相应的散列也会随之被复制。原始散列值 $h_{original}$ 充当原始文件的指纹。在复制文件之后，重新用复制的文件生成散列值，即 h_{copied}。如果 $h_{original} = h_{copied}$，亦即生成的散列与原始散列匹配，这就验证了文件没有被更改过，并且在下载过程中没有丢失任何数据。我们可以使用任何加密哈希函数（如 MD5 或 SHA）来生成用于此目的的散列。

现在，我们讨论对称加密。

12.2.2 对称加密

在密码学中，密钥是一组数字的组合，加密算法用选择的密钥对明文进行编码。对称加密使用相同的密钥进行加密和解密。如果对称加密使用的密钥为 K，则有如下公式：

$$E_K(P) = C$$

其中，P 是明文，C 是密文。

解密时使用相同的密钥 K 将密文 C 变回明文 P：

$$D_K(C) = P$$

这个过程如图 12-9 所示。

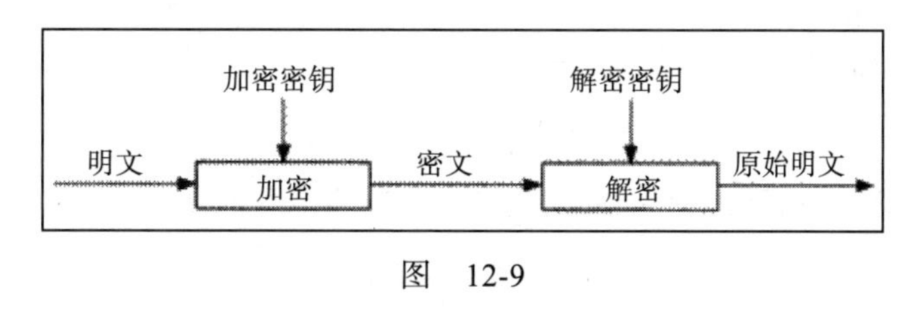

图 12-9

现在，我们讨论如何在 Python 中使用对称加密。

编码对称加密

这里，我们用 Python 的 `cryptography` 包来演示对称加密。这是一个综合性的包，其中实现了许多加密算法，包括对称密码和各种消息摘要。第一次使用它时，需要先用 `pip` 命令进行安装：

```
!pip install cryptography
```

安装完成后，就可以用它实现对称加密，如下所示：

1. 先导入所需的包：

```
import cryptography as crypt
from cryptography.fernet import Fernet
```

2. 再生成密钥（见图 12-10）。

```
In [29]: key = Fernet.generate_key()
         print(key)

         b'NbzXiNqKR25SEv_O8EpuW2Lr_QO2vDStTDV4ex4WA5U='
```

图 12-10

3. 接着，打开密钥：

```
file = open('mykey.key', 'wb')
file.write(key)
file.close()
```

4. 现在用密钥尝试加密消息：

```
file = open('mykey.key', 'rb')
key = file.read()
file.close()
```

5. 然后，用相同密钥解密消息：

```
from cryptography.fernet import Fernet
message = "Ottawa is really cold".encode()

f = Fernet(key)
encrypted = f.encrypt(message)
```

6. 解密消息，并将其赋值给变量 decrypt：

```
decrypted = f.decrypt(encrypted)
```

7. 打印解密变量，验证是否能够得到相同消息（见图 12-11）。

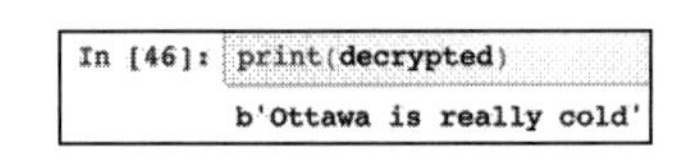

图 12-11

下面讨论对称加密的一些优点。

对称加密的优点

虽然对称加密的速度具体取决于所用的算法，但一般而言，它比非对称加密快得多。

对称加密的缺点

在两个用户或进程想要用对称加密进行通信时，需要先用安全通道交换密钥。这就产生了以下两个问题：

- **密钥保护**：如何保护对称加密密钥。
- **密钥分发**：如何从源位置将对称加密密钥分享到目标位置。

下面，我们讨论非对称加密。

12.2.3 非对称加密

非对称加密出现在 20 世纪 70 年代，其设计目的是解决对称加密中出现的问题。

非对称加密首先要生成两个不同的密钥，它们看起来完全不同，但实际上通过算法相互关联。在这对密钥中，一个被选作私钥 K_{pr}，另一个被选作公钥 K_{pu}。在数学上，它可以表示为：

$$E_{K_{pr}}(P) = C$$

其中，P 是明文，C 是密文。

我们可以将其解密如下：

$$D_{K_{pu}}(C) = P$$

公钥可以随意分发，而私钥则由密钥对的所有者保密。

基本原理是，如果你使用密钥对中的一个密钥进行加密，则解密密文的唯一手段就是使用另一个密钥。例如，如果使用公钥加密数据，则必须用私钥来解密。现在，我们看看非对称加密的一个基本协议——**安全套接字层**（SSL）/ **传输层安全性**（TLS）握手，该协议负责使用非对称加密在两个节点之间建立连接。

SSL/TLS 握手算法

开发 SSL 最初是为了增加 HTTP 的安全性。随着时间的推移，SSL 被更高效、更安全的协议 TLS 取代。TLS 握手是 HTTP 创建安全通信会话的基础。TLS 握手发生在两个参与实体（**客户端和服务器**）之间。这个过程如图 12-12 所示。

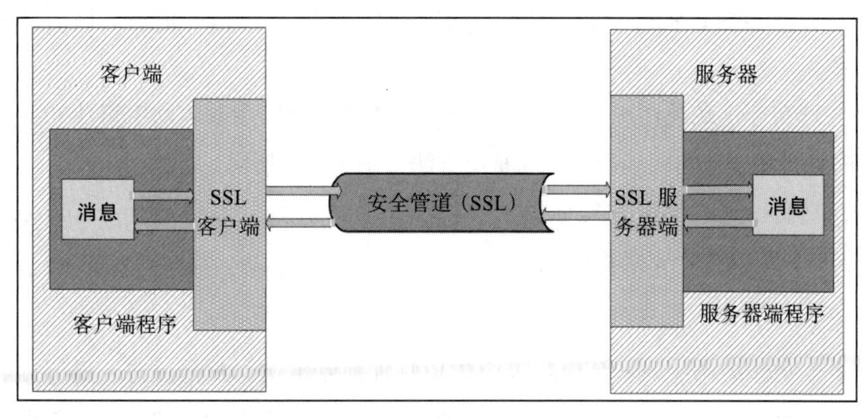

图　12-12

TLS 握手在参与节点之间建立安全连接。这一过程的主要步骤如下：

1. 客户端向服务器发送 `Client hello` 消息。该消息还包括以下内容：

- 所使用的 TLS 版本
- 客户端支持的密码套件列表
- 一个压缩算法
- 由 `byte_client` 标识的随机字节字符串

2. 服务器向客户端发送一个 `server hello` 消息。该消息还包括以下内容：

- 服务器从客户端提供的列表中选择的密码套件
- 一个会话 ID
- 由 `byte_server` 标识的随机字节字符串
- 服务器数字证书，由 `cert_server` 标识，包含服务器的公钥
- 如果服务器需要数字证书，用于客户端认证或客户端证书请求，则客户端服务器请求还包括以下内容：
  - 可接受的 CA 的专有名称
  - 支持的证书类型

3. 客户端验证 `cert_server`。

4. 客户端生成一个由 `byte_client2` 标识的随机字节字符串，并使用通过 `cert_server` 提供的服务器公钥对其加密。

5. 客户端生成由随机字节和身份信息构成的字符串，并用自己的私钥加密。

6. 服务器验证客户端证书。

7. 客户端向服务器发送 `finished` 消息，该消息用共享秘密密钥加密。

8. 为从服务器端确认这一点，服务器向客户端发送 `finished` 消息，该消息用共享秘密密钥加密。

9. 服务器和客户端现在已经建立了一个安全通道，可以用对称加密算法和共享秘密密钥来加密消息，安全地实现消息交换。整个方法如图 12-13 所示。

现在，我们讨论如何用非对称加密来创建**公钥体系**（Public Key Infrastructure，PKI）以满足组织的一个或多个安全目标。

公钥体系

公钥体系 PKI 采用非对称加密技术为组织管理加密密钥，是最流行、最可靠的方法之一。所有参与方都信任一个称为核证机关（CA）的中央信任机构。核证机关负责在验证个

人和组织的身份之后给他们发放数字证书（数字证书包含个人或组织的公钥及其身份的副本），并且验证与任何个人或组织关联的公钥确实属于该个人或组织。

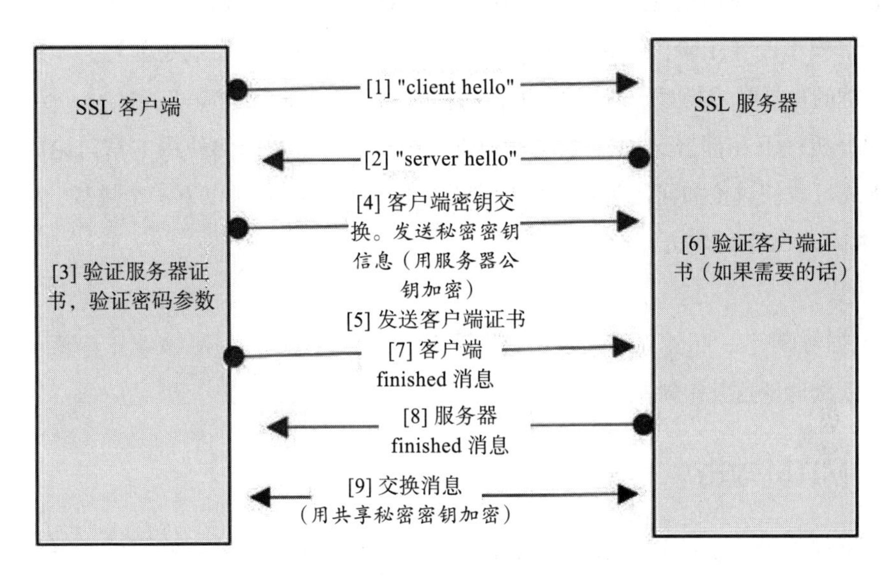

图 12-13

公钥体系的工作方式如下。CA 要求用户证明其身份，个人身份和组织身份应遵循不同的标准。身份证明既有可能仅涉及简单地验证域名的所有权，也有可能涉及身份物理证明之类的更严格的过程，这取决于用户试图获得的数字证书的类型。如果 CA 确信用户身份属实，则用户就可以通过安全通道向 CA 提供自己的公钥。CA 使用此信息创建一个数字证书，其中包含关于用户身份及其公钥的信息。此证书由 CA 进行数字签名。用户可以向任何希望验证其身份的人显示其证书，而无须通过安全通道发送，因为该证书本身不包含任何敏感信息。接收证书的人不必直接验证用户的身份，而是通过验证 CA 的数字签名来验证证书是有效的，CA 的数字签名验证了证书所包含的公钥确实属于证书上描述的个人或组织。

组织机构中 CA 的私钥是 PKI 信任链中最脆弱的环节。例如，如果假冒者获得了微软的私钥，他们就可以通过假冒 Windows 更新，在全世界数百万台电脑上安装恶意软件。

12.3 实例——机器学习模型部署时的安全问题

第6章讨论了**数据挖掘跨行业标准流程** CRISP-DM生命周期，它明确刻画了训练和部署机器学习模型的各个阶段。模型一旦被训练和评估，最后阶段就是部署。如果待部署的是一个关键的机器学习模型，则需要确保它达成了所有的安全目标。

我们分析一下在部署这种模型时面临的常见挑战，以及如何使用本章讨论的概念来解决这些挑战。我们讨论如何用策略来保护训练后的模型，以应对以下三个挑战：

- **中间人** MITM攻击
- 伪装
- 数据篡改

我们依次讨论这几个挑战。

12.3.1 MITM攻击

我们要保护模型，使其免遭各种攻击，MITM攻击就是其中一种。当入侵者劫持窃听通信并部署经过训练的机器学习模型时，MITM攻击就发生了。

我们使用一个示例场景来逐步理解MITM攻击。

假设Bob和Alice想用PKI交换消息：

1. Bob用$\{P_{rBob}，P_{uBob}\}$作为密钥而Alice使用$\{Pr_{Alice}，Pu_{Alice}\}$作为密钥。Bob创建了消息$M_{Bob}$而Alice创建了消息$M_{Alice}$。两人希望用一种安全方式来交换这两条消息。

2. 他们需要先交换公钥，由此建立安全连接。这意味着Bob在将M_{Bob}发送给Alice之前，他要用Pu_{Alice}加密消息M_{Bob}。

3. 假设我们有一个窃听者X，他使用$\{P_{rX}，P_{uX}\}$作为密钥。攻击者能够拦截Bob和Alice之间的公钥交换，并将其替换为自己的公钥。

4. Bob错误地认为自己收到的公钥是Alice的公钥，因而他在将M_{Bob}发给Alice时使用P_{uX}加密而不是用P_{Alice}加密。于是，窃听者X就可以窃听通信并拦截消息M_{Bob}，然后用Pr_{Bob}解密。

上面的MITM攻击如图12-14所示。

现在，我们讨论如何防止MITM攻击。

如何防止MITM攻击

我们探讨如何通过在组织中引入CA来防止MITM攻击。假设这个CA的名称是myTrustCA。数字证书嵌入了CA的公钥$Pu_{myTrustCA}$。myTrustCA负责为组织中所有人（包括 Alice 和 Bob) 签署证书。这意味着 Bob 和 Alice 都持有 myTrustCA 签名的证书。在 myTrustCA 为他们签署证书时，它会验证两人确实是 Alice 和 Bob。

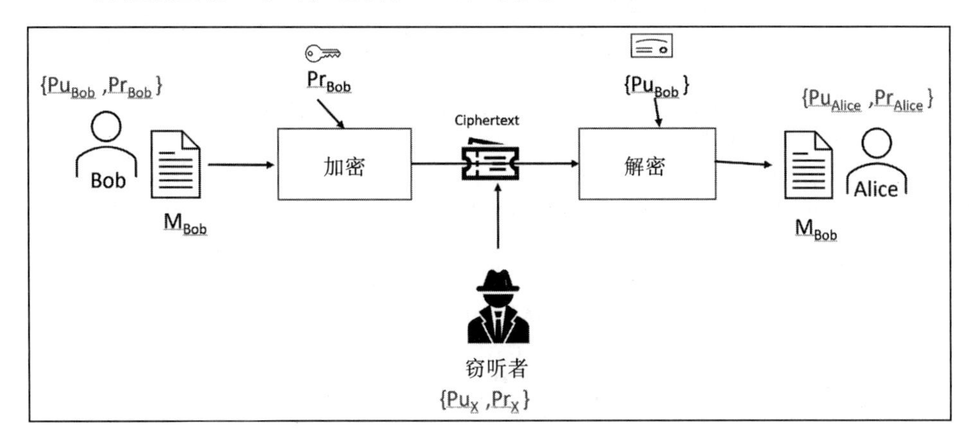

图 12-14

在引入这种新的安排后，我们再来看看 Alice 和 Bob 之间的顺序交互行为：

1. Bob 用 $\{Pr_{Bob}, Pu_{Bob}\}$ 作为密钥而 Alice 使用 $\{Pr_{Alice}, Pu_{Alice}\}$ 作为密钥。两人的公钥都已经嵌入到 myTrustCA 签发的数字证书中。Bob 创建了消息 M_{Bob} 而 Alice 创建了消息 M_{Alice}。两人希望用一种安全方式来交换这两条消息。

2. 两人交换他们的数字证书，其中嵌入了他们的公钥。如果公钥嵌入到由其信任的 CA 签署的证书中，则他们接受公钥。他们需要先交换公钥，由此建立安全连接。这意味着，Bob 在将 M_{Bob} 发送给 Alice 之前，他要用 Pu_{Alice} 加密消息 M_{Bob}。

3. 假设有一个窃听者 X，他使用 $\{Pr_X, Pu_X\}$ 作为密钥。攻击者能够拦截 Bob 和 Alice 之间的公钥交换，并将其替换为自己的公共证书 Pu_X。

4. Bob 拒绝 X 的尝试，因为 Bob 信任的 CA 没有对坏人的数字证书进行签名。安全握手中止，试图进行的攻击被记录下来，包括时间戳和所有详细信息，并引发安全异常。

在部署一个训练好的机器学习模型时，会有一个部署服务器，而不是 Alice。Bob 只需在建立安全通道后按照上面给出的步骤来部署模型即可。

我们看看如何在 Python 中实现它。

首先，导入所需的包：

```
from xmlrpc.client import SafeTransport, ServerProxy
import ssl
```

接下来，创建一个可以验证认证的类：

```
class CertVerify(SafeTransport):
    def __init__(self, cafile, certfile=None, keyfile=None):
    SafeTransport.__init__(self)
    self._ssl_context = ssl.SSLContext(ssl.PROTOCOL_TLSv1)
    self._ssl_context.load_verify_locations(cafile)
    if cert:
        self._ssl_context.load_cert_chain(certfile, keyfile)
    self._ssl_context.verify_mode = ssl.CERT_REQUIRED

def make_connection(self, host):
    s = super().make_connection((host, {'context': self._ssl_context}))
    return s

# Create the client proxy
s = ServerProxy('https://cloudanum.com:15000',
transport=VerifyCertSafeTransport('server_cert.pem'), allow_none=True)
```

下面，我们讨论部署的模型可能面临的其他漏洞。

12.3.2 避免伪装

攻击者 X 假装是授权用户 Bob，以此获得对敏感数据的访问权。这里，敏感数据指的是训练好的模型。我们需要保护模型免受任何未经授权的更改。

要保护经过训练的模型不受伪装影响，一种方法是使用授权用户的私钥加密模型。经过加密后，任何人都可以通过在数字证书中找到的授权用户的公钥对模型进行解密，从而读取和使用模型。任何人都不能对模型进行任何未经授权的更改。

12.3.3 数据加密和模型加密

模型一经部署，就能够接受实时未标记数据作为其输入，但这些数据也可能被篡改。经过训练的模型用于推理，并为数据提供一个标签。为了保护数据不被篡改，我们需要保护静止和通信中的数据。为了保护静止的数据，可以使用对称加密对其进行编码。为了传输数据，可以建立基于 SSL/TLS 的安全通道来提供安全的隧道。这种安全隧道可以用来传输对称密钥，数据可以在被提供给训练过的模型之前在服务器上被解密。

这是保护数据不被篡改的更有效和更简单的方法之一。

对称加密还可以在模型经过训练后，在部署到服务器之前对其进行加密。这样能够防止在部署模型之前对其进行任何未经授权的访问。

我们看看如何在源位置加密一个训练过的模型，加密过程用对称加密按如下步骤实施，然后在使用它之前，在目标位置解密：

1. 我们先用 Iris 数据集训练一个简单模型：

```
import cryptography as crypt
from sklearn.linear_model
import LogisticRegression
from cryptography.fernet
import Fernet from sklearn.model_selection
import train_test_split
from sklearn.datasets import load_iris
iris = load_iris()

X = iris.data
y = iris.target
X_train, X_test, y_train, y_test = train_test_split(X, y)
model = LogisticRegression()
model.fit(X_train, y_train)
```

2. 接下来，定义命名文件来存储模型：

```
filename_source = 'myModel_source.sav'
filename_destination = "myModel_destination.sav"
filename_sec = "myModel_sec.sav"
```

注意，文件filename_source将用于存储从源位置训练的未加密模型。文件filename_destination将用于在目的位置存储经过训练的未加密模型，文件filename_sec存储加密后的训练模型。

3. 我们用pickle将训练好的模型存储到文件中：

```
from pickle import dump dump(model, open(filename_source, 'wb'))
```

4. 我们定义一个名为write_key()的函数，它生成对称密钥，并将其存储到一个名为key.key的文件中：

```
def write_key():
     key = Fernet.generate_key()
     with open("key.key", "wb") as key_file:
         key_file.write(key)
```

5. 现在，再定义一个名为load_key()的函数，它从key.key文件中读取存储的密钥：

```
def load_key():
    return open("key.key", "rb").read()
```

6. 接下来，我们定义一个encrypt()函数来对模型进行加密和训练，并将其存储在一个名为filename_sec的文件中：

```
def encrypt(filename, key):
     f = Fernet(key)
     with open(filename_source,"rb") as file:
         file_data = file.read()
     encrypted_data = f.encrypt(file_data)
     with open(filename_sec,"wb") as file:
         file.write(encrypted_data)
```

7. 我们用这些函数生成一个对称密钥，并将其存储在一个文件中。然后，读取这个键，并用它将训练模型存储到一个名为 filename_sec 的文件中：

```
write_key()
encrypt(filename_source,load_key())
```

现在模型被加密了。下面将它传送到目的位置，用于预测：

1. 我们先定义一个名为 decrypt() 的函数，使用存储在 key.key 文件中的密钥可以将模型从文件 filename_sec 解密到文件 filename_destination：

```
def decrypt(filename, key):
     f = Fernet(key)
     with open(filename_sec, "rb") as file:
         encrypted_data = file.read()
     decrypted_data = f.decrypt(encrypted_data)
     with open(filename_destination, "wb") as file:
file.write(decrypted_data)
```

2. 现在，我们使用这个函数来解密模型，并将其存储在一个名为 filename_destination 的文件中：

```
decrypt(filename_sec,load_key())
```

3. 最后，我们用这个未加密的文件来加载模型，并用它来完成预测：

```
In [21]: loaded_model = pickle.load(open(filename_destination, 'rb'))
         result = loaded_model.score(X_test, y_test)
         print(result)

         0.9473684210526315
```

注意，我们使用了对称加密对模型进行编码。如果需要，同样的技术也可以用于加密数据。

12.4 小结

本章学习了密码算法。我们从确定问题的安全目标开始。然后，我们讨论了各种加密技术，还了解了 PKI 体系的细节。最后，我们讨论了保护经训练的机器学习模型不受常见攻击的不同方法。现在，你应该能够理解用于保护现代 IT 基础设施的安全算法的基础知识。

下一章讨论大规模算法的设计。我们将讨论在设计和选择大规模算法时所涉及的挑战和权衡。我们还要讨论如何用 GPU 和集群来求解复杂问题。

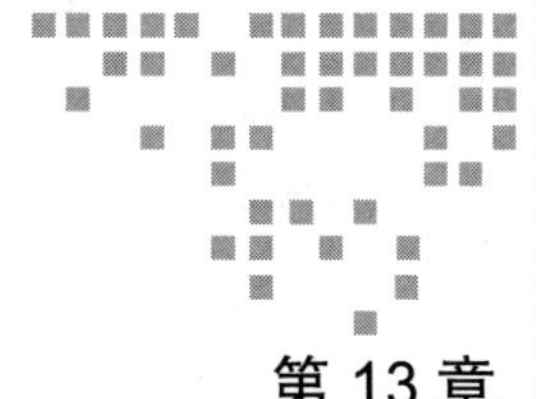

第 13 章 Chapter 13

大规模算法

大规模算法设计用于大型复杂问题的求解，其最显著的特征是为适应大型复杂问题的数据规模和处理需求规模而需要多个执行引擎。本章首先讨论何种算法最适于并行运行；然后讨论算法并行化的相关问题；接下来介绍**计算统一设备架构**（Compute Unified Distributed Architecture，CUDA），并讨论如何使用单个或多个**图形处理器**（Graphics Processing Unit，GPU）来加速算法；此外，还讨论如何修改算法才能有效利用 GPU 的性能；最后，讨论集群计算和 Apache Spark 如何创建**弹性分布式数据集**（RDD），进而创建标准算法的高速并行实现。

结束本章的阅读后，你将理解设计大规模算法的基本策略。

我们从大规模算法简介开始。

13.1 大规模算法简介

人类勇于面对挑战。近几个世纪以来，人类提出的很多创新使其能够以不同的方式解决非常复杂的问题：从预测蝗虫要袭击的下一个目标区域到计算最大素数。而且，求解我们熟悉的复杂问题的方法仍在不断发展和演变。计算机的出现为我们找到了求解复杂问题的强大的新方法。

13.1.1 定义精心设计的大规模算法

精心设计的大规模算法具有以下两个特征：

- ❑ 旨在优化地利用可用资源来处理超大规模数据和超大规模运算需求；
- ❑ 是可扩展的。它可以简单地通过提供更多资源来处理复杂度更高的问题。

实现大规模算法的最实用方法之一是分治策略，即将规模较大的问题分解为适于独立求解的小规模问题。

13.1.2 术语

下面给出一些术语，这些术语常用于量化大规模算法的质量。

延迟

延迟（latency）是执行单个计算所需的端到端时间。如果 Compute_1 表示起始于 t_1 且终止于 t_2 的一个计算，则有：

$$\text{Latency} = t_2 - t_1$$

吞吐量

在并行计算中，吞吐量（throughput）指的是可以同时执行的单个计算的数量。例如，如果在 t_1 时刻有四个计算 C_1、C_2、C_3 和 C_4 同时执行，则吞吐量为 4。

网络对分带宽

网络中两个对等部分之间的带宽称为**网络对分带宽**（network bisection bandwidth）。为确保分布式计算高效地执行，网络对分带宽是需要考虑的最重要的参数。如果网络对分带宽不足，则分布式计算中由多个执行引擎带来的优势将因低效通信连接而削弱。

弹性

基础架构通过提供更多资源来应对运算需求陡增的能力称为弹性（elasticity）。

谷歌、亚马逊和微软这三个云计算巨头因其超大的共享资源池规模而提供了高弹性的基础架构，其他公司几乎均无法提供与之媲美的弹性基础架构。

弹性的基础架构适于为问题创建可扩展的解决方案。

13.2 并行算法设计

因特别重要而需提醒读者注意的一点是：并行算法并非灵丹妙药。即使是最优设计的并行体系结构也可能无法提供我们期待的性能。一个广泛用于设计并行算法的原则是阿姆达尔定律（Amdahl’s law）。

13.2.1 阿姆达尔定律

吉恩·阿姆达尔（Gene Amdahl）是 20 世纪 60 年代最早研究并行处理的研究人员之一。他提出的阿姆达尔定律是理解并行计算解决方案设计中各种平衡策略的基础至今仍然适用。阿姆达尔定律可以阐述如下：

它基于这样一种理解：在任何计算过程中，并非所有部分都可以并行执行。也就是说，任何计算过程均存在不能并行执行而需顺序执行的部分。

看一个具体的例子。假设我们要读取存储在计算机上的大量文件，并希望使用文件中的数据来训练机器学习模型。

整个过程称为 P。很明显，P 可以分为以下两个子过程：

- P_1：扫描目录中的文件，创建与输入文件匹配的文件名列表，然后向后传递。
- P_2：读取文件，创建数据处理管道，处理文件并训练模型。

对顺序处理的分析

运行 P 的时间用 $T_{seq}(P)$ 表示，运行 P_1 和 P_2 的时间分别用 $T_{seq}(P_1)$ 和 $T_{seq}(P_2)$ 表示。当在单个节点上运行 P 时，我们显然可以观察到两件事：

- P_2 在 P_1 完成之前无法开始运行，用 P_1 --> P_2 表示。
- $T_{seq}(P) = T_{seq}(P_1) + T_{seq}(P_2)$。

假设 P 在单个节点上运行需要 11 秒。在这 11 秒里，P_1 在单个节点上运行需要 2 秒而 P_2 需要 9 秒，如图 13-1 所示。

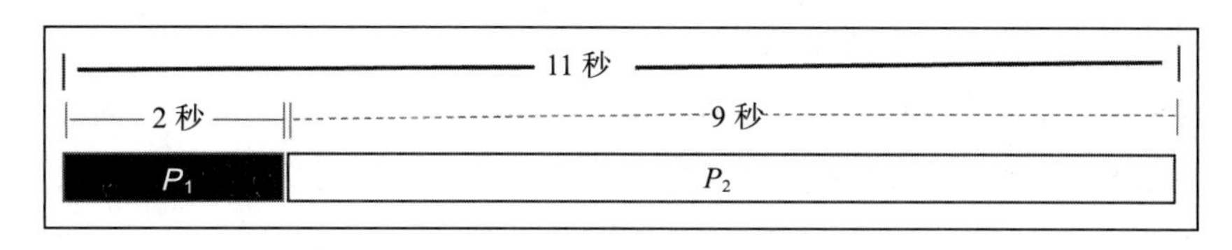

图 13-1

要注意，P_1 本质上是顺序的。我们无法将它通过并行化来加速。另一方面，P_2 可以轻松拆分为并行子任务。因此，我们可以通过并行，使其运行更快。

> 使用云计算的主要好处是可以使用大量资源，其中许多资源是用于并行的。将这些资源用于给定问题的计划称为执行计划。阿姆达尔定律被综合地用于发现给定问题和资源池下的瓶颈。

对并行执行的分析

如果用多个节点来加快 P 的运行速度，那么它只会以 $s>1$ 的因子影响 P_2：

$$T_{\text{par}}(P)=T_{\text{seq}}(P_1)+\frac{1}{s}T_{\text{seq}}(P_2)$$

由此可以轻易计算出过程 P 的加速比如下：

$$S(P)=\frac{T_{\text{seq}}(P)}{T_{\text{par}}(P)}$$

进程可并行化部分与整体之间的比率表示为 b，并以如下方式进行计算：

$$b=\frac{T_{\text{seq}}(P_2)}{T_{\text{seq}}(P)}$$

例如，对于前面给出的情形，$b=9/11=0.8181$。

化简这些方程式即可得出阿姆达尔定律：

$$S(P)=\frac{1}{1-b+\dfrac{b}{s}}$$

其中：

- P 是整个过程；
- b 是 P 的可并行化部分的比率；
- s 是 P 的可并行化部分的加速比。

假设我们在三个并行节点上运行过程 P：

- P_1 是需要顺序执行的部分，使用并行节点并不能减少其执行时间。因此，它仍需要 2 秒；
- P_2 现在只需 3 秒，而不再是 9 秒。

因此，过程 P 花费的总时间减少为 5 秒，如图 13-2 所示。

在上例中，我们可以如下计算：

- n_p = 处理器数量 = 3
- b = 并行部分占比 = 9/11 = 81.81%

- s = 加速比 = 3

下面，我们通过一幅典型的图（见图 13-3）来展示阿姆达尔定律。

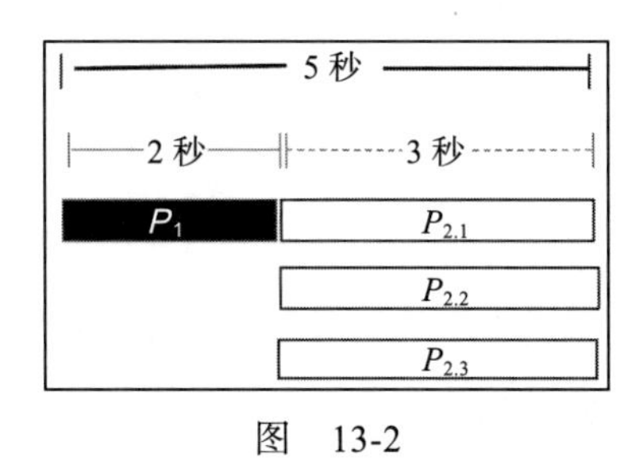

图　13-2

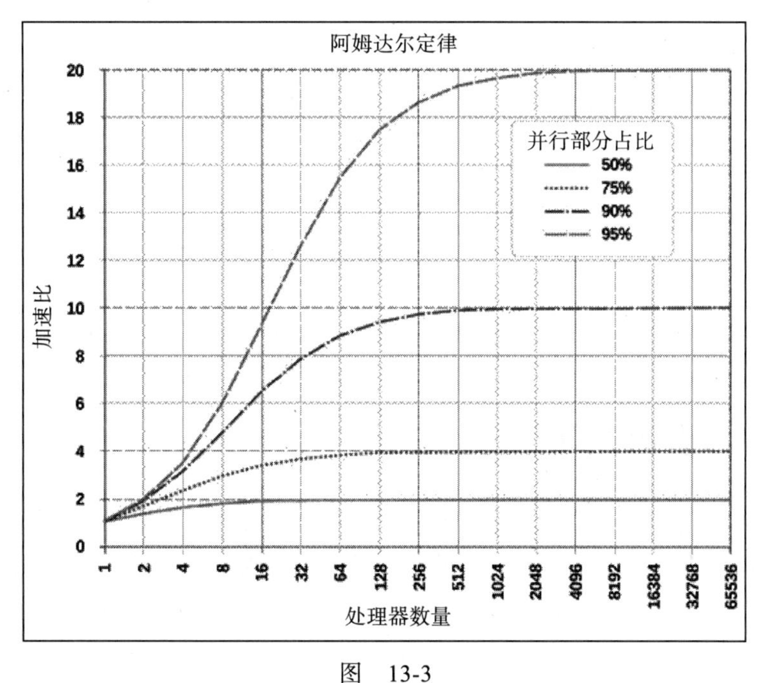

图　13-3

在图 13-3 中，我们对 b 的不同取值绘制了 s 和 n_p 之间的曲线图。

13.2.2　任务粒度

当算法并行化时，一个较大的任务会被划分为多个并行任务。并行任务的最佳划分数目并非唾手可得。如果并行任务太少，则并行计算将不会带来太大优势；如果并行任务太多，则会产生过多额外开销。这种确定并行任务多少的挑战称为任务粒度。

13.2.3 负载均衡

在并行计算中，任务调度程序负责选择用于执行任务的资源。最佳的负载均衡很难实现。但如果没有负载均衡，则资源将无法充分利用。

13.2.4 局部化问题

并行处理时不鼓励进行数据迁移。数据应尽可能在其所在的本地节点上被处理，而不是进行数据迁移。若不然，数据迁移将降低并行化的质量。

13.2.5 在 Python 中启用并发处理

在 Python 中启用并行处理的最简单方法是克隆当前进程，该进程将启动一个称为**子进程**的新并发进程。

Python 程序员（虽然不是生物学家）都创建过自己的克隆进程。就像克隆羊一样，克隆进程是原始进程的精确副本。

13.3 制定多资源处理策略

大规模算法最初运行在称作超级计算机的大型机器上。这些超级计算机共享同一内存空间，资源都是本地的——放在同一台物理机器上。这意味着不同处理器之间的通信非常快，它们能够通过公共内存空间共享相同的变量。随着系统的发展和运行大规模算法的需求的日益增长，超级计算机演化为**分布式共享内存**（Distributed Shared Memory，DSM），其中每个处理节点都拥有一部分物理内存。最后出现了集群，它们是松散耦合的，并且依赖于处理节点之间的消息传递。大规模算法需要多个并行运行的执行引擎来求解复杂问题（如图 13-4 所示）。

有三种策略来获取多个执行引擎：

- **向内看**：利用单个计算机上已有的资源，即利用 GPU 的数百个内核来运行大规模算法。
- **向外看**：将分布式计算系统作为资源集合加以利用，以获得求解大规模问题的计算资源。

- **混合策略**：使用分布式计算，并在每个节点上使用 GPU 或 GPU 阵列来加速算法运行。

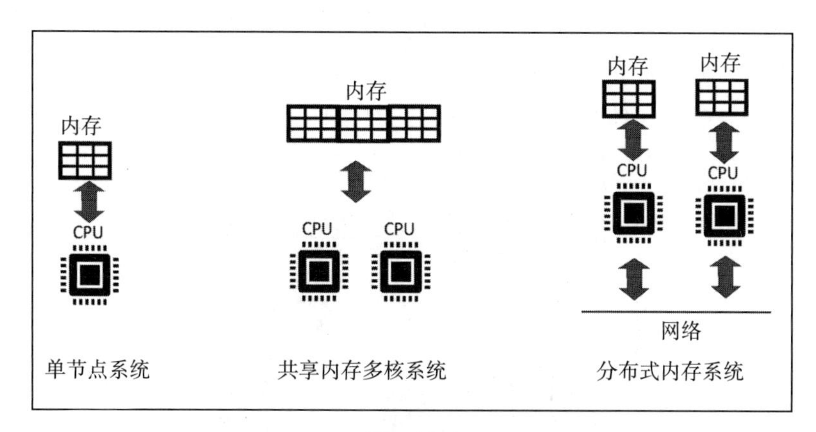

图　13-4

13.3.1　CUDA 简介

GPU 最初被设计用于图形处理，其设计是为了优化典型台式机处理多媒体数据的需要。为此，人们为 GPU 开发了某些特性，这造成了它与 CPU 的区别。例如，GPU 有数千个核，而 CPU 的核数却很有限；GPU 的时钟速度比 CPU 慢得多；GPU 具有自己的动态随机存储（DRAM）。例如，NVIDIA 的 RTX 2080 拥有 8GB 的随机访问存储（RAM）。注意，GPU 是专用处理设备，没有通用处理单元的中断或（键盘和鼠标等）设备寻址等功能。图 13-5 是 GPU 的体系结构。

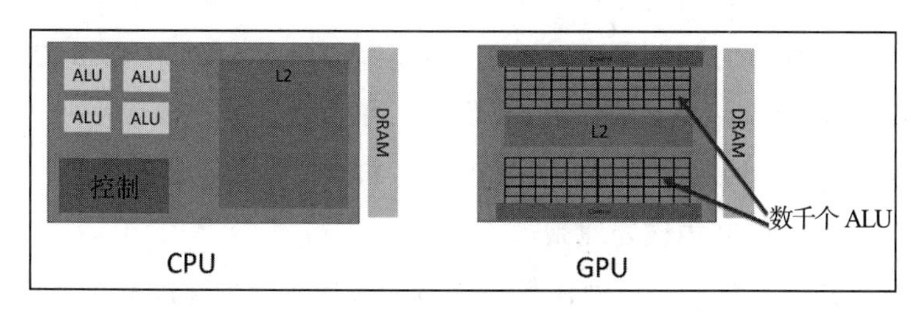

图　13-5

在 GPU 成为主流之后不久，数据科学家就开始探索 GPU 在高效执行并行操作方面的潜力。由于典型的 GPU 有数千个算术逻辑单元（ALU），因此它能够产生数千个并发进程，这使 GPU 成为面向数据并行计算的优化架构。因此，执行并行计算的算法最适合 GPU。例如，视频中的对象查找在 GPU 上比在 CPU 上快至少 20 倍。第 5 章讨论的图算法在 GPU

上的运行速度比在 CPU 上的速度快得多。

为了实现数据科学家的梦想，充分利用 GPU 来运行算法，NVIDIA 在 2007 年创建了一个名为 CUDA 的计算统一设备架构 (Compute Unified Device Architecture)，它是一种开源的框架。CUDA 将 CPU 和 GPU 的工作分别抽象为主机和设备。主机（即 CPU）负责调用设备（即 GPU）。CUDA 体系结构中的各种抽象层如图 13-6 所示。

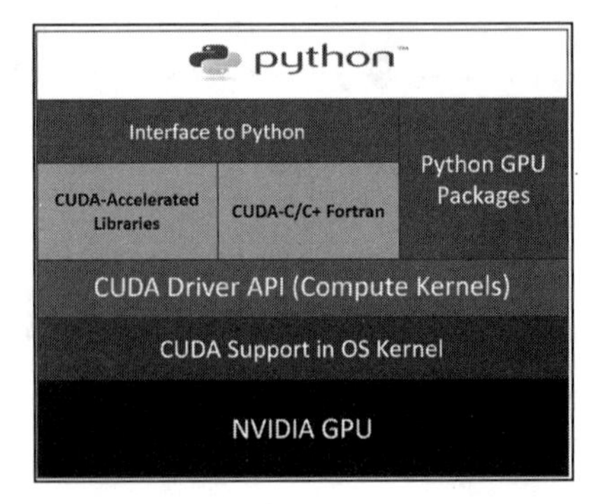

图 13-6

注意，CUDA 运行于 NVIDIA 的 GPU 之上。它需要操作系统内核的支持。CUDA 最初只有 Linux 内核支持，目前 Windows 也已经完全支持。再向上是 CUDA 驱动程序 API，它充当编程语言 API 和 CUDA 驱动程序之间的桥梁。最顶层是对 C、C++ 和 Python 的支持。

在 CUDA 上设计并行算法

让我们更深入地了解 GPU 如何加速某些处理操作。众所周知，CPU 为数据的顺序执行所设计，这导致某些应用程序需要大量的运行时间。作为例子，我们看一下大小为 1920 × 1200 的图像的处理，通过计算易知共有 2 204 000 个像素要处理。传统 CPU 上的顺序处理意味着要花费很长时间，而难以置信的是，诸如 NVIDIA 的 Tesla 之类的现代 GPU 能够产生 2 204 000 个并行线程来处理这些像素。在大多数多媒体应用中，所有像素均可以彼此独立地被处理，进而显著地提升处理速度。如果把每个像素映射到一个单独线程上，则所有像素可以在 O(1) 时间内被处理完。

但是图像处理并不是我们可以使用数据并行性来加快处理速度的唯一应用。数据并行性还可以用于为机器学习库准备数据。实际上，GPU 可以大大减少可并行化算法的执行时间，这种可并行化算法包括：

- 比特币挖矿
- 大规模模拟
- DNA 分析

❑ 视频和照片分析

GPU 不适用于**单程序多数据**（Single Program, Multiple Data，SPMD）。例如，计算数据块的哈希是一个不能并行运行的程序。在这种情况下，GPU 的性能会降低。

计划在 GPU 上运行的代码需要用 CUDA 特有的关键字 kernels 来标记，这些 kernels 标记了需要在 GPU 上并行处理的函数。借助这些 kernels 标记，GPU 编译器就能区分需要在 GPU 运行的代码和需要在 CPU 上运行的代码。

借助 Python 在 GPU 上并行处理数据

GPU 非常适合于处理多维数据结构中的数据。这些数据结构本质上是可并行化的。让我们看看如何借助 Python 在 GPU 上处理多维数据：

1. 首先，导入所需的 Python 包：

```
import numpy as np
import cupy as cp
import time
```

2. 使用 NumPy 中的多维数组，NumPy 是在 CPU 上执行的传统 Python 软件包。

3. 使用 CuPy 数组创建多维数组，CuPy 在 GPU 上执行。然后比较时间开销：

```
### Running at CPU using Numpy
start_time = time.time()
myvar_cpu = np.ones((800,800,800))
end_time = time.time()
print(end_time - start_time)

### Running at GPU using CuPy
start_time = time.time()
myvar_gpu = cp.ones((800,800,800))
cp.cuda.Stream.null.synchronize()
end_time = time.time()
print(end_time - start_time)
```

运行上面的代码，将得到如图 13-7 所示的输出。

```
1.130657434463501
0.012250661849975586
```

图　13-7

注意，在 NumPy 中创建数组需要大约花费 1.13 秒，而在 CuPy 中创建该数组需要大约花费 0.012 秒。可见，在 GPU 上初始化数组的速度快了 92 倍。

13.3.2 集群计算

集群计算是实现大规模算法并行处理的方法之一。集群中的节点通过高速网络连接。大规模算法作为作业提交到集群上。每个作业将被划分为各种任务，每个任务在单独节点上运行。

Apache Spark 是实现集群计算的最流行的方法之一。在 Apache Spark 中，数据被转换为分布式容错数据集，称为**弹性分布式数据集**（Resilient Distributed Datasets，RDD）。RDD 是 Apache Spark 的核心抽象。这种集合是由可并行操作的元素构成的不可变集合。RDD 在被划分为多个分片之后分布到各个节点上，如图 13-8 所示。

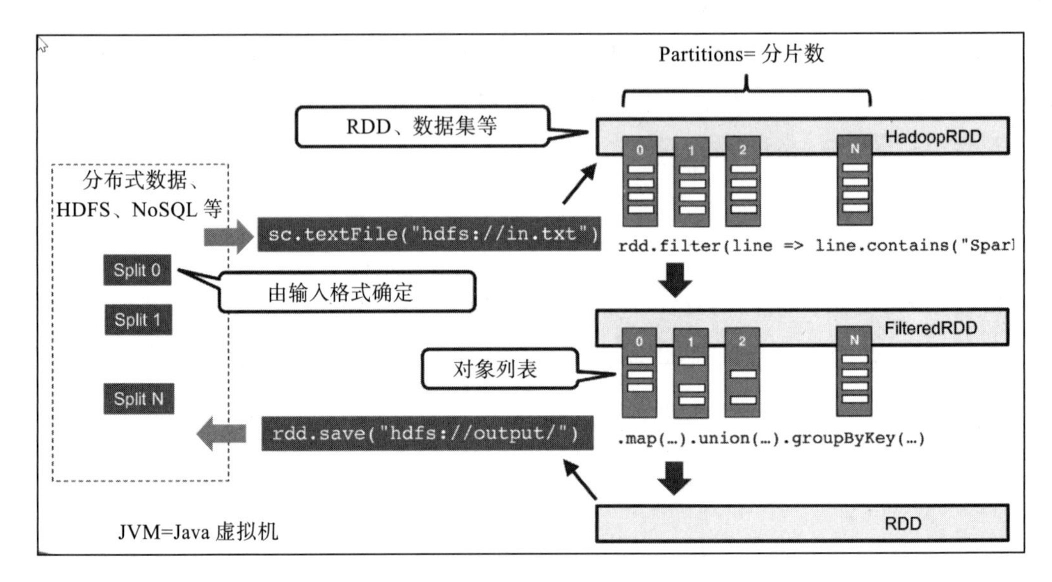

图 13-8

利用这种并行数据结构，算法就可以并行执行。

在 Apache Spark 上实现数据处理

让我们看看如何在 Apache Spark 中创建 RDD，并在集群上对其进行分布式处理：

1. 首先，我们需要创建一个新的 Spark 会话，如下所示：

```
from pyspark.sql import SparkSession
spark = SparkSession.builder.appName('cloudanum').getOrCreate()
```

2. 创建 Spark 会话后，我们将 CSV 文件用作 RDD 的源。然后，运行下面的函数——它将创建一个 RDD，该 RDD 被抽象为称为 `df` 的 DataFrame。Spark 2.0 中新增了将 RDD 抽象为 DataFrame 的功能，这使得数据处理更加容易：

```
df = spark.read.csv('taxi2.csv',inferSchema=True,header=True)
```

图 13-9 展示了 DataFrame 的各个列。

```
In [3]: df.columns

Out[3]: ['pickup_datetime',
         'dropoff_datetime',
         'pickup_longitude',
         'pickup_latitude',
         'dropoff_longitude',
         'dropoff_latitude',
         'passenger_count',
         'trip_distance',
         'payment_type',
         'fare_amount',
         'tip_amount',
         'tolls_amount',
         'total_amount']
```

图　13-9

3. 接下来，从 DataFrame 创建一个临时表，如下所示：

```
df.createOrReplaceTempView("main")
```

4. 创建临时表后，我们可以运行 SQL 语句来处理数据，如图 13-10 所示。

```
In [9]: data=spark.sql("SELECT payment_type,Count(*) AS COUNT,AVG(fare_amount),
                        AVG(tip_amount) AS AverageFare from main GROUP BY payment_type")
        data.show()

        +------------+-----+------------------+-----------------+
        |payment_type|COUNT|  avg(fare_amount)|      AverageFare|
        +------------+-----+------------------+-----------------+
        |         CRD|10000|32.384988999999784| 7.61713200000006|
        |         Cas| 3080| 34.64730519480518|7.497457792207749|
        +------------+-----+------------------+-----------------+
```

图　13-10

需要着重强调的是，尽管 RDD 看起来像常规的 DataFrame，但它只是一个高级数据结构。在底层，正是 RDD 在整个集群中传播数据。类似地，当 SQL 函数被执行时，这些函数在底层被变换为并行转换器和缩减器，这样就可以充分利用集群的能力来处理代码。

13.3.3　混合策略

在云计算上执行大规模算法的做法已日益流行起来，这为我们提供了将向外看策略与向内看策略相结合的机会。二者的结合可以通过在多个虚拟机中配置一个或多个 GPU 来实现，如图 13-11 所示。

充分利用混合架构并非一项简单任务。这需要先将数据分为多个部分。计算密集型任务处理的数据较少，其并行化仅需利用 GPU 各个节点即可完成。

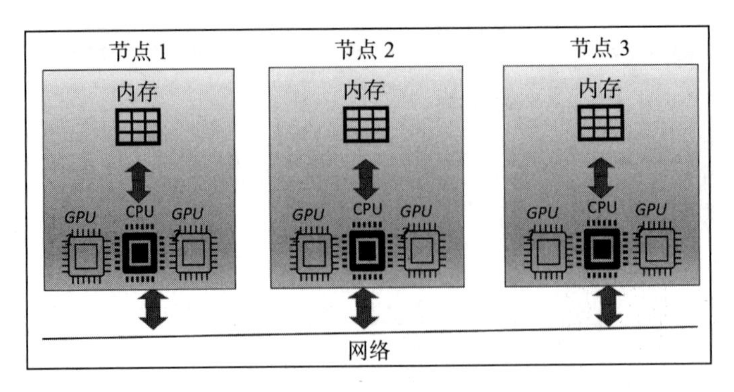

图 13-11

13.4 小结

本章先讨论了并行算法设计和大规模算法设计，然后讨论了如何利用并行计算和 GPU 来实现大规模算法，最后讨论了如何利用 Spark 集群来实现大规模算法。

本章还了解了与大规模算法有关的问题，讨论了与并行化算法有关的问题和在此过程中可能出现的瓶颈。

下一章讨论在算法实现的实践中要考虑的一些要素。

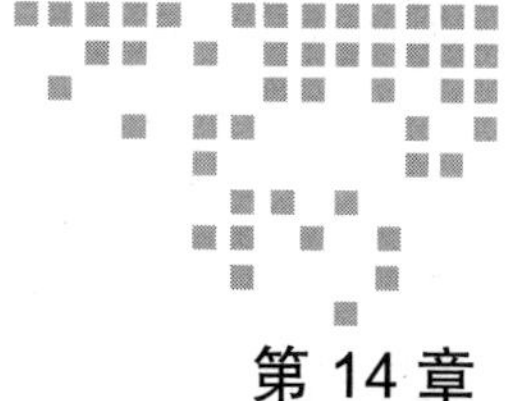

第 14 章 Chapter 14

实践中要考虑的要素

本书讨论的很多算法都可以用于求解实际问题。本章讨论这些算法在实践中需要考虑的各种要素。

本章组织如下：先做简要介绍；然后，讨论算法的可解释性这一重要主题，即关注在多大程度上算法的内部机制可以用可理解的术语来解释；之后，讨论算法在使用过程中的伦理和算法实现时产生偏差的可能性；接下来，讨论处理 NP 难问题的技巧；最后，讨论选择算法前应该考虑的因素。

通过本章学习，你将理解使用算法时需要重点关注的各种实践要素。

我们先从实践要素简介开始。

14.1 实践要素简介

算法除了要进行设计、开发和测试之外，在着手用计算机来求解实际问题时，很多情况下还要考虑一些重要的实践要素，才能使得所求得的答案更加有用。对某些算法，我们可能需要考虑算法部署之后如何将重要的、不断变化的新信息可靠地整合进来。经过精心测试的算法在整合这些新信息后是否会以某种方式改变算法运行结果的质量呢？如果确实如此，那么我们的设计应该如何处理呢？而且，有的算法使用了全局模式，其中某些参数用于描述全球地缘政治形势的变化，则我们可能需要关注这些参数的实时取值。另外，在使用算法求得的答案时，有时可能需要考虑答案被使用时的监管政策才能确保答案是有用的。

> 用算法求解实际问题时必然以某种方式依赖于求解问题所用的计算机。无论算法多么复杂，它仍基于一些简化和假设，因而无法处理意外情况。因此，我们还不能将临界条件下的决策完全交给我们自己设计的算法。

例如，由于隐私问题，谷歌设计的推荐引擎算法最近面临欧盟的监管限制。这些算法可能是相关领域最先进的一些算法。一旦被禁止，这些算法实际上就是无用的，因为它们无法用来求解本应由它们求解的问题。

尽管如此，为算法考虑实践要素仍然属于事后补丁，因为在最初设计阶段通常不会考虑这些实践要素。在许多用例中，一旦算法被部署，继而对问题求解结果的短期兴奋感结束，则算法使用过程中的实践要素及其影响就会随着时间的推移而被发现，并最终决定相关项目的成败。

我们来看一个实例。一个由世界上最强的 IT 公司设计的高调项目，由于没有考虑实践要素，最终失败了。

智能推特机器人的伤心故事

我们给出 Tay 这个经典案例。Tay 是微软于 2016 年开发的首个智能推特机器人。用人工智能算法操控的 Tay 设计用于从环境中学习，并不断自我完善。不幸的是，在网络空间生活了几天之后，Tay 开始从最新推文中学习种族主义和粗俗无礼。它很快开始自己编写攻击性推文。由于其设计使其具有智能，它很快学会了如何依据时事创建定制推文，但与此同时，它严重冒犯了网民。微软很快将它下线，并尝试对其进行重新配置，但这仍然不管用。最终，微软不得不放弃该项目。尽管这是一个雄心勃勃的项目，但其结局却是可悲的。

注意，尽管微软在推特机器人中内置的智能令人印象深刻，但该公司忽视了部署自学习机器人的实际影响。项目中使用的自然语言处理算法和机器学习算法可能是同类算法中最好的，但项目本身一目了然的缺陷使其成为一个无用的项目。现在，Tay 俨然成了教科书式的案例，用以说明忽视允许算法动态学习的实际影响将造成的后果。Tay 给出的教训无疑对后来几年中的人工智能项目产生了深刻影响。数据科学家也开始更加关注算法的透明度。这就引出了下面要讨论的主题，即探索算法透明化的需求和方法。

14.2 算法的可解释性

黑盒算法是由于其本身的复杂性或由于其逻辑以盘根错节方式表示而无法被人类解释

的算法。反之，白盒算法则是逻辑可见、易懂的算法。换句话说，可解释性有助于人脑理解为什么算法会给出特定结果。特定算法的可解释度是衡量它能被人脑理解的程度。多种算法，尤其是与机器学习有关的算法，被归类为黑盒算法。如果算法用于临界决策，则理解它产生相应结果的原因可能很重要。将黑盒算法转换为白盒算法还可以更好地理解模型的内部工作原理。例如，可解释性算法能够指导医生确定实践中可以使用哪些特征来判定患者是否患病。如果医生对结果有任何疑问，则他们可以回头仔细地重新检查这些特定特征的准确性。

机器学习算法及其可解释性

机器学习算法的可解释性特别重要。在机器学习的许多应用中，要求用户信任模型以帮助他们做出决策。在此类用例中，可解释性提供了必要的透明度。

下面更深入地讨论一个具体例子。如果用机器学习依据房屋特征来预测波士顿地区的房价，假设当地政府允许我们这样做的前提是在需要时我们能够提供详细信息来证明预测结果的合理性。此类信息用于审计，以确保房地产市场的某些部分不会被人为操纵。只要训练后的模型是可解释的，它就可以在给出预测结果时附带提供这种信息。

下面讨论各种现有的不同做法，它们能使训练后的模型具有可解释性。

列举可解释性策略

下面两种基本策略可为机器学习算法提供可解释性：

- **全局可解释性策略**：这种策略提供整个模型形成过程的所有详细信息。
- **局部可解释性策略**：这种策略仅对训练后模型产生的一个或多个预测结果提供合理性解释。

现有的全局可解释性策略包括**概念激活向量测试**（Testing with Concept Activation Vector，TCAV），主要用于为图像分类模型提供可解释性。TCAV 依赖于计算方向导数，以量化用户自定义概念与图片类别之间的关联程度。例如，方向导数可以用来量化人被分类到男性这一预测结果对图片中出现面部毛发这一特征的敏感度。其他全局可解释性策略还包括**部分依赖图**和**排列重要性**，这些策略也可以帮助我们解释已训练模型的形成。全局可解释性策略和局部可解释性策略都可以是模型相关的，也可以是模型无关的。模型相关的策略适用于某些特定类型的模型，而模型无关的策略则可以应用于多种模型。

图 14-1 总结了可用于机器学习可解释性的各种现有策略。

下面讨论如何用这些策略中的一个具体策略来实现可解释性。

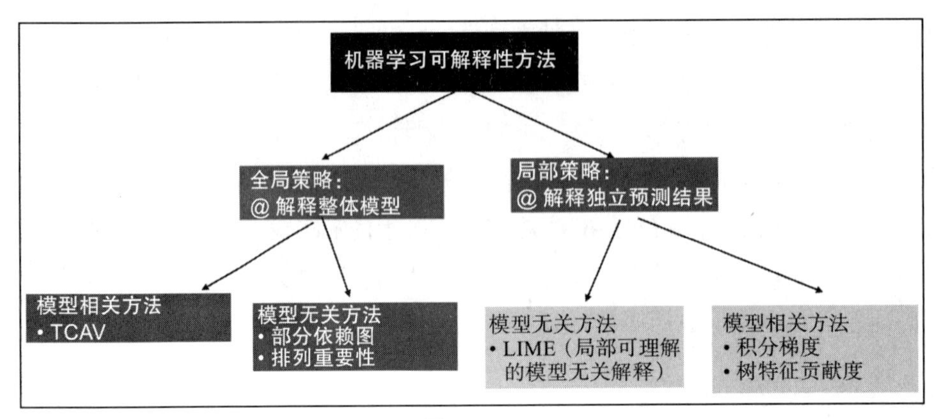

图 14-1

实现可解释性

局部可理解的模型无关解释（Local Interpretable Model-Agnostic Explanation，LIME）是一种模型无关的方法，它用于解释训练后的模型产生的个体预测结果。由于它与模型无关，因此它可以解释大多数训练后机器学习模型的预测结果。

LIME做解释需要在每个输入实例上进行各种细微修改，然后为该实例收集各种修改对局部决策边界的影响。它通过循环迭代来提供每个变量的详细信息，查看输出即可发现哪个变量对该实例的影响最大。

下面用LIME来解释房价预测模型所做的个体预测结果：

1. 如果以前没有用过LIME，那么先用 `pip` 命令安装依赖包：

```
!pip install lime
```

2. 接着，导入将要用到的Python包：

```
import sklearn as sk
import numpy as np
from lime.lime_tabular import LimeTabularExplainer as ex
```

3. 要训练一个模型来预测给定城市的房价，需先导入存储在 `housing.pkl` 文件中的数据集，并浏览其特征（见图14-2）。

```
In [2]: pkl_file = open("housing.pkl","rb")
        housing = pickle.load(pkl_file)
        pkl_file.close()
        housing['feature_names']

Out[2]: array(['crime_per_capita', 'zoning_prop', 'industrial_prop',
               'nitrogen_oxide', 'number_of_rooms', 'old_home_prop',
               'distance_from_city_center', 'high_way_access',
               'property_tax_rate', 'pupil_teacher_ratio', 'low_income_prop',
               'lower_status_prop', 'median_price_in_area'], dtype='<U25')
```

图 14-2

这些特征就是用于房价预测的特征。

4. 现在训练模型。使用随机森林回归器训练模型。首先，将数据划分为测试数据和训练数据，然后用训练数据训练模型：

```
from sklearn.ensemble import RandomForestRegressor
X_train, X_test, y_train, y_test =
sklearn.model_selection.train_test_split(
    housing.data, housing.target)

regressor = RandomForestRegressor()
regressor.fit(X_train, y_train)
```

5. 接下来，确定类别列：

```
cat_col = [i for i, col in enumerate(housing.data.T)
                        if np.unique(col).size < 10]
```

6. 现在，用要求的配置参数将 LIME 解释器实例化。注意，我们指定 'price' 作为标签来表示波士顿的房价：

```
myexplainer = ex(X_train,
    feature_names=housing.feature_names,
    class_names=['price'],
    categorical_features=cat_col,
    mode='regression')
```

7. 查看一下预测的细节。为此，先从 matplotlib 包中导入 pyplot 作为绘图仪：

```
exp = myexplainer.explain_instance(X_test[25], regressor.predict,
        num_features=10)
exp.as_pyplot_figure()
from matplotlib import pyplot as plt
plt.tight_layout()
```

8. 由于 LIME 对个体预测结果进行解释，需选择要分析的预测结果。选定标记为 1 和 35 的预测结果让解释器解释，如图 14-3 所示。

最后分析一下上面由 LIME 给出的解释，可以看到：

- **个体预测中用到的特征列表**：图 14-3 中 y 轴列出了所有特征。
- **各个特征在决策过程中的相对重要性**：条线越宽表示重要性越大。x 轴上标记了重要性的值。
- **标签上每个输入特征的正面或负面影响**：特征对应的条线方向朝左就表示负面影响，方向朝右就表示正面影响。

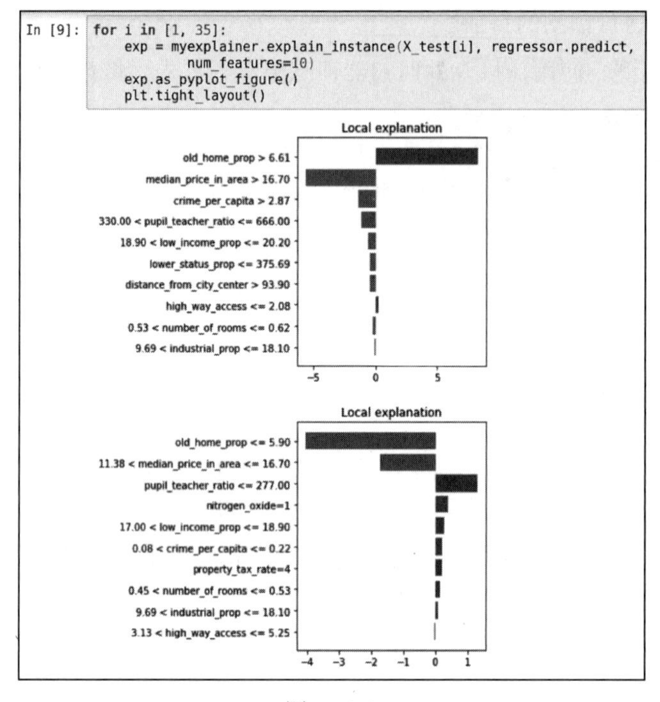

图 14-3

14.3 理解伦理和算法

算法得出的模式可能直接或间接导致不符合伦理的决策。在设计算法时，很难全面预测潜在的伦理影响范围。大规模算法尤其如此，因为其设计可能涉及多个用户。这使得分析人类主观性的影响更加困难。

越来越多的公司正在将伦理分析作为一个部分纳入算法设计过程。但事实是，只有等存在问题的用例被发现之后，问题才会变得清晰可见。

14.3.1 使用学习算法易出现的问题

能够根据不断变化的数据模式进行自我微调的算法统称为**学习算法**。这种算法实时处于学习模式，但是这种实时学习能力可能产生伦理影响。也就是说，算法的学习可能导致某种问题性决策使得该决策经不起从伦理角度进行推敲。学习算法被创建之后就处于持续进化中，因此几乎不可能对它们进行持续的伦理分析。

算法复杂度日益增长，因此理解算法对社会个人和群体的长期影响也变得越来越难。

14.3.2 理解伦理因素

算法式解决方案是缺乏灵魂的数学式解决方案。负责开发算法的人应当承担起责任，以确保算法敏锐地符合待求解问题周围的伦理规则。算法要考虑的伦理因素依赖于算法的类型。

例如，我们可以给出一些算法，并讨论其伦理因素。下面是一些功能强大的算法，它们的伦理因素应仔细考虑：

- 分类算法应用于社会时可以确定个体和群体被如何塑造和管理；
- 算法被应用于推荐引擎时可以将简历与个体和群体求职者进行匹配；
- 数据挖掘算法从用户那里挖掘信息，并提供给决策者和政府；
- 机器学习算法正在由政府用于授予或拒绝签证申请。

因此，算法的伦理因素取决于用例及其直接或间接影响的实体。算法在用于做出关键决策之前，需要从伦理角度对其进行仔细分析。在接下来几个部分将看到在对算法进行仔细分析时应牢记的因素。

非定论性证据

用于训练机器学习算法的数据可能并不提供结论性证据。例如，在临床试验中，如果仅有有限证据，则药物的有效性可能不能被证明。同样，可能仅有有限的非定论性证据表明某个城市中一个特定的邮政编码更可能涉及欺诈。因此，当根据通过使用有限数据的算法发现的数学模式来判断我们的决策时，我们应该格外小心。

基于非定论性证据做出的决策容易导致非正义的行为。

可追溯性

机器学习算法的训练阶段和测试阶段之间是脱节的，这意味着算法造成的某些危害很难跟踪和调试。同样，在算法出现问题时，很难明确找出受其影响的人。

误导的证据

算法是数据驱动的公式。**废进废出**（Garbage-In, Garbage-Out, GIGO）原理意味着算法输出结果的可靠程度至多只能与算法基于的数据一样。如果数据存在偏差，则这些偏差也会反映到算法中。

不公平的结果

算法的使用可能会伤害本就处于劣势的脆弱社区和群体。

此外，算法用于分配研究经费这一做法已被多次证明偏向男性人群。算法用于移民审批则有时会无意间偏向弱势群体。

尽管使用高质量数据和复杂数学公式，但如果结果是不公平的，则所有努力仍是弊大于利的。

14.4 减少模型偏差

当前世界已知存在着基于性别、种族和性取向等有据可查的一般性偏见。这意味着所收集的数据很可能表现出这些偏差，除非在收集数据前清理环境，以消除这些偏差。

算法产生的所有偏差都直接或间接地归因于人的偏见，这些偏见既可能反映在算法使用的数据上，也可能反映在算法本身的形式化描述中。对于遵循**跨行业标准过程**生命周期的典型机器学习项目（参见第 5 章中的阐述），偏差大致如图 14-4 所示。

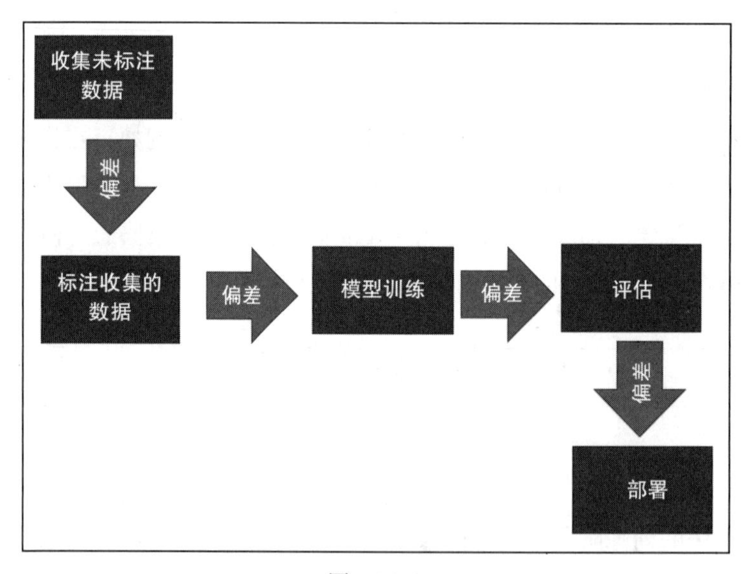

图 14-4

减少偏差最棘手的部分是识别和定位未曾意识到的偏差。

14.5　处理 NP 难问题

NP 难问题已在第 4 章中进行了广泛讨论。一些 NP 难问题很重要，需要设计算法来求解它们。

如果由于问题的复杂性或可用资源的限制而无法找到 NP 难问题的求解方案，则可以采用以下方法之一：

- 简化问题
- 改造类似问题的已知求解方案
- 使用概率方法

下面依次讨论这些方法。

14.5.1　简化问题

我们可以依据特定假设来简化问题。简化后的问题在求解后得到的答案尽管不够完美，但仍是有见地的和有用的。为此，所选择的假设应具有尽可能弱的限定性。

例子

回归问题中特征与标签之间的关系几乎不可能是完美的线性关系。但在常见的工作中，它却可能是线性的。将不完美的线性关系近似为线性关系极大地简化了算法，因此这种方法被广泛采用。但这种简化引入的某些近似也会影响算法的准确度。所以，近似度和准确度之间的权衡需要仔细地加以研究，并做出适当选择。

14.5.2　改造类似问题的已知求解方案

如果类似问题存在已知的求解方案，则可以将该求解方案作为起点并加以改造，以求解要处理的问题。在机器学习中，**迁移学习**（Transfer Learning，TL）的概念就是基于这一原理，其思想是使用已被预先训练的模型的推论作为训练算法的起点。

例子

假设我们要训练一个二分类器，用来从在公司培训时摄制的计算机视觉实时视频中区分出苹果笔记本电脑和 Windows 笔记本电脑。模型开发的第一阶段需要从输入的视频中检测出不同的对象，并确定哪些对象是笔记本电脑。此后，第二阶段需要制定规则，以区分苹果笔记本电脑和 Windows 笔记本电脑。

现在，已经存在经过充分训练和测试的开源模型来处理模型训练的第一阶段。为什么不以这些开源模型为起点，直接将模型的结果引入第二阶段，进而直接着手如何区分Windows笔记本电脑和苹果笔记本电脑？这种跳跃式的开始将得到错误率更低的分类器方案，因为方案第一阶段已经过充分的测试。

14.5.3 使用概率方法

概率方法可以得到合理可行的求解方案，这种方案通常是有用的，但不是最佳方案。在第7章用决策树算法求解给定的问题时，该求解方案就是基于概率方法的。我们未曾证明它是最优求解方案，但它在待求解问题定义的约束条件内给出了有用的答案，因此它是一个合理而良好的求解方案。

例子

许多机器学习算法都从随机求解方案开始，然后通过迭代改进求解方案。最终得到的求解方案可能是有效的，但我们却无法证明它是最佳求解方案。这种方法常用于复杂问题，以便在合理的时间内求解它们。这就是为什么许多机器学习算法获得可重复结果的唯一方法就是用相同的随机数种子来产生相同的随机数序列。

14.6 何时使用算法

算法如同从业者工具箱中的工具。首先，我们需要理解在给定情况下哪种工具是最合适的。有时，我们需要问自己：待求解的问题是否已经找到求解方案？何时才是部署求解方案的恰当时间点？我们需要确定算法的采用是否为实际问题找到了高效的求解方案，而非其他的替代方案。为此，需要从三个方面分析使用算法的效果：

- **成本**：算法的采用能否收回实现算法时相关努力付出的成本？
- **时间**：所用求解方案与相对简单的替代方案相比，是否能够使整个流程更加高效？
- **准确度**：所用求解方案与相对简单的替代方案相比，是否给出了更准确的求解结果？

为了选到正确算法，还需要回答下列问题：

- 问题能否通过做出恰当假设而简化？
- 算法如何评估？有哪些关键指标？
- 算法如何部署和使用？
- 算法需要提供可解释性吗？
- 安全性、性能和可用性这三项重要的非功能性需求被真正理解了吗？

- 有预期截止时间吗？

实例——黑天鹅事件

算法接收输入数据，然后处理和整理数据，最后求得问题的解。如果收集的数据是极富影响力且异常罕见的事件，会出现什么情形呢？ 算法应该如何使用来自该事件及其前兆事件的数据呢？下面讨论这种因素。

2001 年，纳西姆·塔勒布（Nassim Taleb）在《被随机性愚弄》一书中用黑天鹅事件来比喻这种极其罕见的事件。

在黑天鹅首次从野外被发现之前的几个世纪中，它一直被认为是不可能发生的事情。自在野外发现黑天鹅后，这个词依然很流行，但其含义发生了变化。现在，黑天鹅表示任何无法预测的罕见事物。

塔勒布给出了判定一个事件是黑天鹅事件的四条标准。

判定为黑天鹅事件的四条标准

确定一个罕见事件是否应该被归类为黑天鹅事件有点儿棘手。一般来说，要被归类为黑天鹅事件，它应该符合以下四个标准：

1. 首先，一旦事件发生，对观察者而言一定是令人震惊的事件，例如，在广岛投下原子弹。

2. 事件应该是轰动性事件，即破坏性的重大事件，比如西班牙流感的爆发。

3. 事件发生且尘埃落定后，作为观察者的数据科学家应该意识到，该事件事实上并不是什么令人惊讶的事。观察者自始至终未曾留意到一些重要的线索。如果他们有能力且更主动，则黑天鹅事件就在预料之中。例如，西班牙流感的爆发有前兆，只是它在流感全球爆发之前被人们忽视了。类似地，在原子弹真正投向广岛之前，曼哈顿计划已经实施了很多年。感到震惊的观察者只是未能将这些线索点联系起来。

4. 黑天鹅事件发生时，有些观察者感觉到，这是他们一生中令人震惊的事件，但也有些观察者根本不感觉这是令人震惊的事件。例如，对长年致力于研发原子弹的科学家而言，原子能的使用就不是意外，而是一个预期中的事件。

用算法处理黑天鹅事件

黑天鹅事件中与算法相关的方面如下：

- 虽然有许多复杂的预测算法可用，但如果我们希望用标准的预测技术来预测黑天鹅事件以防不测，却行不通。这种预测算法只能用来提供虚假的安全性。
- 黑天鹅事件发生后，要预测它在经济、公众和政府问题等更广泛的社会领域的确切影响通常也是不可能的。黑天鹅事件是罕见事件，我们没有合适的数据提供给算法，我们也可能从未尝试探索和理解更广泛的社会领域之间的相互关系和相互作用，因而我们也没有掌握这种相互关系和相互作用。
- 值得注意的是，黑天鹅事件不是随机事件。我们只是未能关注到黑天鹅事件的那些复杂的前兆事件。这是算法可以发挥重要作用的领域。我们应该设法确保在未来有一个策略来预测和检测这些小事件，随着时间的推移，这些小事件结合在一起，形成黑天鹅事件。

2020年初爆发的新冠肺炎是当代黑天鹅事件的最新实例。

上面的例子说明我们应该首先考虑和理解待求解问题的细节，然后构想出通过实现算法式求解方案能够达成问题求解的哪些方面。如前所述，如果缺乏全面分析，那么使用算法可能只能求解复杂问题的一部分，但达不到预期。

14.7 小结

本章学习了设计算法时应考虑的实践要素。我们深入讨论了算法的可解释性这一概念和如何用各种方法在不同层次上实现它，还讨论了算法中潜在的伦理问题。最后，我们给出了选择算法时要考虑的因素。

算法是当今新自动化世界的引擎。学习、实验和理解使用算法的意义非常重要。理解算法的优势、局限性和采用算法的伦理影响，极大地有助于将这个世界改造成更美好的生活环境。在这个瞬息万变的世界里，本书正在为实现上述重要目标而努力。

推荐阅读

编程原则：来自代码大师Max Kanat-Alexander的建议

[美] 马克斯·卡纳特-亚历山大 译者：李光毅 书号：978-7-111-68491-6 定价：79.00元

Google 代码健康技术主管、编程大师 Max Kanat-Alexander 又一力作，聚焦于适用于所有程序开发人员的原则，从新的角度来看待软件开发过程，帮助你在工作中避免复杂，拥抱简约。

本书涵盖了编程的许多领域，从如何编写简单的代码到对编程的深刻见解，再到在软件开发中如何止损！你将发现与软件复杂性有关的问题、其根源，以及如何使用简单性来开发优秀的软件。你会检查以前从未做过的调试，并知道如何在团队工作中获得快乐。

推荐阅读

数据即未来：大数据王者之道

作者：[美] 布瑞恩・戈德西 ISBN：978-7-111-58926-6 定价：79.00元

预见未来，抽丝剥茧，呈现数据科学的核心

一本帮助你理解数据科学过程，高效完成数据科学项目的实用指南。

内容聚焦于数据科学项目中所特有的概念和挑战，组织与利用现有资源和信息实现项目目标的过程。